사진 1 조개를 잡아 먹는 청자고둥의 일종인 *Conus textile*는 독(毒)으로 먹이인 바다방석고둥을 마비시켜 잡아 먹는다(제2장 참조).[大阪市立 自然史博物館編, 貝のすべて, 圖版 Ⅱ(吉葉繁雄 박사 촬영)]

사진 2 넓적가시불가사리(*Acanthaster*)는 돌산호류를 즐겨 먹는다. 아마도 산호 성분에 이끌리는 듯하다(제2장 참조).

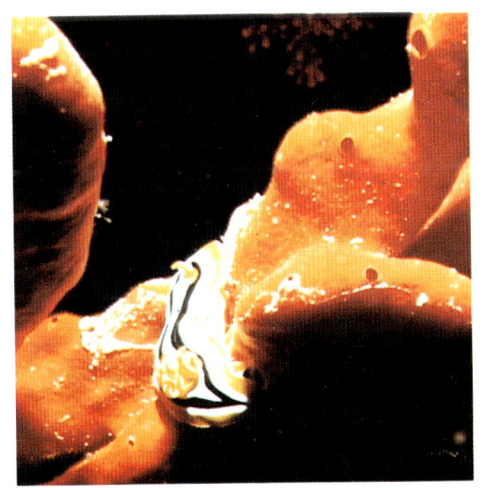

사진 3 어독성(魚毒性)이 있는 latrunculin을 분비하는 홍해(紅海)산 해면류인 *Latrunculia magnifica*와 이것을 잡아 먹는 파랑갯민숭달팽이류 *Chromodoris elisabethina*(제3장 참조).[Y. Kashman 박사 제공]

사진 4 촉수를 뻗은 해양류(자포동물)인 *Echinogorgia rigida*, 건강한 것은 고착생물이 붙지 않는다(제3장 참조).

사진 5  해변해면 *Halichondria* sp.(검은색)을 잡아 먹는 왕갯민숭 달팽이류 *Hexabranchus marginatus*(제3장 참조). [J. R. Pawlik 박사 촬영]

사진 6  버섯바다맨드라미(*Sarcophyton*)의 근연종들은 바다토끼고둥류를 제외하고는 잡아 먹히지 않는다(제3장 참조).

사진 7  포식저해물질(捕食沮害物質)을 가지고 있는 바다나리류의 일종 *Comanthina schlegeli*(제3장 참조).

사진 8  하와이 마우이섬의 바다동굴에서 발견된 *Ptychodera* sp.(제3장 참조). [R. M. Severns 박사 촬영]

**사진 9** 피부독(皮膚毒)으로 자신을 방어하는 거북복 (제3장 참조).

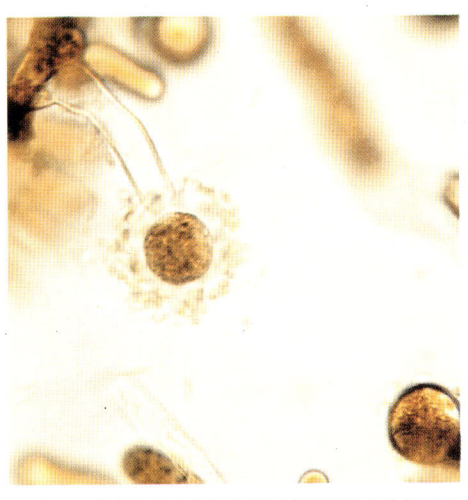

**사진 10** 미역의 자성배우체(雌性配偶體)에 유인된 정자(제4장 참조).[梶原忠彦 박사 제공]

**사진 11** 캘리포니아 연안에 모여 살면서 모래로 마운드를 만드는 갯지렁이류인 *Phragmatopoma californica*(제4장 참조).[J.R.Pawlik 박사 촬영]

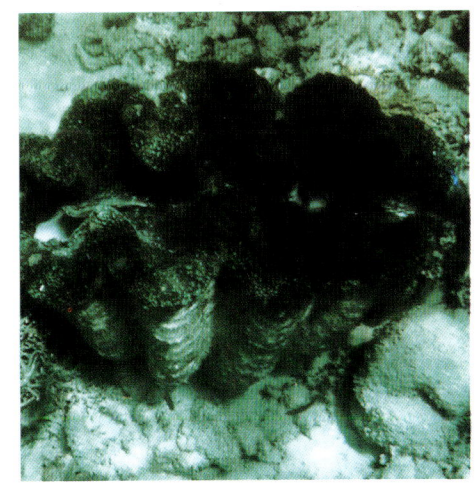

**사진 12** 산호초에 살며 공생하는 편모조류(鞭毛藻類)를 가지는 거대조개(*Tridacna gigas*)(제5장 참조).

사진 13, 14 알래스카의 하천으로 회귀한 홍연어 (Oncorhynchus nerka)와 산란행동(제5장 참조).

사진 15 알래스카의 하천으로 회귀한 곰사연어(Oncorhynchus gorbuscha)(제5장 참조).

사진 16 흰동가리류인 Amphiprion ocellaris와 해변 말미잘류인 Stoichactis kenti(제5장 참조).

사진 17 흰동가리류인 Amphiprion perideraion와 말미잘류인 Radianthus kuekenthali(제5장 참조).

해양생물의 화학적 신호

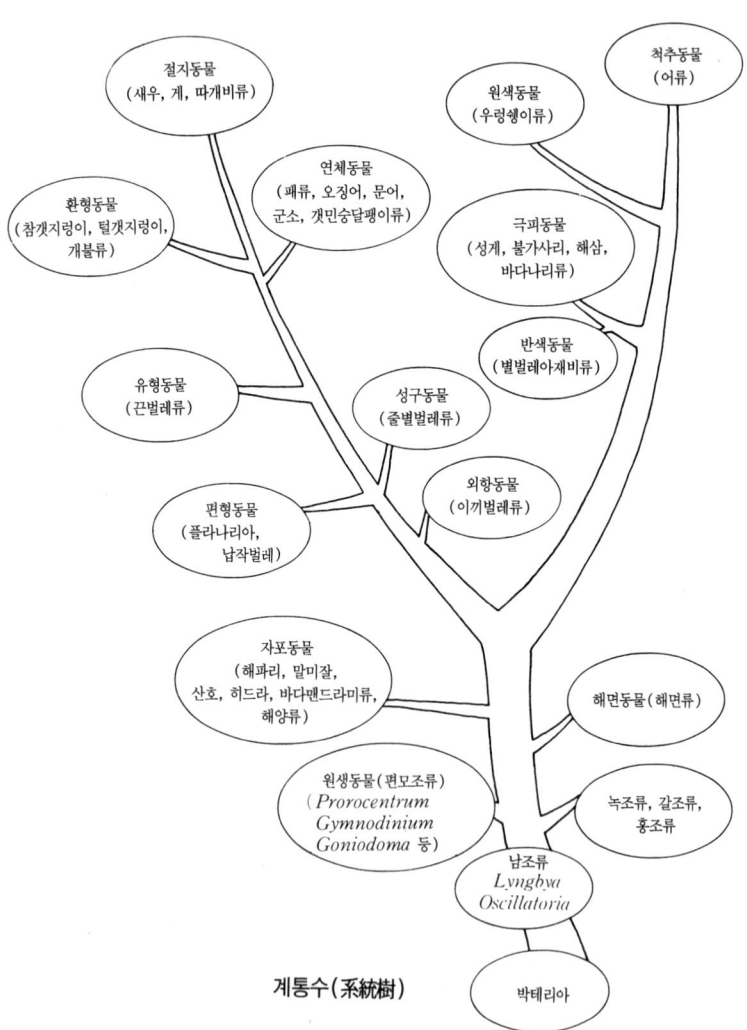

전구동물　　　　　　　　　후구동물

절지동물
(새우, 게, 따개비류)

척추동물
(어류)

원색동물
(우렁쉥이류)

연체동물
(패류, 오징어, 문어,
군소, 갯민숭달팽이류)

환형동물
(참갯지렁이, 털갯지렁이,
개불류)

극피동물
(성게, 불가사리, 해삼,
바다나리류)

반색동물
(별벌레아재비류)

유형동물
(끈벌레류)

성구동물
(줄별벌레류)

외항동물
(이끼벌레류)

편형동물
(플라나리아,
납작벌레)

자포동물
(해파리, 말미잘,
산호, 히드라, 바다맨드라미류,
해양류)

해면동물(해면류)

원생동물(편모조류)
(*Prorocentrum*
*Gymnodinium*
*Goniodoma* 등)

녹조류, 갈조류,
홍조류

남조류
*Lyngbya*
*Oscillatoria*

**계통수(系統樹)**

박테리아

# 해양생물의 화학적 신호

기타가와 이사오·후세타니 노부히로  편
홍재상·전중균  옮김

전파과학사

【지은이 소개】

**기타가와 이사오　北川 勳\***
1953년 도쿄(東京)대학 의학부 졸업, 현재 오사카(大阪)대학 약학부 교수

**사카타 간조　坂田 完三**
1966년 교토(京都)대학 농학부 졸업, 현재 시즈오카(靜岡)대학 농학부 교수

**후세타니 노부히로　伏谷 伸宏\***
1966년 도쿄대학 농학부 졸업, 현재 도쿄대학 농학부 조교수

**나야 요코　納谷 洋子**
1955년 오사카시립대학 이공학부 졸업, 현재 (재)산토리 생물유기과학연
구소 부소장

\* : 편자

# 머리말


　바다라는 "거대한 수조(水槽)"에는 동물종(動物種)만도 지구상에
보고되어 있는 종의 약 80%에 달하는 생물이 서식하고 있다. 게다가
여기에 미생물이나 조류(藻類)가 가담하여 대단히 복잡한 생태계가 형
성되고 있다. 이러한 생태계 내에서 개개의 생물은 동종내(同種內)에서
또는 이종간(異種間)에 여러 가지로 서로 영향을 미치면서 살아가고
있다. 바꾸어 말하면, 현재 우리들이 보고 있는 바다의 생물은 오랜 진
화의 과정을 통하여 살아남기 위한 각종의 지혜, 즉 행동을 획득해 온
셈이다.

　해양생물의 행동과 생태에 관한 연구는 스쿠바 다이빙의 보급으로 비
약적인 발전을 거듭하여 많은 흥미로운 지식이 축적되어 왔다. 그리고
이러한 관찰 결과에서 보면, 바다생물의 행동은 육상생물과 똑같이, 대
부분의 경우 케미컬 시그널(chemical signal), 즉 화학물질에 의해 제
어되고 있는 것으로 생각되고 있다. 그러나 물이라는 매체와 "시그널
물질"의 함량이 낮다는 이유로 인하여 분자 레벨에서의 행동제어(行動
制御)의 해명이 늦어져 왔다. 즉, 많은 현상이 알려져 있음에도 불구하
고 그것을 지배하고 있는 화학물질은 오랜 기간 동안 수수께끼 상태로
그 구체적 해명을 기다려 왔다.

　1970년 이후 해양천연물화학(海洋天然物化學)의 연구가 활발해지고,
또 분석방법의 눈부신 진보와 더불어 해양생물의 행동, 특히 섭이(攝
餌) 및 방어(防禦) 행동에 관여하는 화학적 시그널이 계속적으로 밝혀

지게 되었다. 그리고 이제까지 관찰을 통해서 논의해 왔던 행동 양식이 분자레벨에서 해석할 수 있게 되었다. 더욱이 바다와 거기에 서식하는 생물에 대한 관심이 높아지고 있는 가운데, 바다 생물의 행동에 관한 간행물도 증가추세에 있다. 그러나 예부터 우리가 가졌던 기본적 의문, 즉 화학적 시그널에 의해 행동을 유발하는 데 대해 대답 할 수 있는 내용은 눈에 띄지 않고 있다.

이러한 배경 아래에서 현재까지 밝혀진 화학적 시그널을 생물의 행동과 관련하여 해설함으로써 생물의 행동을 보다 명확하게 파악하려는 시도로 이 책이 편집되었다. 해양생물의 여러 가지 행동과 생태의 모든 것을 화학(化學)의 언어(言語)로 말하기에는 아직도 수수께끼로 남아 있는 부분이 많다. 이 책이 이러한 분야의 최근의 연구결과를 적절하게 소개하여 앞으로의 발전에 조금이라도 기여할 수가 있다면 이것은 저자의 기대하지 않았던 또 하나의 기쁨일 것이다. 끝으로 이 책을 간행하는 데 수고해 주신 고단샤(講談社) 사이언티픽의 무토(武藤修一) 씨와 사와다(澤田靜雄) 씨에게 깊이 감사드린다.

기타가와 이사오
후세타니 노부히로

# 옮긴이의 말

## － 화학생태학이란 무엇인가? －


여름방학을 이용하여 어쩌다 한적한 어촌의 바닷가에 나가 보면, 물이 빠진 조간대 암초지대는 물론이고 모래해변 또는 광활한 갯벌 간석지에 고둥이나 게, 조개류 등이 엄청난 밀도로 무리지어 사는 모습을 쉽게 관찰할 수 있다. 예컨대 우리의 서해안 갯벌에 사는 민칭이, 서해비단고둥, 칠게, 농게 등이 그렇고 이와 같은 현상은 스쿠바를 이용하여 바다 속에 들어가 보아도 쉽게 볼 수 있다. 그렇다면 이러한 서해안의 간석지 갯벌 환경은 수중의 조하대 환경에서처럼 이들을 호시탐탐 노리는 불가사리와 같은 포식자(捕食者)들의 군웅할거(群雄割據)가 없다는 말인가? 그렇지 않다. 포식자는 먹이가 되는 생물이 있는 곳이라면 어디든지 존재한다. 그러나 먹이가 되는 생물들도 나름대로 이들 포식자들로부터 자신을 방어하기 위한, 즉 자신의 종족을 유지하기 위하여 여러 가지 전략을 구사한다. 특히 연체동물에 속하면서도 석회질의 껍데기를 갖지 않는 민칭이와 같은 갯민숭달팽이류(nudibranchs) 등은 육질부가 무방비 상태로 포식자들에게 노출되어 있다. 그렇다면 그들은 포식자들에게 먹히지 않고 어떻게 그들의 종족을 유지하고 있을까? 이 질문에 답하기 위해서는 최근에 발달하고 있는 이른바 화학생태학적 연구 결과를 들여다 보지 않으면 이해할 수 없다. 그래서 우선 우리에게 생소한 이 분야를 간단히 소개한다.

화학생태학(Chemical Ecology) 또는 생태생화학(Ecological Biochemistry)은 동물과 식물의 상호관계에 있어서 자연적으로 나타나는 화합물의 역할(roles)을 연구하는 학문이다. 따라서 이러한 분야는 생물학과 화학의 분야를 포함하는 학제적(interdisciplinary) 연구분야이다. 생물에 의해 만들어진 천연물(天然物, natural products)의 화학적 연구가 그 화합물의 구조, 생합성(生合成, biosynthesis), 유기합성(有機合成, organic synthesis) 및 작용(action)의 기작(機作)을 다룬다고 한다면, 생물학적 연구는 화학적 신호(chemical signals)에 대한 생물의 행동 및 발생 반응과 이러한 여러 현상의 생태학적 의미와 그 중요성을 밝히는 데 그 초점이 맞추어져 있다.

육상의 식물이나 곤충류에 대한 지난 세기 동안의 연구 결과 수많은 종류의 천연물이 단리되고 화학적으로 그 구조가 밝혀졌다. 이러한 육상생물에 대한 화학적 지식은 지난 수십년 사이에 화학생태학이라고 하는 새로운 학문 분야의 발전에 크게 기여하였다. 화학자들은 자신들이 단리하여 구조를 밝힌 화학물질들이 흔히 강력한 생물활성(biological activities)을 가지고 있고 또한 어쩌면 구체적인 생물학적 기능을 가지는 방향으로 진화해 왔을 것으로 생각하고 있으며, 반면 생물학자나 생태학자들은 이러한 화학물질들이, 특히 알칼로이드(alkaloids)나 터페노이드(terpenoids), 아세토제닌류(acetogenins), 방향족 화합물(aromatics) 등과 같은 2차 대사산물들은 생물간의 복잡한 행동 및 생태학적 상호작용에 중요한 역할을 담당하는 것으로 인식하기에 이르렀다.

육상생물들을 대상으로 한 연구 결과들은 주로 독(毒), 섭이 기피물질(攝餌忌避物質), 페로몬, 타감작용제(他感作用劑, allelopathic agents) 등의 2차 대사산물의 역할에 대해 많은 연구가 진행되었다. 지난 약 15년 동안 화학생태학자들은 동물과 식물의 화학방어(chemical defenses)의 진화에 대한 여러 가지 가설을 제시하였는데, 이러한 가설

의 대부분은 식물의 방어기작(防禦機作)의 진화는 초식자(草食者, her-
bivores)에게 발견되는 위험, 방어의 비용, 식물체의 여러 부위의 상대
적 가치 등의 요인에 대해 대응하는 것으로 제시하고 있으나 아직도 분
명하게 검증되지 않은 단계이다. 그러나 이러한 2차 대사 산물의 방어
적 역할을 인정한다 하더라도 그렇다면 어떻게 이와는 반대의 입장에
있는 초식동물과 물리적 환경이 식물화학(plant chemistry)에 영향을
주기 위하여 상호작용하는지에 대해서도 생각해 보아야 하는 문제가 남
아 있다.

  육상생물을 이용한 화학생태학의 연구 결과는 유기화학, 생화학, 생
태학, 행동, 진화 등의 학문 분야에 많은 기초 지식을 제공해 주었다.
뿐만 아니라 방어물질이나 기타 2차 대사산물로부터 출발한 '식물과 곤
충의 상호작용'에 대한 지식은 농작물의 질병이나 해충의 구제 등의 응
용 분야에 많은 기여를 하였다. 예컨대 우리가 쓰고 있는 수많은 의약
품들도 육상생물의 천연화합물에 근거하고 있다는 것은 잘 알려진 일이
다.

  최근에는 바다로부터 수많은 해양 천연물이 화학적으로 밝혀지고 또
이들 중 대부분이 새로운 기능군(機能群, functional groups)과 분자
구조를 갖는 생물활성물질(biologically active compounds)이라는 것도
밝혀지고 있다. 따라서 해양천연물의 생물공학적 응용에 대한 관심이
해양생물의 화학적 지식의 발달과 함께 지난 10여 년 동안 발전을 거듭
하여 왔다. 현재까지의 연구 결과로 볼 때 분명한 것은 해양생물은 아
직까지 미개척 분야인 미이용 생물자원을 이용하기 위한 미래의 생물공
학적 응용분야의 최대 관심사가 될 것이 틀림없다. 이미 많은 해양천연
물이 항암제(抗癌劑)로서 또는 소염제(消炎劑) 등으로 임상실험의 단
계에 있다. 그러나 육상생물의 연구에 비하여 해양생물의 대사산물의
자연적 기능에 대해서는 너무나 모르고 있는 실정이다. 최근 해양생물

의 자연사 및 생태, 군집의 복잡성 등이 밝혀지고 있고 이러한 결과들은 화학적 상호작용(chemical interactions)이 어떻게 개체군과 군집의 구조에 영향을 미치는지에 대해서도 생태학적 해석의 실마리를 제공한다. 해양환경에 있어서 '포식자와 피식자의 상호작용'과 경쟁에 대한 연구결과는 생태학적 상호작용의 이해와 관련하여 2차 대사산물의 역할을 파악하는 데도 기초 지식을 제공한다. 불행하게도 아직까지 극 지역, 심해, 산호초뿐 아니라 다양한 연안 해역의 서식처까지도 군집을 구성하는 생물종(生物種)의 자연사(自然史), 행동, 분류학적 지식의 결여로 2차 대사산물의 기능에 대한 해석과 연구를 더욱 복잡하게 만들고 있다. 그러나 한편 다행스럽게도 해양화학자와 생태학자들의 공동 연구가 점점 증가하고 있으며, 해양화학생태학자(marine chemical ecologists)들의 새로운 세대가 탄생하고 있는 요즈음이다. 바로 이들이 해양생물학과 천연물화학을 접목하고 이 분야의 발전을 주도하게 되리라.

이 책은 1989년 일본에서 출판된 이래 해양생물학계의 선풍적 인기를 끌고 있는 책으로, 특히 해양생물의 행동, 섭이와 방어를 통한 포식자와 피식자 생태, 종족 유지를 위한 생존전략 등에 대한 보다 구체적이고도 새로운 시각을 가지게 하며, 우리나라에서도 특히 다음 4가지 분야에서 낙후된 이 분야의 발전에 기여하리라 확신하는 바이다. 여기에 그 내용을 간단히 요약해 보면, 해양생물의 행동, 특히 섭이 및 방어 행동은 화학적 신호, 즉 화학물질에 의해 전달되어 제어되고 있으며 그 물질의 해명은, 해양천연물화학의 발달로 해양생물로부터 신물질 추출 및 의약품 개발과 연결되고 있는 최첨단 분야로서 이 책은 이 분야의 최근의 연구 결과를 알기 쉽게 요약 소개하고 있다.

(1) 해양생물의 기초생태학 : 해양생물의 생태와 행동을 지배하는 요인을 생물의 화학물질의 생산과 분비라는 새로운 각도에서 분석 조명하였다.

(2) 해양천연물화학 : 해양생물로부터 다양한 종류의 생물활성물질, 생리활성물질, 생태화학물질, 약리활성물질, 각종 종양세포의 증식을 억제하는 항종양 활성물질 등 지금까지 밝혀진 새로운 의약 및 신물질의 구조와 이용도 등을 논하고 있다.

(3) 해양생물의 증양식 및 재배어업 : 산업적으로 유용한 해양생물의 섭이유인 및 섭이자극물질을 파악함으로써 수산증식을 위한 인공사료 개발 또는 해적생물의 방제에 기여할 수 있는 새로운 시각을 제공한다.

(4) 오손생물(汚損生物)의 방제 : 오손생물의 착생과 변태를 유발하는 화학물질은 무엇이며, 착생 및 방어물질을 이해함으로써 수중구조물, 발전소의 냉각파이프, 선박의 기저부 등에 대량으로 부착하는 오손생물에 의한 막대한 피해를 줄인다.

지금 우리는 해양 생물자원을 잡고 기르는 것에만 만족하지 않고, 이들을 생물공학적 기법을 이용한 수산생물의 생산, 의약품, 에너지 자원, 화학제품, 해양이용 지원 시스템의 개발 등 첨단사업과 연계한 종합적 해양 이용기술이 그 어느 때보다도 시급한 시점에 놓여 있다. 이러한 시기에 해양생물의 생태, 이를테면 섭이 및 방어 행동을 지배하는 근원은 그들 생물이 분비하는 화학물질이며, 이들 물질은 다양한 종류의 생물활성물질, 생리활성물질, 생태화학물질, 약리활성물질, 각종 종양세포의 증식을 억제하는 항종양 활성물질로 밝혀지고 있으며, 따라서 해양 생물학의 기초생태학 분야의 발전 뿐만 아니라 새로운 의약품의 개발, 해양생물로부터의 신물질 추출, 수산증양식 및 연안어장 목장화 계획 등 정부가 추진하고 있는, 첨단 생물산업 및 수산분야의 발전을 위해서도 꼭 읽어 두어야 할 필독서라 생각하면서 번역을 시작하였다. 번역이 끝날 때쯤 이와 비슷한 내용의 『*Ecological Roles of Marine Natural Products*(해양천연물의 생태학적 역할)』이라는 영문판이 Valerie J. Paul(1992) 교수의 편저로 미국 Cornell대학 출판사에서 간행되었다.

이 책은 내용이나 접근 방식에 있어서 근본적으로 번역서와 같으나 일체의 그림이나 도표의 설명이 없어 좀 딱딱하며 보다 전문 서적에 속한다고 볼 수 있겠다.

몇 해 전에 일본의 요코하마에서 열렸던 국제생태학회에 참석했을 때 일본의 친구 교수들로부터 이 책을 적극적으로 추천받고는 짧은 일어 실력이지만 사전과 주위 사람들의 도움으로 겨우 끝까지 읽게 되었다. 그러나 책의 내용 중 특히 물질의 화학적 구조 등 나 자신의 전공 분야가 아닌 부분을 보강하기 위하여 한국해양연구소 생물공학연구실의 전중균 박사에게 부탁하여 화학물질의 구조 등도 확인하고 일본어도 재수정하는 과정을 거쳤기에 감히 원서의 내용을 왜곡 없이 옮길 수 있었다고 생각한다. 끝으로 어류의 우리말 이름에 대하여 참고 설명을 주신 부산수산대학교 김용억 교수님과 한국해양연구소의 명정구 박사, 육상 식물의 형태 및 분포에 대해서는 인하대학교 생물학과 최병희 교수님, 표지의 수중사진을 제공해 준 김병일 님 등의 여러분에게 심심한 감사를 드린다. 사실 번역을 끝낸 지는 오래되었지만 그간 저작권 문제로 많은 시간이 흘렀다. 이 자리를 빌어 수요가 그리 많지 않은 분야의 전문서적 출판을 흔쾌히 허락해 주신 전파과학사 손영일 사장님에게 진심으로 고마운 마음을 전한다.

1995년 3월
홍재상

# 차례

# 4. 종족을 유지하기 위한 화학

# 1. 서언

 우리들이 살고 있는 지구 표면적의 70%를 차지하고 있는 바다는 생명 탄생의 장(場)이며, 지금도 방대한 종류와 엄청난 수의 생물을 양육하고 있다. 그러나 이러한 사실이 매일매일을 살아가는 우리들의 눈에 띄는 것은 극히 드물다. 오늘날에 이르기까지 바다와 우리들 인류의 관계를 생각해 보면, 식량이나 광물자원의 보고(寶庫)로서 또는 해상교통의 항로로서 바다는 인류생활에 중요한 역할을 담당해 왔다. 바다는 오랫동안 미지의 세계로서 불가사의한 매력으로 인류의 마음을 사로잡아 왔으나, 오늘날 첨단과학의 발달에 힘입어 그 신비의 베일이 하나씩 벗겨지면서 온 세계 사람들의 이목을 집중시키고 있다.
 50만 종 이상이나 되는 다양한 종류의 생물[계통수(系統樹)[1] 참조]이 살고 있는 바다는 지구 안의 또 다른 우주로도 비유되고 있어 여러

---

[1] 생물의 계통수(系統樹, phylogenetic tree)를 이해하려면 분류학상의 분류군(分類群, taxon)과 카테고리(category)의 개념을 파악해야 한다. 즉, 이 지구상의 모든 동식물을 계통적으로 배열하는 데는 단계적으로 범위를 한정하는 카테고리를 설정하는 일이 필요하며 일반적으로 계(界, Kingdom), 문(門, Phylum), 강(綱, Class), 목(目, Order), 과(科, Family), 속(屬, Genus), 종(種, Species)의 7가지를 기본적으로 사용한다. 우리가 흔히 쓰는 학명(學名, scientific name)은 각각의 분류군에 마치 우리 사람의 성과 이름을 부여한 것처럼 Linnaeus의 이명법(二名法, binominal nomenclature)을 채택하고 있으며, 속명(屬名, generic name)과 그 종 자체의 종소명(種小名, specific name)으로 구성된 두 단어를 연속해 쓴다. 계통수는 각 동물문(動物門) 간의 계통학적인 유연 관계를 나뭇가지 모양으로 표시한 그림이다. 이 책에서는 계속해서 위의 일곱 가지 카테고리의 용어를 채택하여 쓰고 있다.

가지 방면에서 개발이 진행되고 있다. 즉, 새로운 단백질원이나 에너지 자원의 탐색, 해양공간의 이용과 환경의 보전 등 바다에 대한 우리 인류의 기대는 매우 크다. 더욱이 그 속에 서식하는 다종다양한 해양생물의 생태가 과학자들의 주목을 받고 있다.

해양생물이 서식하는 해양환경을 육상환경의 그것과 비교해 보면 몇 가지 점에서 매우 특이하다. 해수라고 하는 염분농도(鹽分濃度)가 높은 폐쇄계(閉鎖系)에 살고 있다는 것, 수심에 따라서는 상당히 높은 수압(水壓)을 견디며 살아가고 있다는 것, 온도 변화가 별로 심하지 않다는 것, 체표면(體表面)의 많은 부분이 직접 외계(外界)에 노출되고 있다는 것 등을 들 수가 있다. 그리고 이 특이한 환경에 서식하고 있는 풍부한 종류의 생물이 대사(代謝)하며 생산하는 화학물질(化學物質)은 신기하고 다채로운 화학구조(化學構造)를 가지며, 극히 다양한 생물활성(生物活性)이나 또는 현저한 독성(毒性)을 나타내는 것들이 속속 밝혀지고 있다.

생물활성물질(生物活性物質)이라고 한마디로 말하고 있지만 사실은 매우 다양하다. 병원균이나 비루스(Virus)에 작용하여 그 성장을 억제하는 물질, 생물의 생리기능이나 생태계의 제어에 중요한 역할을 담당하고 있는 생리활성물질(生理活性物質)이나 생태화학물질(生態化學物質), 여러 가지 약리작용을 나타내는 약리활성물질(藥理活性物質), 각종 종양세포(腫瘍細胞)의 증식을 억제하는 항종양활성물질(抗腫瘍活性物質) 등 여러 가지이며 이들은 새로운 의약물질의 소재를 탐색한다는 면에서도 결코 소홀할 수 없는 물질군(物質群)이며, 이것이 바로 "해양으로부터 식량과 의약을(Food and Drugs from the Sea)"이라는 해양연구 슬로건이 생긴 이유들 중의 하나이다.

지금까지 해양동식물이 우리들 조상의 눈에는 대수롭지 않게 생각되어 왔으며, 약간의 일부 해안 생물만이 흥미를 끌었을 뿐이었다는 것은 해양생물에서 추출하여 만들어진 약이 적다는 것으로도 이해할 수 있다. 해인초(海人草, 홍조류의 일종)의 구충성분(驅蟲成分)인 카이닌산(kainic acid), 갯지렁이(환형동물)의 독성분인 nereistoxin에서 개발된 농약인 칼탑(cartap), 해삼류(극피동물)의 항백선균(抗白癬菌) 성분인 holotoxin을 이용한 무좀 치료약 등 실용화되어 있는 생물활성의 해양천연물질의 예는 두서너 가지 셀 수 있는 데 불과하다.

　그러나 해양생물은 식량으로서는 인류와의 연관이 깊기 때문에 복어독(tetrodotoxin)의 연구로 대표되듯이 해양생물독(海洋生物毒)에 대한 연구의 역사는 상당히 오래되었다. 또한 오늘날에도 해양생물에서 새로운 단백자원(蛋白資源)을 찾아내는 노력과 병행하여 해양생물 독에 대한 연구가 활발하게 계속되고 있다.

　해양생물의 행동과 생태에는 아직도 알고 있지 못하는 부분이 대단히 많다. 1950년대에 들어서면서 프랑스의 위대한 해양 탐험가 쿠스토(J. Y. Cousteau)가 Aqualung과 오리발을 사용하는 근대 잠수법을 완성하여 이른바 스쿠바 다이빙이 보급되면서 해양생물의 채집, 조사, 관찰 등은 눈부신 발전을 거듭하게 되었다.

　화려한 해저 자연동물원이라고도 할 수 있는 산호초는 아열대에서 열대에 걸친 난해역(暖海域)의 섬을 둘러싸고 발달하고 있으며, 거기에 서식하는 생물의 종류는 대단히 많다. 산호초는 특히 자포동물이나 해면동물의 보고(寶庫)라고 하는데, 그 밖에도 떼지어 다니는 어류, 새우나 게 등의 갑각류(절지동물), 성게, 해삼, 불가사리, 거미불가사리, 바다나리 등의 극피동물, 멍게(원색동물)나 이끼벌레(태형동물), 각종 이매패류와 권패류(연체동물) 등 열거하자면 끝이 없을 정도이다. 이들 생물들의 생태를 자세히 관찰해 보면 거기에는 어떤 조화(調和)가 유지되고 있음을 알 수 있다. 그리고 그 조화를 유지하는 데 있어서 각각의 해양 생물이 생산하는 화학물질이 매우 중요한 열쇠가 되는 작용을 하고 있다는 것이 점차 판명되고 있다. 즉 다시 말하자면, 생물의 생태와 행동이 화학의 언어로 해석할 수 있는 시대가 된 것이다.

육상에 사는 곤충의 세계에서 특히 많은 연구가 이뤄지고 있는데, 생물이 어떤 행동을 할 경우, 이를테면 시각(視覺)이나 청각(聽覺) 또는 촉각(觸覺)에 의한 자극(刺戟)이 어떤 행동을 유발시키는 방아쇠 역할을 하고 있다. 그러나 해수중이라는 폐쇄계에 서식하는 해양 생물의 행동은 화학물질에 의한 자극에 의해 가장 결정적인 지배를 받고 있다. 바꿔 말하면, 화학물질에 의해 전달되는 신호, 즉 화학신호(化學信號, chemical signal)가 해양생물의 생명유지에 매우 중요한 역할을 담당하고 있음이 밝혀진 것이다.

화학의 언어로 해양생물의 생태와 행동의 수수께끼를 해명하는 과학의 주요 분야는 천연물화학이다. 해양생물이 대사의 결과 생산하는 화학물질은 설사 그것이 초미량물질이라 하더라도 그 화학구조를 밝히고 생태계에서의 역할을 해명하는 천연물화학은 최근 20년 사이에 특히 큰 발전을 이루고 있으며, 해양생물의 생태에 대한 수수께끼의 베일도 점차 벗겨지고 있다.

해양생물의 생태와 행동의 불가사이가 실은 화학적 신호에 의한 전달, 즉 케미컬 커뮤니케이션(chemical communication)의 행위로서 화학의 언어로 해석할 수 있게 되었는데 이 케미컬 커뮤니케이션은 해양생물이 대단히 오랜 진화의 과정을 통해 점차로 획득한 지혜이기도 하다.

해양생물의 생명이나 종의 유지에 화학물질이 관여하고 있다는 사실은 놀라운 일이 아닐까? 생물이 먹이를 찾아내는 데 해수를 매체(媒體)로 하는 화학물질에 의해 정보가 전달되고 그것을 생물 자신들이 가지고 있는 화학검출기관(化學檢出器官)이 찾아내고 있는 것이다(화학수용)(제2장). 어떤 생물종(生物種)의 이러한 섭이유인(攝餌誘引)

또는 섭이자극물질(攝餌刺戟物質)을 밝히는 것은, 예를 들면 새우나 게, 전복, 소라 등의 수산증식(水産增殖)에 있어서 인공사료의 개발에도 중요한 것이며, 또 불가사리와 같은 양식패류의 해적생물(害敵生物)의 방제에도 기여하는 지식들이다. 화학수용(化學受容, chemoreception)의 구조는 어류에서 특히 잘 발달하고 있다. 이것은 수중에서 생활하는 어류에게는 후각(嗅覺)이나 미각(味覺) 기관이 육상생물에서처럼 명확하게 구별되어 있지 않기 때문에, 화학물질에 의해 먹이를 찾아내는 능력은 대단히 소중하다. 그리고 이러한 문제를 해명하는 것은 재배어업(栽培漁業)에 있어서도 매우 중요하다.

연체동물인 청자고둥이나 문어, 자포동물(강장동물)의 해파리나 말미잘 등은 유독한 화학물질을 가지고 있으며, 그것을 이용하여 먹이생물을 포식한다는 것은 잘 알려져 있다. 이들의 물질 중에는 신경과학의 연구에 없어서는 안될 시약으로서 쓸만한 것도 있다.

해양생물에서의 화학수용의 구조는 해양생물의 방어행동(防禦行動)이나 종족(種族)의 유지에 있어서도 매우 교묘하게 구성되어 있다.

생물은 그 일생을 살아가는 동안 수많은 적(敵)과 마주친다. 적의 종류와 수가 해수환경에서는 육상에 비해 훨씬 많다. 그래서 해양생물은 물리적인 방어의 구조와 함께, 화학적인 방어기구(防禦機構)를 발달시키고 있다(제3장). 화학적인 방어는 생물의 종류에 따라 다양한데, 특히 겉으로 보기에는 아무런 방어장치를 가지고 있지 않은 생물에 발달되어 있는 것 같다.

어떤 종의 해조류(海藻類)는 산호초 해역의 초식동물에게 포식되지 않기 위한 화학물질을 생산하고 있다. 가장 미분화된 다세포동물이라고 하는 해면동물은 이 지구상의 극지에서 열대에 이르기까지, 또 수천 미터의 심해에서 조간대에 이르기까지 그 분포 범위가 대단히 넓은데 포식동물이나 고착생물의 공격으로부터 몸을 지키기 위해 여러 가지 화학방어물질(化學防禦物質)을 생산하고 있다. 이를테면 해면은 유독물질(有毒物質)이나 맛이 없는 물질을 항시 해수중에 분비함으로써 언뜻 보아 무방비 상태로 보이지만 이런 방법으로 자신을 지키고 있다.

히드라, 해파리, 말미잘, 돌산호 등의 자포동물에서는 그들이 가지고 있는 자포(刺胞)로 능동적인 방어기구(防禦機構)를 구비하고 있는 종류도 있으며, 팔방산호류에서는 화학물질에 의한 방어기구가 발달하고 있다. 이러한 팔방산호류나 위에서 언급한 해면동물이 만드는 화학방어물질을 알렐로케미컬(allelochemical)이라고 하는데, 오늘날 새로운 생물활성물질(生物活性物質)을 탐색한다는 면에서 크게 주목되고 있다.

해면동물이나 자포동물과 같은 저생동물에게는 어류나 패류 등의 포식자보다도 더욱 무서운 것은 군체성 멍게류나 이끼벌레(태형동물)와 같은 고착생물의 착생이다. 여기에서도 이들에 대한 방어로서 화학물질이 관여하고 있다. 한편 갯민숭달팽이류나 군소(연체동물)처럼 딱딱한 각(殼)과 같은 방어수단을 가지고 있지 않은 생물은, 화학방어물질을 먹이생물인 해면이나 홍조류로부터 섭취하고는 피부점액 등으로 분비함으로써 비상시에 대비하고 있다. 불가사리나 해삼 등의 극피동물은 어독활성(魚毒活性) 사포닌을 생산하여 체내에 축적하여 대형어류의 공격으로부터 자신을 지키고 있다. 어류에서는 유영능력이 별로 없는 물고기들이 독이 있는 가시[棘]나 점액독(粘液毒) 또는 피부독(皮膚毒)을 가지고 있다.

곤충의 세계에서 잘 알려져 있는 동종(同種)의 무리에 위험을 전달하는 경보물질(警報物質, alarm pheromone)은 해양생물에 있어서도 특히 무리[群]를 형성하는 종류에서 잘 생산되고 있다는 것이 판명되었다. 종류가 서로 다른 생물 사이에서도, 예컨대 성게는 포식자인 닭새우나 은행게(*Cancer japonicus*)의 "냄새"(화학물질)를 감지하여 도피행동을 일으킨다.

모든 생물들은 그들의 종족의 유지를 위해 갖가지 수단을 강구하고 있다(제4장). 여기에서도, 특히 시각(視覺)이나 청각(聽覺)이 별로 발달되어 있지 않은 하등생물(下等生物)에서는 암수가 서로 끌려 상봉토록 하는 성 페로몬 등의 화학물질이 주요한 역할을 담당하고 있다. 또한 산란이나 부화, 유생으로부터 성체로의 성장과정에서, 화학방어물질을 생산하여 포식으로부터 모면하기 위한 여러 가지 방안이 취해지고 있다. 새우나 성게 등 갑각류의 성 페로몬은 아직도 불분명한데 그 해명은 산업적으로도 중요한 과제이다.

무척추동물의 유생은 일정 기간 동안 부유생활을 한 후 적당한 장소를 발견하여 착생하면 바로 변태한다. 이러한 착생과 변태를 유발시키는 것도 화학물질이다. 따개비(절지동물), 이끼벌레(태형동물), 멍게 등 착생생물은 선박의 기저부, 발전소의 냉각 파이프, 양식 가두리, 정치망 등에 착생하여 막대한 피해를 준다. 현재 이러한 방제에 유기주석화합물(有機朱錫化合物)이 사용되고 있는데, 그 독성은 심각한 사회문제가 되고 있으며, 따라서 착생방어물질(着生防禦物質)의 해명은 사회문제의 해결이라는 차원에서도 매우 중요하다.

해양에는 이종생물(異種生物)이 공생생활(共生生活)을 하거나, 어떤 생물이 타종(他種)의 생물에 기생(寄生)하고 있는 경우가 많다. 말미잘(자포동물)과 물고기인 흰동가리(*Amphiprion clarkii*)가 사이좋게 노는 공생의 모습은 수족관의 수조에서도 흔히 볼 수 있는 광경이다(제5장). 이것은 숙주인 말미잘이 어떤 화학물질을 내놓아 기숙자(寄宿者)인 흰동가리를 유인하기 때문이라고 최근에 판명되었다. 여기에서는 서로가 공생관계에 있으므로 이에 관련된 화학물질을 시노몬(synomone)이라고 명명하게 되었다. 해양생물 중에서 이종생물(異種生物)이 공동생활을 하고 있는 예는 이 밖에도 여러 가지 알려져 있으나, 아직도 공생생활하고 있는 생물과 화학물질의 세부적 관계가 불분명한 경우가 많다.

외양에서 몇 년씩 성장기를 보낸 다음 출생한 하천으로 돌아오는 모천회귀(母川回歸)의 성질을 가지는 연어에 대한 이야기는 널리 알려져 있다. 아직도 그 전모가 판명되지는 않았으나 연어가 모천(母川)의 특징적인 "냄새"(화학물질)를 기억하고 있기 때문이라고 추측되고 있다.

제2장 이하에서는 앞에서 기술한 해양생물의 생태와 행동을 지배하고 있는 화학물질에 대해 천연물화학의 지금까지의 연구 성과를 중심으로 상세하게 해설하고 있다. 그러나 현시점에서는 아직도 밝혀지지 않은 사항이 훨씬 많다. 이러한 사항들을 분자레벨에서 해명함으로써 해양생물의 생활환(生活環)을 부각시킬 뿐만 아니라 어업을 비롯하여 여러 분야의 산업발전에도 그 파급효과가 사뭇 기대된다.

# 2. 섭이행동의 화학

## 2.1 섭이행동의 자극물질

섭이활동(攝餌活動)은 생물이 생명을 유지하기 위한 필수적인 행동 중의 하나이며, 그 생활방식이나 환경에 따라서 여러 형태를 보인다. 생물이 자기 주위의 물질을 알아차리는 일은 자신의 생존과도 관계된다. 물 속에서는 물이 화학정보(化學情報)를 전달하는 매체(媒體)가 되고, 각각의 생물은 수중에서 전해지는 정보를 포착하기 위해 독자적인 화학 검출기관(化學檢出器官)인 "화학수용기"[2](化學受容器, chemoreceptor)를 갖는다. 예를 들어, 대장균은 영양원인 글루코오스(포도당, glucose) 등의 당류나 아스파라긴산(asparaginine), 세린(serine) 등의 아미노산에 유인(誘引)된다. 원생동물에서 관찰되는 주화성(走化性, chemotaxis)도 화학수용(化學受容, chemoreception)의 결과라고 생각할 수 있다. 신경계가 있는 말미잘 등의 자포동물에서도 화학자극에 의한 일련의 섭이행동을 관찰할 수 있다. 이와 같이 생물의 진화와 함께 신경계도 발달하며, 따라서 점차 섭이형태가 복잡해진다. 먹이를 발견하여 먹을 때까지의 일련의 섭이행동에는 이와 관계하는 화학물질이 존재

---

2) 화학적 자극을 받아들이는 말단 감각기, 즉 화학적 수용세포를 화학수용기(chemoreceptor)라 하며, 그 화학적 자극에 대한 세포 또는 개체의 반응을 주화성(走化性, chemotaxis)이라 한다.

한다는 것이 밝혀지고 있으며, 다음과 같은 7가지의 자극물질이 정의되고 있다.

1) 행동정지물질(行動停止物質, arrestant) : 이동하는 동물의 움직임을 멈추게 하는 물질. 유인물질이 계속 작용하면 유인행동이 시작된다.

2) 섭이유인물질(攝餌誘引物質, attractant) : 먹이의 존재를 인식하여 그쪽으로 향하도록 하는 자극물질.

3) 기피물질(忌避物質, repellent) : 존재를 인식시켜 그것을 기피시키는 자극물질.

4) 섭이개시물질(攝餌開始物質, incitant) : 섭이를 개시하도록 하는, 즉 맛을 보게 하는 자극물질.

5) 섭이억제물질(攝餌抑制物質, suppressant) : 섭이 개시를 저해하는 자극물질.

6) 섭이자극물질(攝餌刺戟物質, stimulant) : 섭이를 계속하게 하는 자극물질.

7) 섭이저해물질(攝餌沮害物質, deterrent) : 섭이 계속을 저해하는 자극물질.

행동정지물질을 판정하기란 쉽지 않기 때문에 섭이유인물질에 포함하는 수가 많다. 또 4)부터 6)까지의 자극물질들은 상세한 행동관찰을 한 후 비로소 확인할 수가 있다. 섭이개시물질은 섭이자극물질에 포함되므로 실제 각각의 활성물질을 결정하기란 매우 곤란하지만, 섭이유인물질과 섭이자극물질은 명확히 구별할 필요가 있다. 이 장에서 논하고자 하는 '섭이행동을 자극하는 물질'은 앞의 정의에 포함되는 모든 자극물질의 총칭이다.

섭이행동의 자극물질에는 여러 가지 화합물이 단리(單離)[3]되어 있

---

3) 단리(單離, isolation):'따로 분리하다'라는 의미임.

다. 이러한 물질들은 각 생물이 살아 남기 위해서, 먹이를 효율적으로 감지하기 위해 오랜 진화과정을 통해서 얻은 수단일까? 이것을 화학생태학적으로 연구한다는 것은 생각만 하여도 매우 흥미로운 분야이다.

## 2.1.1 연체동물

연체동물에 속하는 패류는 현재 그 수가 약 11만 종이나 되며, 바다나 강, 호수, 육상 등에 널리 분포하고 있으며, 지구상에서 곤충 다음으로 번영하고 있는 동물군(動物群)이다. 이 중에서 소라나 전복 등의 권패류(卷貝類, 고둥류)가 속하는 복족류(腹足類, Gastropoda)가 전체의 84%나 되며, 고둥류 중 40%는 해수역에, 11%는 담수역에, 33%는 육상에 서식한다. 권패류는 대체로 적극적으로 색이행동(索餌行動)을 취한다. 해산 권패류는 전복으로 대표되는 해조식성(海藻食性) 권패류와 수랑이나 골뱅이 또는 큰구슬우렁이 등과 같이 육식성(肉食性) 권패류로 나눌 수 있다.

이들 권패류의 색이활동에도 화학물질이 관여하고 있음을 보여주는 행동에 대한 관찰이 수많이 보고되고 있고, 수용기관으로서 촉각(觸角)이나 후각돌기(嗅覺突起) 등이 신경생리학적으로 밝혀지고 있지만, 이들 연구의 대부분은 생물학적인 것이라서 실제로 활성물질(活性物質)이 판명된 것은 아주 적다. 더구나 이들 연구의 대부분은 생물시험이 비교적 쉬운 섭이유인물질에 관한 것이며, 적당한 생물시험법이 개발되어 있지 않은 섭이자극물질에 관한 연구는 아주 적다.

### 2.1.1.1 해산 권패류

(1) 육식성 권패

육식성 권패에서 'chemoreception'은 색이수단(索餌手段)으로 중요하다. 예를 들면 좁쌀무늬고둥류인 *Nassarius*속(屬)의 권패류는 수 미터 떨어진 곳에 죽어 있는 물고기나 새우, 게 등을 알아차려 모여든다는 것이 오래 전부터 잘 알려져 있다. 북미주 동해안산의 *N. obsoletus*가 구기(口器, 입)로 먹이를·찾는 독특한 색이행동(索餌行動)을 야기시키는 물질로서 새우로부터 젖산(lactic acid)과 글리신(glycine)이 동정되었다. 뒤에 설명할 어류의 경우에서와 같이, 이 경우에도 다른 아미노산 등과의 협력효과(協力效果)가 관찰된다. 또 *N. obsoletus*는 굴의 체액이나 사람의 혈청에도 강하게 반응하는데, 그 활성의 본체(本體)로서는 당단백질(糖蛋白質, glycoprotein)이나 알부민(albumin)이 단리되었다.

굴이나 따개비류를 잡아 먹고 사는 천공성 권패류인 *Urosalpinx cinereus*는 굴이 서식하는 사육수(飼育水)에 강하게 유인된다. 특히 어리고 성장기에 있는 굴이 있는 물에 더욱 강하게 유인되기 때문에, 패각 형성(貝殼形成)의 최종산물로 여겨지는 옥살론산(oxalonic acid)을 조사하였더니 유인성이 확인되었다. 그러나 이 물질도 확실한 활성물질이 아니었다. 최근에 부화된 지 얼마 안된 이 동물의 유생을 사용한 연구에서, 북방따개비류인 *Semibalanus balanoides* 등의 사육수로부터 유인활성(誘引活性)이 있는 펩티드와 유사한 (peptide-like) 물질을 단리하였다.

한편 말미잘을 잡아 먹고 사는 올빼미군소붙이류[4]와 근연종인 *Pleurobranchaea californica*의 후각돌기(嗅覺突起)를 떼어내고 전기생리학적 방법을 이용해서 18종의 아미노산에 대한 반응성을 조사한 결과, 글리신(Gly), 글루타민(glutamine, Gln), 페닐알라닌(phenylalanine, Phe), 트립토판(tryptophane, Trp)에 강하게 반응하였으나, 어류 등 수서동

---

4) 복족강, 후새아강(後鰓亞綱, Opisthobranchia), 배순목(背楯目, Notaspidea)에 속하는 올빼미군소붙이(*P. novaezealandiae*)의 근연종임.

물이 대개 반응하는 글루탐산(glutamic acid, Glu)에는 거의 반응하지 않았다고 한다.

### (2) 해조식성 권패류

해조식성 권패류인 전복류(*Haliotis* spp.)나 소라류(*Turbo* spp.)는 중요한 수산자원 중의 하나이기 때문에, 이들의 증식을 위한 방류용 치패생산(稚貝生産)이 활발하게 이루어지고 있다. 전복류의 채란(採卵)과 부화(孵化)에서부터 치패의 육성(育成)에 이르는 증식기술(增殖技術)은 이미 확립되어 있으나, 그 육성에는 천연이료(天然餌料)인 대황(*Ei-senia bicyclis*)이 주로 사용되고 있다. 당연히 크게 길러서 방류하는 것이 효과적이기 때문에 방류할 수 있는 크기로까지 육성하는 데는 대략 2년이 걸린다.

최근 영양학적인 연구를 바탕으로 해서 전복의 치패 육성용 인공사료가 개발되었는데 섭이량(攝餌量)을 높이기 위해 해조 분말(海藻粉末)을 혼합하기도 한다. 이러한 상황하에 전복 등의 유용한 해조식성 권패류에 관해서조차 그 선택적 식성(選擇的食性)에 관한 화학적 연구가 거의 없다.

참전복(*H. discus hannai*)의 위 내용물(胃內容物) 조사에서는 주로 갈조류나 홍조류를 섭식하지만 그 밖에 유공충류(有孔蟲類) 등의 작은 동물도 섭식한다는 것을 알게 되었다. 사육관찰 결과로는 미역(*Und-aria pinnatifida*)이나 다시마류(*Laminaria* spp.)와 같은 갈조류를 즐겨 먹는다는 것이 밝혀졌다.

최근 일본의 하라다(原田) 등은 어류의 유인물질 검색용으로 고안한 장치(2.1.4 참조)를 이용하여, 까막전복(*H. discus*)의 치패의 유인물질을 검색하였다. 대개 갈조류에 의해 까막전복의 치패는 유인되는데, 이 해조의 단백질이나 지질(脂質)의 혼합획분이 유인활성을 나타내며, 또한 각종 핵산 관련물질도 유인활성이 있다고 보고하였다. 전복류의 생

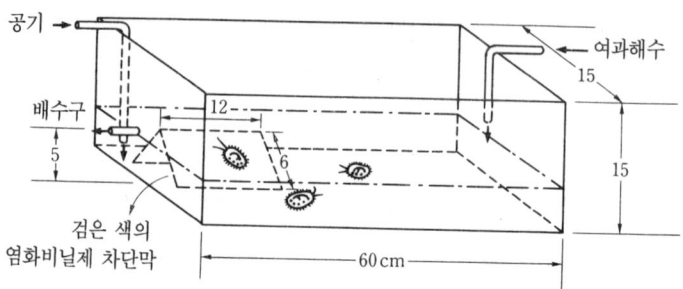

공기 →
배수구
5
검은 색의
염화비닐제 차단막
12
6
여과해수
15
15
60 cm

**그림 2·1** 까막전복(*Haliotis discus*) 치패의 섭이자극물질을 검색하기 위한 실험 수조의 개략도.

산을 양식에 의존할 날도 머지않을 것으로 생각되는데, 치패의 육성이나 양식의 관점에서 본다면 섭이유인보다도 섭이자극물질을 해명하는 것이 더욱 중요하다. 때문에 필자는 전복 등 해조식성 권패류의 섭이자극물질을 밝히고자 몇 가지 실험을 시도하여 홍미 있는 결과를 얻었기에 소개한다.

부화후 약 1~1.5년 된 까막전복의 치패를 사육하여 관찰한 섭이행동을 토대로 하여, 결정 셀룰로오스 분말(Avicel SF)을 입힌 유리판(아비셀판)을 사용하여 간결하면서도 신뢰성이 높은 생물시험법인 '아비셀판법'을 고안해 내었다. 암청색의 플라스틱 수조(그림 2·1)에 치패 10~30개체를 넣고 낮 동안에 이 생물이 숨을 수 있도록 흑색 염화비닐로 만들어진 은신처(shelter)를 설치하여 대형 갈조류인 대황(*Eisenia bicyclis*)을 먹이로 해서 사육하였다. 시험 전날에는 급이를 중지하고, 추출물이나 그 분획물을 상기 아비셀판의 일정 면적에 흡착시켜, 일몰 후 시험수조에 집어 넣고 시험을 시작하였다(그림 2·2). 아비셀판은 다음날 아침 꺼내어 활성을 판정하였다. 그림 2·3에 시험 결과의 예와 활성의 판정법을 제시하였다. 이 시험법으로 전복의 색이행동에서 홍미 있는 사실이 밝혀졌다. 전복은 시험판 위 여기저기에 특유의 먹은 흔적

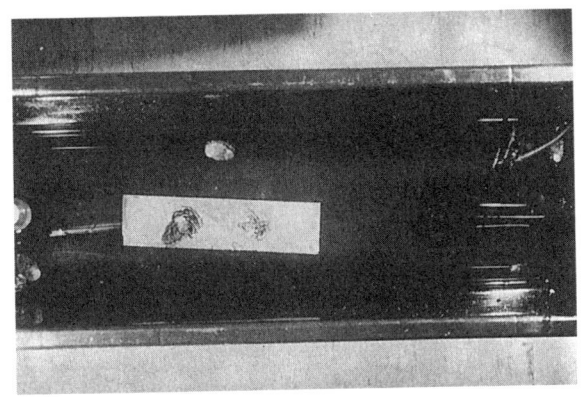

그림 2·2  까막전복(*Haliotis discus*) 치패의 섭이자극물질을 검색하기 위한 생물실험.
실험은 일몰(日沒) 후부터 시작하였다. 아비셀(Avicel)판(5×20cm)에 지름이 약 3cm
정도의 샘플존을 그리고 그곳에 시료 용액을 일정량 흡착시켜 건조한 다음 수조 중심에
가라앉혔다(오전 0시 30분경 촬영).

을 남기며 기어다니다가 좋아하는 것을 발견하면 집중적으로 섭식한다.
이 시험법은 섭이유인보다는 섭이자극활성을 판정한 것이라 하겠다.

이 방법으로 여러 종류의 해조류를 조사하여, 활성이 가장 강했던 미
역의 메탄올 추출물로부터 생물시험법으로 활성물질을 검색하여, $C_{14} \sim$
$C_{20}$의 포화 및 불포화지방산을 구성지방산(構成脂肪酸)으로 하는 디갈
락토실디아실글리세롤(Digalactosyldiacylglycerol, DGDG)과 포스파
티딜콜린(Phosphatidylcholine, PC)이 활성의 본체인 것을 알아내었
다. DGDG나 PC와 같은 지용성(脂溶性) 물질이 해조식성 권패류의
섭이자극물질임이 밝혀진 것은 이것이 최초였다.

후새아강(後鰓亞綱)의 군소류(*Aplysia* spp.)는 대체로 녹조류를 즐겨
먹는 것으로 알려져 있다. 하와이산 빨판군소(*A. juliana*)의 십이행동
은 대단히 재미있다. 이 동물은 통상 모래 안에 숨어 있는데, 그 수조에
갈파래(*Ulva lactuca*)의 조각을 넣어 보면 10~15초 안에 촉각을 모래
밖으로 내어서 더듬거리다가 마침내 기어나와 머리를 쳐들고 좌우로 흔

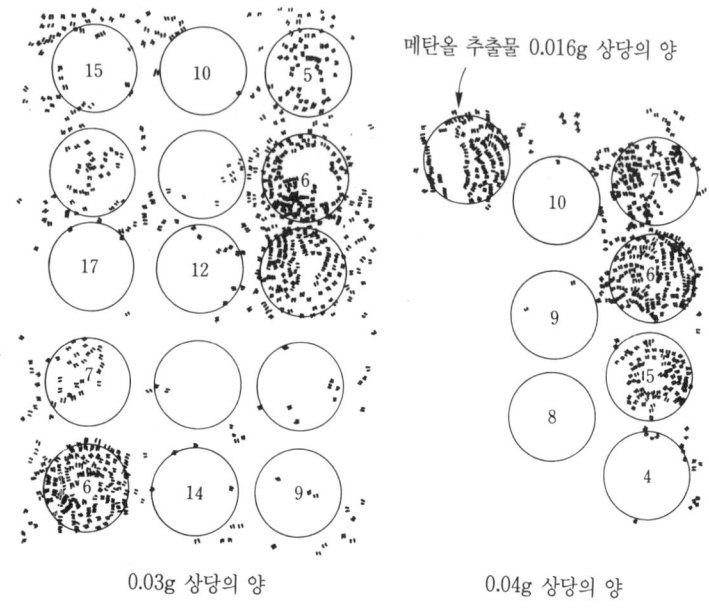

**그림 2·3** 아비셀판법에 의한 까막전복(*Haliotis discus*) 치패의 섭이자극활성 판정법. 미역의 메탄올 추출물을 분획(分劃)하여 각 획분(劃分), (Fr. 4~14) 중 일정량을 아비셀판의 각 샘플존에 흡착시켰다. 각각을 별개의 수조에 일몰 후 가라앉힌 뒤 다음날 아침에 꺼냈다. 전복의 특이한 입자국을 볼 수 있다. 샘플존을 다 먹어 치운 경우에는 ++, 샘플존을 경계로 하여 안과 밖이 뚜렷한 차이를 보인 경우에는 +, 차이가 뚜렷하지 않은 경우에는 ±, 거의 차이가 없거나 전혀 입자국이 없는 경우에는 ―로 나타내었다. 활성획분 5, 6, 7과 조추출물(粗抽出物)에 입자국이 집중하였다. 활성판정은 명확하였고, 재현성이 좋음을 알 수 있다.

드는 특유한 행동으로 갈파래를 찾아내어 먹는다. 갈파래의 물[水] 추출액을 군소가 들어 있는 수조에 떨어뜨리면 갈파래 조각을 넣었을 때와 똑같은 행동을 하는데, 이는 갈파래의 물 추출물 중에 섭이행동의 자극물질이 들어 있음을 의미한다. 더욱이 군소(*A. kurodai*)나 뱀눈군소(*A. dactylomela*)는 인공사료에 리본갈파래(*U. fasciata*)의 물 추출물을 첨가하면 섭이를 자극한다는 것이 보고되고 있다. 그러나 이 섭이자극물질의 본체에 관해서는 필자가 연구할 때까지 밝혀지지 않았다.

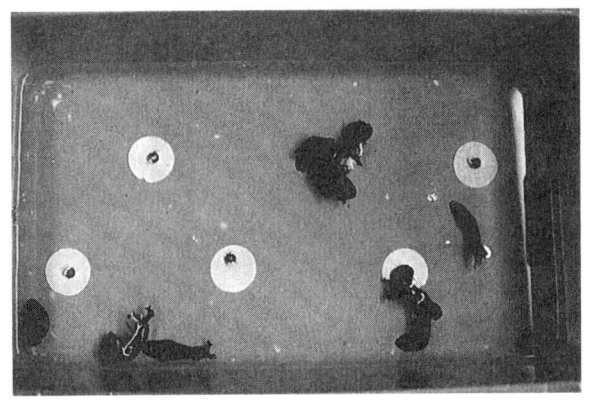

**그림 2·4** 빨판군소(*Aplysia juliana*)의 섭이유인 자극물질을 검색하기 위한 생물실험. 1~2일 절식(絶食)시킨 어린 군소 10마리를 수심이 5cm가 되도록 배수구를 설치한 61 ×32×18cm의 청색 플라스틱 수조의 가장자리에 넣는다. 재빠르게 수조의 밑바닥에 시료를 흡착시킨 지름 5cm의 여과지를 추와 함께 가라앉힌 다음 실험을 시작한다. 실험 시작 10, 20, 30분 후에 각 여과지 주변에 모인 군소 숫자를 세어 활성을 판정하였다. 그림은 실험 시작 10분 후의 것이다.

필자들은 갈파래속 녹조류의 에테르 추출물이 군소의 섭이활동을 자극한다는 것을 알아내고, 아주 간단한 생물시험법을 확립시켰다. 그림 2·4는 구멍갈파래의 에테르 추출물의 분획물을 시험하고 있는 장면이다. 한 획분에 강한 활성이 집중되어 있음을 알 수 있다. 이 시험법을 적용하여 구멍갈파래(*Ulva pertusa*)로부터 단리한 활성물질은, 이미 필자들이 까막전복 치패의 섭이자극물질로서 단리한 바 있는 DGDG와, 최근 아주 한정된 종류의 곰팡이나 양치식물(羊齒植物, 즉 고사리류)이나 녹조류에서 발견된 바 있는 특이한 글리세로 지질(脂質)인 1, 2-디아실글리세릴 4′-O-(N, N, N-트리메틸)-호모세린(DGTH)이었다.

소라(*Turbo cornutus*)는 대황을 먹이면 잘 성장하는 것으로 알려져 있다. 필자들도 크기가 작은 소라를 사육하면서 그 구기(口器, 입)가 전복과 비슷하기 때문에 앞서 전복에서 사용하였던 "아비셀판법"을 적

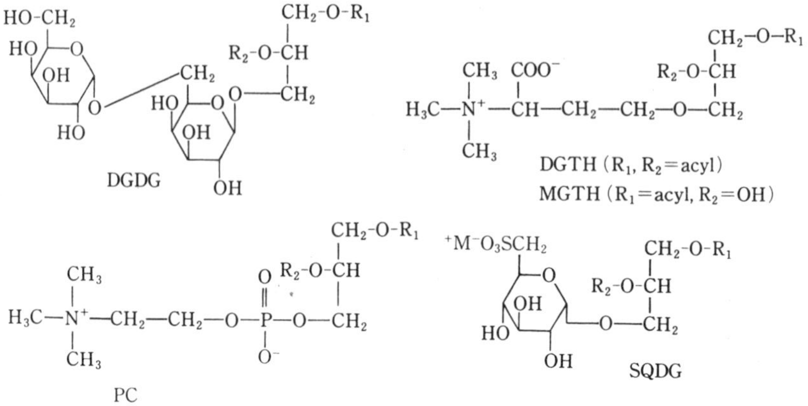

CH₂-O-R₁

(화학 구조식)

**그림 2·5**  조류(藻類)에서 단리(單離)해 낸 해조식성(海藻食性) 권패류의 섭이자극물질

용시켜 본 결과 가능하다는 것을 알게 되었다. 대황의 메탄올 추출물로부터 단리해 낸 활성물질은 DGDG, PC 및 엽록체를 가지고 광합성을 하는 식물에 대량으로 들어 있는 설퍼리피드(sulfo-lipid)인 6-설퍼퀴노복실디아실글리세롤(sulfoquinoboxyldiacylglycerol , SQDG)이었다.

바다방석고둥(*Omphalius pfeifferi*)은 '나선모양의 말굽(馬蹄螺)'이라는 이름처럼 겉모양이 말굽을 연상시킨다. 이것은 일본에서도 이즈(伊豆) 지방의 특산품의 하나이며, 전복이나 소라에 견줄 만한 식용 권패류이다.

바다방석고둥의 입도 전복과 비슷하여 "아비셀판법"으로 시험하였더니, 대황 추출물이 흡착된 부분에 전복의 경우와 아주 비슷한 특유의 먹은 흔적이 집중되어 있어 명확한 활성 판정이 가능하였다. 대황의 메탄올 추출물에서 단리한 활성성분은 전복, 군소, 소라 등 해조식성 권패류의 섭이자극물질로서 단리동정된 DGDG, PC, SQDG 등의 복합지질(複合脂質)이었다(그림 2.5). SQDG는 대황이나 미역에 많이 들어 있으며, 까막전복에 대한 활성물질로서는 단리되지 않고, 소라나 바다방석고둥의 시험에서 처음으로 단리되었다. 이는 소라와 바다방석고둥의

표 2·1 구멍갈파래(Ulva pertusa)에서 단리한 복합지질이 각종 해조식 권패류에 미치는 섭이자극활성

| | 까막전복 Haliotis discus | 소라 Turbo cornutus | 바다방석고둥 Omphalius pfeifferi | 빨판군소 Aplysia juliana |
|---|---|---|---|---|
| DGDG | $14\sim28\mu g$[*1] | $15\sim25$ | $18\sim23$ | $800$[*2] |
| DGTH | $10\sim20$ | $24$ | $< 10$ | $100$ |
| SQDG | $> 300$ | $20\sim40$ | $< 20$ | $> 1000$ |
| PC[*3] | $10\sim20$ | $15$ | $< 15$ | $< 50$ |

*1 : +활성을 보인 단위 샘플존(sample zone)의 최소량. 수치는 예비적임.
*2 : +활성을 보인 여과지(지름 5.5cm)당 최소량.
*3 : 미역 Undaria pinnatifida에서 단리(單離).
[北川 勳 編, 化學增刊 11 海洋天然物化學, p.83, 化學同人, (1987)]

식성이 비슷하다는 것을 뜻한다.

앞에서 언급한 바와 같이 4종의 해조식성 권패류에 대한 섭이유인 및 자극물질 검색을 위한 생물시험법이 확립되었으므로 각종 해조류로부터 단리한 활성물질을 시험해 보았다. 그 결과는 표 2.1에서와 같이 PC가 가장 강한 활성을 보였고 DGDG, DGTH와 같이 모든 권패에서 공통된 활성을 보였다. 가상 흥미있는 점은 설피리피드인 SQDG가 소라와 바다방석고둥에서는 $20\mu g$의 강한 활성을 보였지만, 까막전복에 대해서는 그 10배의 양으로도 전혀 활성을 나타내지 못한 점이다. 군소를 이용한 실험에서는 지름 5.5cm의 여과지를 사용하였기 때문에 훨씬 다량의 시료를 필요로 하므로 직접적인 비교는 할 수 없었으나, SQDG는 DGDG나 PC에 비하면 활성이 없다고 해도 좋겠으며, 공통된 활성물질인 DGDG, PC, DGTH 외에 SQDG와 같은 선택성이 큰 활성성분이 존재한다는 것은 구조활성(構造活性)의 상관(相關)에서도 대난히 흥미롭다.

뒤에 기술하고 있듯이(2.1.4 참조), 이제까지 밝혀진 어류의 섭이유인 및 자극물질은 대개가 아미노산 등의 수용성물질(水溶性物質)이다.

복합지질과 같은 지용성물질(脂溶性物質)도 해양생물의 섭이자극물질로서 작용한다는 것을 밝힌 것은 이 책의 필자들의 연구가 처음이다.

## 2.1.2 갑각류

새우나 게 등의 갑각류는 곤충이나 거미와 같이 절지동물(節肢動物)에 속한다. 절지동물은 지구상에 있는 동물 약 100만 종 중에서 80만 종이나 된다. 이들 절지동물 중 거미류를 제외한 나머지 동물들은 키틴질(chitin)의 딱딱한 껍질을 가진다는 것이 공통된 특징이다. 이 중에서 갑각류(甲殼類, Crustacea)는 약 5만 종이 된다고 한다. 이 중에서 식용으로 유용한 십각류(十脚類, Decapoda)는 새우류의 장미류(長尾類, 새우아목 Macrura)와 왕게(*Paralithodes camtschaticus*), 청색왕게(*P. platypus*) 등 집게와 근연인 이미류(異尾類, 집게아목 Anomura)와 털게(*Erimacrus isenbecki*), 대게(*Chionoecetes opilio*), 꽃게류 등 일반 게류와 근연인 단미류(短尾類, 게아목 Brachyura)로 구분된다. 새우류에는 대하 *Penaeus*(*Fenneropenaeus*) chinensis처럼 유영하며 생활하는 것과, 닭새우(*Panulirus japonicus*)나 바다가재(*Homarus gammarus*)처럼 바다 밑을 걸어 다니며 생활하는 것으로 크게 나뉜다.

갑각류에서의 "화학수용(chemoreception)"은 예부터 알려져 있으며, 화학수용세포(化學受容細胞)가 분포하는 "sensory hair"라 불리는 조그만 감각대(感覺帶)는 새우 등의 수서(水棲) 갑각류에는 체표(體表)에 널리 분포한다. 이 중 섭이행동에 관여하는 후각기(嗅覺器)는 제1촉각(antennule)에, 미각기(味覺器)는 제2촉각(antenna)이나 보행각(步行脚)이나 구기(口器, mouth parts)에 있는 것으로 알려져 있다(그림 2·6). 갑각류의 섭이유인 및 자극물질에 관해서 많은 연구가 있는데, 대부분이 생물학자들에 의해 이루어진 것들이어서 먹이생물에 포

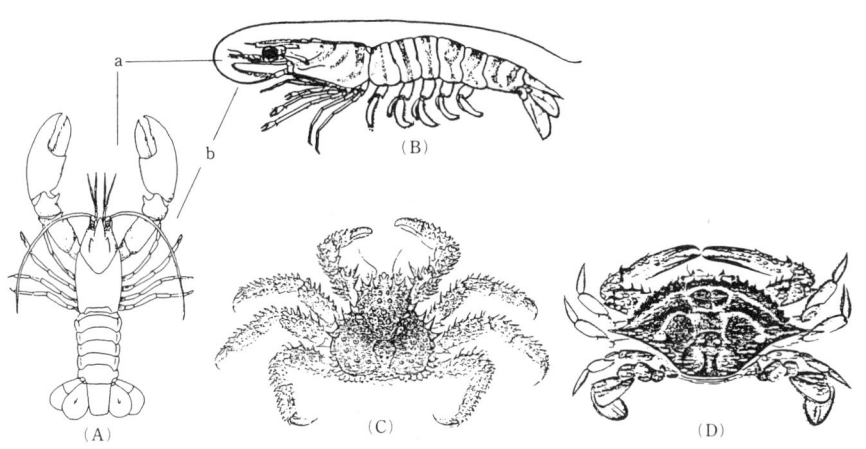

**그림 2·6** 십각류 (A) 바다가재 *Homarus gammarus*, (B) 대하 *Penaeus chinensis*, (C) 왕게류 *Paralithodes brevipes*, (D) 꽃게 *Portunus trituberculatus*. a. 제1촉각(an-tennule) b. 제2촉각(antenna) 〔A：柴田榮彦, バイオビジネス戰略, p.156, 講談社 (1986), B：林 健一, 海洋と 生物, vol.3, No.6, p.453(1981), C：酒井 恒, 日本産蟹 類, PLATE, p.238(1976), D：同, p.116〕

함된 성분을 분석한 결과를 기준으로 각 성분에 대한 활성을 조사한 것 이다. 섭이행동의 실험 결과를 토대로 하여 조추출물(粗抽出物) 중에 들어 있는 진정한 활성물질을 화학적으로 추적한 연구는 극히 적다.

### 2.1.2.1 새우류

유영생활을 하는 새우류의 섭이자극물질에 관한 연구는, 대부분 제2 가슴다리[第二胸脚]의 앞에 있는 작은 집게 손가락을 입쪽으로 접근시 키거나, 또는 제1촉각이나 턱다리(顎脚, maxilliped)를 자꾸만 움직이 거나 하는 새우류의 특징적 섭이행동에 착안하여 이루어지고 있다.

Atema 등은 줄새우류(*Palaemon*)의 일종인 *Leander tunicornis*를 대상으로 아미노산을 비롯한 28종의 화합물에 대해 조사한 결과, 타우 린(taurine, Tau)만이 단독으로 활성이 강하였고, 그 다음으로는 $\beta$-알 라닌($\beta$-alanine, $\beta$-Ala), 글루타티온(glutathion), 트리메틸아민(tri-

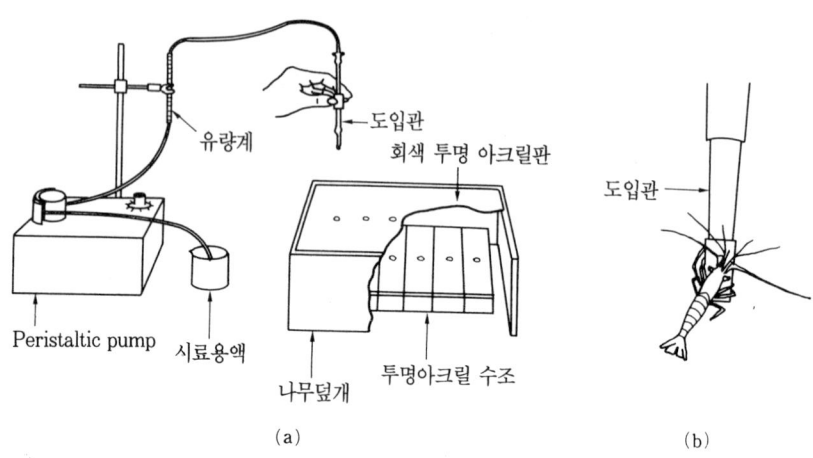

그림 2·7 새우(*P. pugio*)의 섭이유인물질을 검색하기 위한 실험 장치. 수조는 6개로 구획지었으며, 1 구획당 새우를 18마리씩 넣어둔다. 도입관(導入管)을 각 구획의 구멍에 장착하고 시료 용액을 분당 약 2m*l*의 속도로 주입시킨다. (b)와 같이 활성물질인 경우에 새우는 도입관 쪽으로 향하며, 마침내 도입관의 끝 부분에 달려든다. 이런 행동을 하는 새우의 숫자를 세어 활성의 지표로 삼는다. [W.E.S. Carr *et al.*, *Chem. Sens.*, **11**, 52(1986)]

methylamine, TMA), 숙신산(succinic acid)의 순이었다고 하였다. 유리(遊離) 아미노산의 일종인 Tau은 해산동물에 mM 수준으로 들어 있는데, 특히 해양생물들의 먹이가 되는 동물플랑크톤에는 수 10$\mu$g이나 들어 있어, Tau이 이들의 섭이유인 및 자극물질의 하나로서 이용될 수도 있다고 한다. 그러나 더 재미있는 것은 프롤린(Pro)에서는 저해활성(沮害活性)이 관찰되었다. 같은 현상이 바다가재에서도 관찰되었는데, Pro은 그들 천적의 접근을 알리는 경보물질(警報物質)일 것으로 생각된다.

최근 Carr 등이 행한 징거미새우과(Palaemonidae)의 *Palaemonetes pugio*를 이용한 시험법을 살펴보자. 그림 2·7에서 보는 바와 같이 도입관(導入管)을 통해 단속적(斷續的)으로 시험액(試驗液)을 내보낼

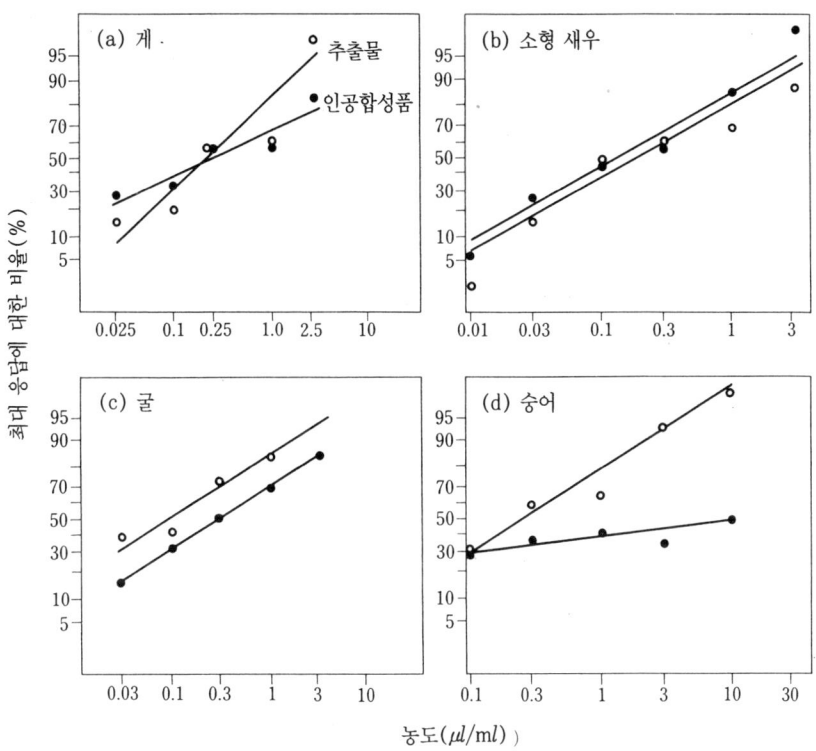

**그림 2·8** 게(a), 소형 새우(b), 굴(c), 숭어(d)의 조추출물(粗抽出物, ○)과 인공 합성품(●)이 새우 *P. pugio*에 미치는 섭이자극 효과 [W.E.S. Carr *et al.*, *Chem. Sens.*, **11**, 56(1986)]에서 고침.

때 과연 몇 마리의 새우가 관(管)의 앞끝을 향하고 그 선단을 붙잡는가 하는 섭식행동을 관찰하였다. 그들은 또한 게, 크기가 작은 새우, 굴, 숭어 등의 근육의 물 추출물 중 아미노산과 뉴클레오티드(nucleotides) 관련 화합물 등의 각 성분의 함량에 맞게 인공 혼힙물을 조제하여 위에 서 언급한 천연먹이생물로부터 추출한 물질과 그 활성을 비교하였다. 이 시험법은 정량성이 높으며, 시료의 양과 활성강도의 관계를 구한 "용량-효과 곡선(D/R 커브)"을 교묘하게 이용하여 검토하고 있다(그

림 2·8). 소형 새우의 경우에는 거의 조추출물의 활성을 재현하고 있
으나, 굴이나 숭어에서는 상당한 차이가 있어 이들 성분 외에도 활성물
질이 존재하고 있음을 시사하였다. 게의 추출물에서는, 지금까지의 연
구결과 활성물질로 밝혀진 Gly, Ala 등 20종의 아미노산 혼합물만으로
서는 천연먹이생물의 추출물이 나타내는 활성을 설명할 수 없었다. 그
래서 뉴클레오티드, 호마린(homarine), 트리메틸아민옥시드(trimethy-
lamineoxide, TMO) 등을 앞에서 언급한 아미노산에 혼합하였더니 활
성이 더욱 높아져서 천연먹이생물 추출물의 활성과 거의 비슷해졌다.

이렇게 여러 종류의 활성물질이 관여하는 경우, 각 활성물질 간의 상
승효과(相乘效果)를 각 성분이 나타내는 D/R 커브를 토대로 하여 "자
극물질가산(刺戟物質加算, stimulus summation)"이나 "응답가산(應答
加算, response summation)"이라는 개념을 도입해 구체적으로 수량화
하여 제시하였다는 것은 주목할 만하다. 그림 2·9에서 예를 들어 5′ -
아데닐산(5′ - AMP)의 $ED_{30}$[시험한 새우의 30%가 반응을 보인 피검
액(被檢液)의 농도][5]는 1.2$\mu$M이었지만, 똑같은 $ED_{30}$을 나타낸 상기
혼합물 중의 5′ - AMP의 양은 0.004$\mu$M에 불과하므로, 5′ - AMP의
D/R 커브로 환산하면 상기 혼합물이 나타낸 $ED_{30}$ 중 5′ - AMP에 의
한 기여는 기껏 2%에 불과한 셈이다. 마찬가지로 상기 혼합물 중 아미
노산만의 혼합물 농도에서는 13%의 기여에 지나지 않기 때문에 이것

---

5) 흔히 어떤 화학물질의 독성을 비교하고 분류하는 데 급성 독성시험(acute toxicity test)의 결
   과를 $LD_{50}$, $ED_{50}$, $LC_{50}$ 등으로 표시한다. 예컨대 $ED_{50}$(=Effective Dose 50 반수 효과량)의
   약자로서 어떤 시험동물 집단의 50%가 특정한 효과를 일으킨다고 기대될 수 있는 어떤 독성
   물질의 통계적으로 도출된 용량으로 정의된다. 한편 $LD_{50}$(=Lethal Dose 50 반수 치사량)은
   50%를 치사케 할 수 있다고 기대되는 독성물질의 양을 말한다. 그러나 이러한 값들이 절대불
   변의 생물학적 상수가 아니라는 점을 명심해야 한다. 위의 두 용어는 비슷한 개념이다. 이 경
   우는 주로 고형(固形)의 독성물질을 말하는데, 실제로 어류나 기타 수서동물인 경우는 물에
   녹여 사용되는 경우가 되므로 물 속에 녹아 있는 독성물질의 농도를 나타내는 $LC_{50}$(=Lethal
   Concentration 50 반수 치사농도)의 개념이 더 많이 쓰인다. 여기에서는 30%를 기준으로 설
   명하고 있다.

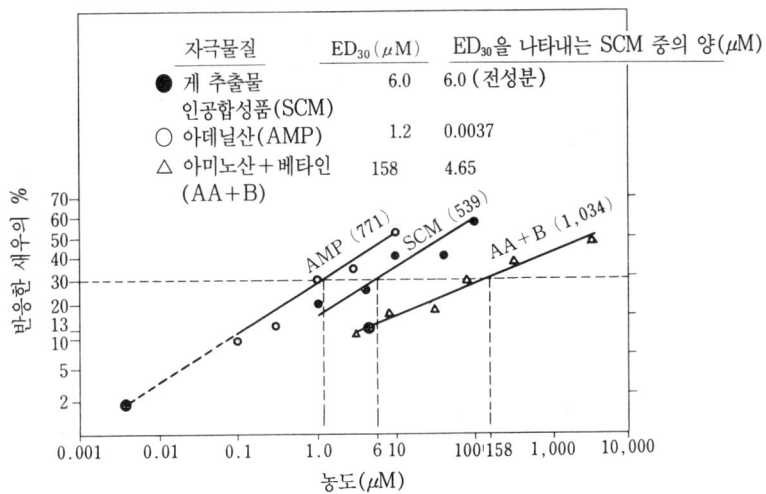

그림 2·9 새우 *P. pugio*가 게 추출물의 인공합성품과 그 구성성분에 대해 나타내는 반응. ● : 게 추출물의 인공합성품(SCM), ○ : 5′-아데닐산(AMP), △ : 아미노산＋베타인(AA＋B). 괄호 안의 수치는 실험한 새우의 숫자임. [W.E.S. Carr *et al., Comp. Biochem. Physiol.*, **77 A**, 473(1984)]에서 고침.

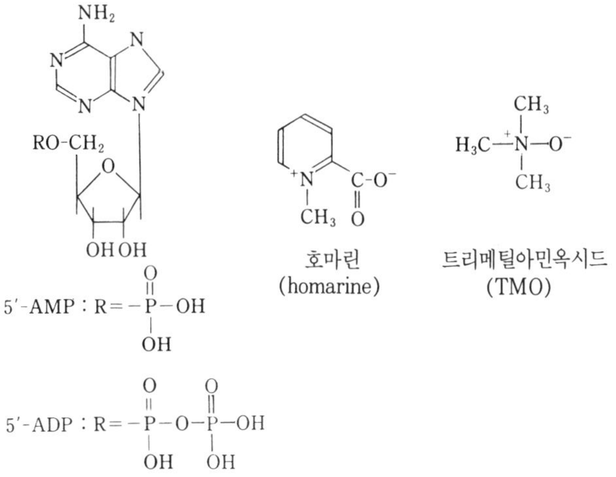

5′-AMP : R＝－P－OH
(이하 생략)

호마린
(homarine)

트리메틸아민옥시드
(TMO)

5′-ADP : R＝－P－O－P－OH

그림 2·10

표 2·2  오징어 엑스분의 화학성분
(밑줄 친 화합물을 사용하여 합성 엑스분을 조제하였음)

| 성           분 | mg/g 엑스분 |
|---|---|
| Asp* | 2 |
| Thr | 4.9 |
| Ser | 3.7 |
| Glu | 5.8 |
| Val | 4.1 |
| Met | 3.9 |
| Ile | 3.1 |
| Leu | 6.3 |
| Tyr | 2.5 |
| Phe | 3.1 |
| Lys | 3.2 |
| His | 1.7 |
| Tau | 37 |
| Pro | 161 |
| Gly | 98 |
| Ala | 30 |
| Arg | 25 |
| Glycine betaine - HCl | 100 |
| TMO - HCl | 125 |
| TMA - HCl | 10 |
| Homarine | 8 |
| Hypoxanthine(Hx) | 5.2 |
| Inosine(Ino) | 2.8 |
| AMP | 4.4 |
| L - ( + ) - lactic acid | 10 |

*아미노산은 모두 L-형임.
[A.M. Mackie, *Mar. Biol.*, **21**, 104(1973)]

을 더한다 해도 15%밖에 되지 않아, 이들 간에는 강한 상승효과가 있음을 알 수 있다. 게 추출물에 들어 있는 상기 화합물 중 Ala, Bet, Gly, Tau 등 4종의 아미노산, 5′ - AMP, 5′ - ADP, 5′ - 이노신산(5′ - IMP), 히포잔틴(hypoxanthine), 이노신 등 5종의 핵산관련물질과 젖산(lactic acid), 호마린, TMO의 총 12종의 인공 혼합물은 게의 천연 추출물보다 약간 뒤질 뿐 강한 활성을 나타내었으므로, 5′-AMP 등의 핵산관련물질이나 젖산, 호마린, TMO 등이 새우류의 섭이유인 및 자극 물질로서 중요하다는 것이 밝혀졌다.

바다 밑을 걸어다니는 대형 새우류인 바다가재 *Homarus gammarus* 가 보여주는 일련의 섭이행동을 참고로 해서 Mackie 등은 이 새우가 좋아하는 꼴뚜기와 같은 부류인 *Loligo vulgaris* 근육부(筋肉部)의 에탄올 추출물 중에서 활성물질을 검색하였더니, 수용성 획분에서 활성이 확인되었다.[6] 표 2·2와 같은 오징어 추출물의 수용성 획분의 성분분석 결과를 토대로 하여 간단한 오미션 테스트(ommission test)(어류항 참조)를 실시하였더니 아미노산을 제외한 시료, 아미노산과 TMO 및 Bet만의 시료, 또는 아미노산만의 시료 등에서는 활성이 매우 낮았다. 그 중에서도 아미노산만의 혼합물은 오징어 조추출물 활성의 1/5 정도 밖에 되지 않는다는 것은, 대부분의 어류가 Gly나 Ala 등 몇몇 아미노산에 강하게 자극을 받는다는 사실에 비하면 매우 흥미로운 점이다. 다른 대다수의 갑각류와 마찬가지로 대형 새우류의 경우도 아미노산, 뉴클레오티드, Bet, 암모늄옥시드 등 여러 성분이 활성에 관여하며, 이들은 서로 강한 상승효과(相乘效果)와 협력효과(協力效果)를 나타내는 것이 분명하다.

Zimmer-Faust 등은 캘리포니아에서 잡히는 닭새우류의 일종인 *Panulirus interruputus*가 전복을 즐겨 먹으며, 어민들은 전복을 미끼로 이들 닭새우를 잡는다는 점에 착안하여, 전복 근육의 해수 추출물에 들어 있는 섭이유인 자극물질을 밝히고자 하였다. 그 결과, 아미노산 등이 포함된 분자량 1,000 이하인 획분이 아닌 10,000 이상의 고분자 획분

---

6) 분획(分劃)과 획분(劃分): '분획하다' 하면 여러 구획으로 나눈다는 의미이고, '획분'은 우리 말로는 잘 쓰이지 않으나 분획된 어느 한 부분을 말한다.

에서 강한 활성이 확인되었는데, 따라서 이들 활성물질은 단백질과 유사한 물질이라고 여겨진다.

이 새우는 실험실에서나 야외에서의 포획시험에서도 분자량 10,000 이상의 획분에서 활성을 보이는데, 이는 실제 섭이행동의 화학제어(化學制御)라는 관점에서 매우 흥미 있는 부분이다. 이와 마찬가지로 단백질에 유인되는 2종의 집게류인 *Clibanarius vittatus*나 참집게류의 일종인 *Pagurus longicarupus*도 비슷한 행동을 취한다. 즉, 전복의 근육을 미끼로 하였을 때 처음에는 접근하지 않다가 24~48시간이 지나야 잘 모여든다. 전복의 근육에서 저분자(低分子)의 아미노산이나 아민 등이 방출되는 것은 처음 3시간 정도가 가장 많다. 이 저분자 물질 중에는 이들을 먹이로 하는 동물, 즉 포식자의 유인물질이 함유되어 있기 때문에, 이것이 반대로 경보물질로 작용하는지도 모른다. 이렇게 특이한 섭이행동을 보이는 동물도 있다는 것은 섭이행동의 화학제어라는 측면에서 놓쳐서는 안될 중요한 점이라 생각된다. 바로 이 점은 이들 갑각류의 포식자와 피식자의 행동학적 관점에서 볼 때 화학생태학적으로 대단히 흥미롭다.

### 2.1.2.2 게류

게의 섭이행동에 관한 "chemoreception"에 대해서도 많이 연구되고 있지만 대부분이 생물학적인 연구이다. 이들의 섭이행동은 앞에서 말한 바다가재의 경우와 비슷하다. 은행게류의 일종인 *Cancer magister*는 캐나다산 바지락 *Protothaca staminea* 추출물을 $10^{-10}g/l$라는 아주 낮은 농도에서도 약 50%의 게들이 이를 검지(檢知)하여 섭이행동의 맨 처음 단계에서 관찰되는 제1촉각을 빈번히 움직이면서 먹이가 있는 곳을 찾는 특유의 행동을 보인다. 그런데 섭이행동에 직접 관련하는 집게 손가락을 움직여 색이행동(索餌行動)을 하려면 $10^{-2}g/l$의 훨씬 높은 농

도가 되어야 한다. 이는 푸른꽃게(blue crab)인 *Callinectes sapidus*에서
도 역시 관찰된다. 오징어 외피(外皮)의 70% 에탄올 추출물로 유인되
는 털게 *Erimacrus isenbeckii*의 활성물질로는 이 추출물에서 Gly, Pro,
Bet, Tau 등의 아미노산이 분리되어 동정되었다. 이들 아미노산은 글
루탐산과 함께 은행게속의 *Cancer antennarius*, *C. magister*, 꽃게과의
*Carcinus maenas*, 갯가재붙이속의 *Petrolisthes cintipes* 등 다른 게류의
유인물질로서도 작용한다는 것이 밝혀지고 있다. 그러나 게류 중에는
이소류신(isoleucine, Ile)에만 강하게 유인되는 바위게 *Pachygrapsus
crassipes*도 있어서, 섭이행동에 관여하는 "chemoreception"의 다양성
을 엿볼 수 있다.

　게뿐 아니라 갑각류의 제1촉각은 화학물질을 예민하게 검지(檢知)하
므로 전기생리학적 연구에도 좋은 재료가 되므로 많이 연구되고 있다.
냄새가 나는 방향의 감지, 상대방 성(性)의 인식, 보금자리의 검지(檢
知), 성 페로몬의 검지 등 많은 "chemoreception"에 관여한다. 따라서
전기생리적 응답(應答)이 큰 화학물질이라도 아무런 섭이행동을 유발
시키지 못하는 것도 있다. 예를 들면, 하이드록시-L-프롤린은 바다가
재의 제1촉각에서의 전기생리적 실험 결과 매우 낮은 농도에서 검지되
기는 하지만, 어떠한 행동도 유발시키지는 않았다. 따라서 시료의 추출
물에 들어 있는 화학물질이 극히 저농도에서 검지되기는 하지만, 이 단
계에서 먹이의 존재를 알아차렸는지의 여부는 의심스러우며, 우선은 상
황이 변하였다는 것을 검지하고 그 다음에 얻는 정보로부터 먹이라는
것을 알아차린다고 추측된다. 앞서 말한 대로 바로 옆에 먹이가 있다고
인식하는 것은 훨씬 고농도로 되고 나서인 것 같다. 이것은 Pearson 등
이 실험한 은행게류인 *C. magister*의 야외 현장에서의 실제 섭이행동과
비교해 볼 수 있다. 이 게는 모래 속에 숨어 있는 캐나다 바지락 *P.
staminea*을 즐겨 먹는데, 우선은 제1촉각으로 그 존재를 검지한 다음

그쪽으로 방향을 돌려 보다 고농도의 자극물질을 검지하고, 집게 손가락으로 모래 속에 잠입해 있는 조개를 포획하는 것 같다.

　이처럼 갑각류의 섭이행동만을 살펴보아도, 섭이행동에 관계되는 물질은 매우 다양하며, 각 생물의 섭이행동의 전모를 밝히는 일이 얼마나 어려운 일이라는 것을 알 수 있다.

### 2.1.3　기타 무척추동물

　다른 무척추동물에서도 화학물질 수용기관(受容器官)의 존재를 시사하는 관찰이 이루어지고 있다. 이들은 화학물질에 의한 정보전달기구(情報傳達機構)의 해명에 알맞은 재료가 되기 때문에 많이 연구되고 있는데, 그 중에서 이들의 섭이행동에 대한 "chemoreception"을 소개한다.

　신경계를 지닌 자포동물의 히드라는 예컨대 물벼룩과 같은 미소동물을 먹이로 하는데, 살아 있는 것은 먹지만 죽은 것은 먹지 않는다. 그러나 죽어 있는 물벼룩이라도 산 것을 으깨어 거기에서 나오는 체액을 발라서 주면 먹는다. 이런 점으로 보아 살아 있는 물벼룩에서 나오는 화학물질로 먹이로서 적당한지를 판정할 수 있을 것으로 생각되고 있다. 히드라의 포식행동(捕食行動)은 자포발사(刺胞發射), 촉수반응(觸手反應), 개구반응(開口反應), 삼킴, 폐구반응(閉口反應)으로 구성된다 (그림 2·11). 히드라가 밖을 향해 펼쳐 놓은 촉수에 먹이가 되는 물벼룩과 같은 작은 동물이 닿으면 히드라는 자포(刺胞)를 발사하여 먹이를 잡아 자포의 자침(刺針, cnidocil) 끝에서 독을 주입하여 마비시킨다. 자포로 인해 생긴 물벼룩의 상처에서 나오는 자극물질의 "chemoreception"에 의해, 그 다음으로 이어지는 일련의 섭이행동이 훌륭히 제어된다. Loomis는 글루타티온(GSH) 등의 각종 생체성분(生體成分)을

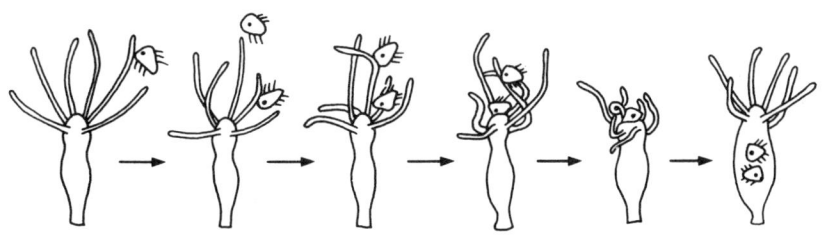

| 권착자포(捲着<br>刺胞)를 발사 | 관통자포(貫通<br>刺胞)를 발사 | 촉수(觸手)를<br>움직임 | 개구반응<br>(開口反應) | 먹이 주위의 입이<br>움직인다 | 먹이를<br>삼킴 |

그림 2·11 히드라가 플랑크톤을 잡아먹는 모습. [森田弘道 外 編, 現代の行動生物學 2 攝食行動のメカニズム, p. 150, 産業圖書 (1982)]에서 고침.

시험한 결과, GSH만이 $10^{-5}$M의 저농도에서도 히드라에게 죽은 물벼룩을 먹게 할 수가 있었음을 발견하고, GSH가 히드라의 섭이자극물질(攝餌刺戟物質)이라고 결론지었다. 일반적으로, 동물은 당, 아미노산 등의 영양가가 있는 각종 화학물질에 대해 화학수용기(化學受容器)를 갖고 있어, 이후의 섭이행동이 촉발되는 데 반해서, 히드라에서는 GSH가 거의 유일한 먹이를 잡는 길잡이 역할을 한다. 이러한 특징은 자포동물에서 전반직으로 볼 수 있는 십이행동의 화학수용인 듯하나. Loomis의 이 가설은 오늘날에는 거의 고전적인 정설이 되었지만 당시에는 많은 논쟁을 불러일으켰다.

또한 히드라의 포식에 따른 섭이행동의 제어(制御)도 흥미롭다. 이를테면 포식한 히드라에서 절단한 촉수는 절단 후 1시간까지도 여전히 억제를 받고 있는데, 2시간 후에는 정상적인 먹이를 먹지 않은 히드라의 촉수와 마찬가지로 행동한다. 말미잘에서도 화학자극이 여러 가지 행동 패턴을 일으키게 한다고 알려져 있다. 먹이에서 나오는 미량의 화학물질이 말미잘의 입부분인 구반(口盤, oral disc)을 확대시키면서, 한편으로는 몸통 부분을 신장(伸長)시켜 좌우로 구부러지게 하는 특징적인 행동을 일으키는 것이 관찰된다. 이러한 일련의 행동을 섭이전행동(攝

餌前行動, pre-feeding behavior)이라 한다. 말미잘의 행동은 SS 1, SS 2라는 신경계(an endodermal slow system)와 TCNN이라는 신경계(a through-conducting nerve net)가 제어한다는 것이 밝혀지고 있다. 전기생리학적인 연구에 의해, 전반(前半)의 섭이행동은 SS 1계(系)를 자극하는 SS 1 펄스(pulse)와 깊은 관계가 있고, 먹이추출물이 이 펄스를 일으킨다는 것이 밝혀졌다. 또한 먹이가 없어도 전기적으로 SS 1 펄스를 가하면 말미잘은 앞서 말한 일련의 행동을 일으킨다는 것이 관찰되었다. 최근 McFarlane 등은 이 방법을 이용해서 먹이인 어육, 새우, 담치류 등의 체성분(각종 아미노산, 아데닐산, GSH 등)을 $10^{-6} \sim 10^{-1}$M 구간에서 조사하여, 베타인이 활성물질임을 확인하였다. 카나바닌(canavanine)과 트리메틸아민옥시드(TMO)에서도 약간 활성을 보였기 때문에, 4급 암모늄기가 활성의 발현(發現)에 관여하고 있을 가능성도 시사하고 있다.

이보다 더 고등한 생물인 편형동물의 플라나리아 *Dugesia dorotocephala*의 "chemoreception"은 매우 선택성이 높다. 즉, 아미노산인 글루타민과 리신(lysine , Lys)에는 $5 \times 10^{-6}$M의 저농도에서도 반응하지만, 아스파라긴산(aspartic acid , Asp), 아스파라긴(asparagine , Asn), $\alpha$-케토글루타르산($\alpha$-ketoglutaric acid)이나 글루탐산에서는 활성을 보이지 않는다고 한다. 알라닌, 시스틴, 프롤린, 아르기닌(arginine , Arg), 오르니틴(ornithine) 등의 다른 아미노산에서는 $10^{-4}$M 이상의 고농도에서 활성을 보였다.

환형동물의 다모류(多毛類)인 털보집갯지렁이(*Diopatra sugokai*)와 근연인 *Diopatra cuprea*는 흡수관(吸水管)으로 물을 흡입할 때 항상 주위에 먹이가 있는지를 살피는데 먹이가 있음을 알아차리면 흡수의 속도가 빨라지는 특유의 섭이행동을 취한다. 이러한 섭이반응을 지표로 하여 이매패의 유생으로부터 활성물질을 검색하였더니, 세린(serine ,

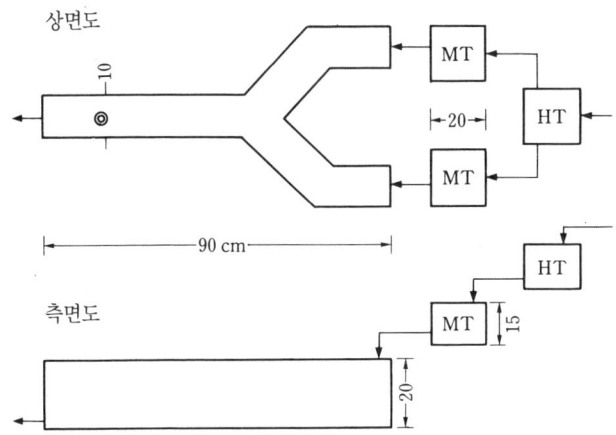

**그림 2·12** 새치성게(*Strongylocentrotus intermedius*)의 섭이유인(攝餌誘引) 실험을 위한 수조. HT：수류(水流) 조절용 수조, MT：중간 수조(수심 10cm). 어느 한 MT에 공시시료(供試試料)를 넣는다. 수로(水路)의 깊이：5cm임, 유속(流速)：50cm/min, ◎의 지점에 성게를 놓고 실험을 시작한다. 어느 수로에 모이는지를 조사하였다. [町口 裕二, 北海道區水硏報, **51**, 34(1985)]에서 고침.

Ser), 티로신(tyrosine, Tyr), 발린(valine, Val), 페닐알라닌(phenyl-alanine, Phe)과 분자량이 약 20,000~40,000인 단백질에서 활성을 보였나. 또한 참갯지렁이의 일종인 *Nereis virens*에서도 흡수의 빈도를 조사하였더니 흔적 정도의 아미노산이라도 검지해 내지만, 싫어하는 것이면 흡입을 중지하고 오히려 물을 토해 내는 행동을 관찰하였다.

성숙한 난소가 진미(珍味)인 성게의 소화관 내용물을 조사해 보면, 이들은 잡식성이기는 하지만 주로 해조류를 먹는 것을 알 수 있다. 실제 명태로 만든 백색어분(white fishmeal)이나 젤라틴, 콩단백질 등을 한천과 섞어 조제한 인공사료를 주면서 섭이량을 관찰하였더니 식물성 소재를 더 많이 섭취하였다. 이들 재료를 혼합하여 영양적으로 천연먹이생물에 손색없는 인공사료를 만들어 장기간 사육하였지만 섭이량(攝餌量)이 급격히 줄어드는 경우가 있었다. 미역의 열수추출물(熱水抽出物)을 섞은 인공사료를 주었더니 섭이량이 정상적으로 회복되었다. 이것은 해조류의 열수추출물 중에 섭이행동에 중요하게 작용하는 활성물질이 함유되어 있음을 시사하는 것이다.

성게의 선택식성(選擇食性)을 시사하는 마치구치(町口)의 재미있는 시험법을 소개한다. 그림 2·12와 같은 Y자형의 수조를 사용하여, 한쪽으로는 성게에게 각종 해조류를 먹이는 중간수조(MT)를 통과시킨 해수를 유입시키고, 다른 한쪽으로는 보통의 해수를 유입시킬 때 성게가 어느 쪽을 선택하는지 조사하였다. 홋카이도(북해도)는 일본에서 어획되는 성게의 약 40%를 차지하는 지역이며, 새치성게 *Strongylocentrotus intermedius*와 북쪽보라성게 *S. nudus*가 주로 어획된다. 시험에 사용한 새치성게(평균 각경 50mm)는 다시마의 일종인 *Laminaria angustata* var. *longissima*만을 넣은 중간수조의 물보다 해조를 먹은 새치성게의 수조의 물에 강하게 유인되었다. 그러나 전복도 그다지 좋아하지 않는 해조류인 갈조류 구멍쇠미역 *Agarum cribrosum*의 수조에는 유인되지 않았다.

최근 마치구치와 필자 등은 필자가 전복 등 해조식성 권패류의 섭이자극물질 검색용으로 개발한 "아비셀판법"(2.1.1 참조)이 새치성게의 섭이자극물질의 검색에 적용할 수 있음을 알게 되었다. 그림 2·13이 그 시험 결과이다. 각경(殼徑) 15~20mm의 어린 성게를 수심 약 5cm의 수조(20×25×25cm)에서 사육하고, 해조류의 메탄올 추출물을 10×10cm 또는 20×20cm의 아비셀판에 그려 놓은 샘플존(sample zone)에 흡착(吸着)시킨 시험판을 사용하였다. 전복의 경우에서와 같이 간편하면서도 신뢰성이 높았다. 이 방법에서 강한 자극활성을 보인 대황의 메탄올 추출물에서 단리한 활성물질은 의외로 이미 필자 등이 전복 등 해조식성 권패류의 섭이자극 활성물질로 단리·동정한 바 있는 복합지질(複合脂質)인 포스파티딜콜린(PC), 디갈락토실디아실글리세롤(DGDG), 설퍼퀴노복실디아실글리세롤(SQDG)이었다. 이 복합지질

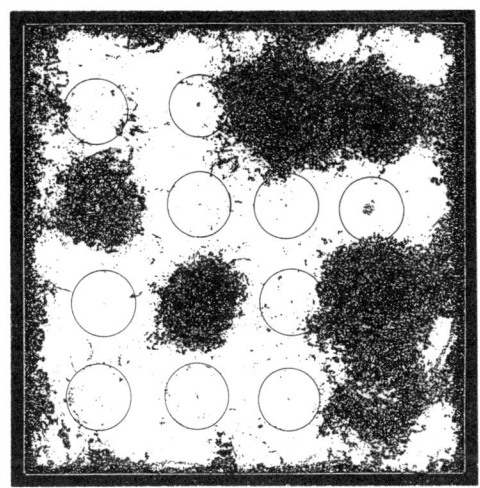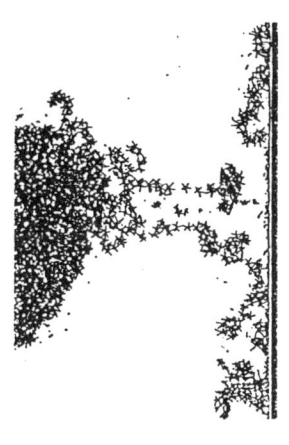

그림 2·13 "아비셀판법"으로 새치성게(*Strongylocentrotus intermedius*)의 섭이자극
물질을 검정한 시험 결과. 지름이 약 3cm 되는 샘플존에 대형 갈조류인 대황(*Eisenia bicyclis*)의 메탄올 추출물을 분획한 것을 흡착(吸着)시켜 둔다. 활성물질을 넣은 샘플존
의 아비셀은 성게가 먹어 치우기 때문에 특유한 별모양의 자국(오른편의 확대 그림 참
조)이 남아 있으며, 재현성이 좋아 분명하게 판정할 수 있다(町口裕二 外, 미발표).

들은 해조식성 권패류의 섭이자극물질일 뿐만 아니라, 극피동물인 성게
류의 섭이자극물질이기도 하여 매우 흥미롭다.

또한, 최근의 "갯녹음 현상"[7]에 의한 서식장 파괴로 인하여 해조류의

---

7) 암반지대에 서식하는 일반 해조류는 완전히 폐사하고 석회 해조류인 산호말과(Corallinaceae)
의 무절 석회산호조류(無節石灰珊瑚藻類)인 민산호말아과(Melobesioideae)에 속하는 혹돌잎
류(*Lithopyllum* spp.) 및 잔가시쩍류(*Lithothamnion* spp.) 등만이 남아 사막화되는 현상으로
서 갯가 조간대 암반지대의 무성하던 해조류 식생(植生)이 녹아버린다 하여 '갯녹음 현상'이
라 한다. 일본에서는 암반이 불에 타버린 것처럼 보인다 하여 '기소현상(磯燒現象)'이라 한다.
우리나라에서는 1970년대 말경에 제주도 연안해역에서 나타나기 시작하여 1980년대에는 제
주도의 거의 모든 연안으로 번져 이 지역 수산물 생산의 급격한 감소의 원인으로 등장하고 있
다. 갯녹음 현상은 주로 암반 지대의 조간대에서 수심 3~5m 정도에 이르는 지역에 발생하므
로 특히 이 층에 서식하는 지충이를 비롯하여 톳이나 미역 등의 해조류가 폐사하고 무절 석회
산호조류만이 번성해 암반은 하얗게 변한다. 따라서 일반 해조류를 중심으로 형성되었던 해조
류 군락의 파괴로 톳과 미역 등 유용 해조류 자체의 생산량 감소는 물론 소라나 전복 등의 해
조류 식성 권패류 및 성게 등의 자원 감소로 연결된다. 이웃 일본에서는 1980년대 이후 엄청
난 연구비를 투입하여 그 원인 규명에 나서고 있으나 아직까지 확실하게 밝혀지지 않고 있다.

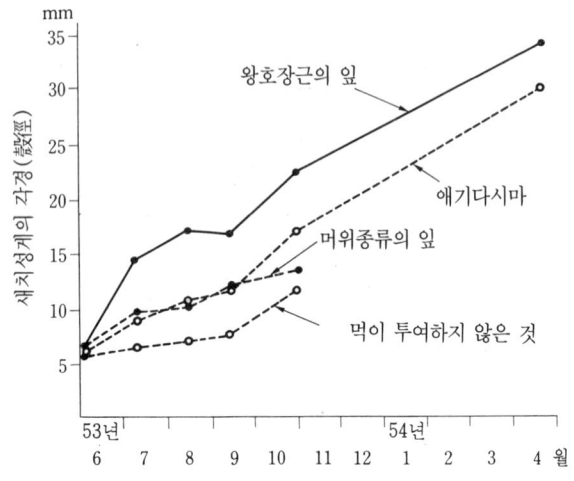

**그림 2·14**  천연 채묘한 새치성게(*Strongylocentrotus intermedius*)의 먹이별 중간육성
결과. [猪兒和伸, 農林水産省廣報, **9**, 71(1981)]

부족을 보충하기 위해 새치성게의 새로운 먹이개발 연구로부터 일본의
홋카이도에서 흔하게 볼 수 있는 왕호장근[8]이라는 마디풀과의 잡초(雜
草)가 애기다시마(*Laminaria religiosa*)와 맞먹는 우수한 이료(餌料)
임을 알아내었다. 그림 2·14에서와 같이 잡초인 왕호장근은 해조류인

---

우리나라에서도 제주도 해역의 갯녹음 현상을 지구 온난화로 인한 수온 상승이 암반 조간대 해
조식 동물의 대사율을 증가시키고 이들이 먹이가 되는 해조류를 모두 먹어 없앤다는 설과, 성
게류의 대량 번식과 전복이나 소라 등의 치패의 과잉 살포로 인한 해조류의 생물량 감소, 그
밖에 연안 해역의 오염 등이 원인이 되는 것으로 막연하게 생각하고 있으나 이에 대한 다각적
이고도 구체적인 연구들이 요구된다.

8) 왕호장근(*Reynoutria sachalinensis*) : 우리나라에서는 울릉도에서 나는 것으로 보고되어 있고
마디풀과에 속한다. 다년초(多年草)로서 높이가 2~3m에 이르고 곧추 자라며 근경(根莖)은
굵고 겉은 갈색이지만 안쪽은 황백색이다. 잎은 호생(互生)하며 난형(卵形) 또는 긴 난형이
고 길이가 15~30cm, 너비 10~20cm로서 뒷면은 흰 빛이 돈다. 한방에서 완화(緩和), 이뇨
(利尿) 및 통경제(通經劑)로 상용한다고 한다. 한편 이와 비슷한 호장근(*Reynoutria
elliptica*)이 있는데 이것도 다년초로서 근경은 목질(木質)이며 길게 뻗으면서 군락을 형성하
고 원줄기는 높이가 1m 또는 그 이상에 이른다. 이것의 뿌리도 왕호장근과 마찬가지로 약제
로 쓰며, 민간에서는 진정제로 사용한다.

애기다시마보다 양호한 생육 효과를 나타내었다.[9] 이 기술은 새치성게
의 종묘생산시 중간육성 과정에 실제로 응용되고 있다. 단순히 해조류
뿐 아니라 식물계 전반에 존재하는 DGDG, PC, SQDG 등의 복합지질
이 성게의 섭이자극물질이라는 것을 생각할 때, 왕호장근에도 물론 이
복합지질이 들어 있기는 하겠지만 그보다는 왕호장근에는 성게가 싫어
하는 성분이 가장 적게 들어 있기 때문으로 생각하는 편이 더 이해하기
쉬울 것이다. 이와 같이 해조식성 해산동물의 사육이 육상식물로도 충
분히 가능하다는 것을 실증(實證)한 이 연구는 대단히 흥미롭다.

그런데 성게와 같은 극피동물에 속하는 불가사리도 조개류[貝類]를
포식하는 것으로 잘 알려져 있다. 최근에는 전복뿐 아니라 피조개 등의
이매패류도 자연산 자원의 증식을 위해 종묘(種苗)를 생산하여 치패를
방류하고 있다. 이들을 대량으로 방류하고 있음에도 불구하고 그 효과
가 나타나지 않아 추적조사를 하여 보았더니 불가사리에게 잡혀 먹히기
때문이라는 것이 밝혀졌다. 불가사리에 의한 식해(食害)는 중대한 문제
이기 때문에, 이를 효과적으로 방제(防除)하기 위해서도 불가사리의 섭
이행동을 화학적으로 해명할 필요가 있다(이 책 앞 부분의 그림 2 참
조).

야마모토(山本) 등은 아무르불가사리 *Asterias amurensis*에 바지락
등 5종의 조개류를 주어 그 섭이행동을 관찰하였는데, 불가사리는 특히
바지락(*Ruditapes philippinarum*)을 좋아하며, 그 다음으로 새고막(*Sc-apharca subcrenata*), 종밋(*Musculista senhousia*), 피조개(*Scapharca*

---

9) 그림 2·14에서 실험에 사용한 머위 종류라고 하는 것은 실제로는 국화과 식물로서 머위(*Pe-tasites japonicus*)의 아종(亞種) *P. japonicus* subsp. *giganteus*이다. 머위는 우리나라에서도
습지에 잘 자라는 다년초로서 지하경이 사방으로 뻗으면서 번식하며 이른 봄에 높이 5~
45cm의 화경(花莖)이 나온다. 엽병(葉柄)을 식용으로 하고 어린 싹은 진해제(鎭咳劑)로 사
용한다. 한편, 이 아종은 머위에 비해 전체적으로 크고 잎의 넓이가 1.5m, 잎자루가 2m, 보통
은 보라색을 띠며 잎자루도 커서 100cm에 이른다. 꽃이나 열매는 머위와 비슷하며 일본에서
는 홋카이도, 사할린, 캄차카에 분포하며 일반적으로는 온대나 냉온대 지역에 분포한다.

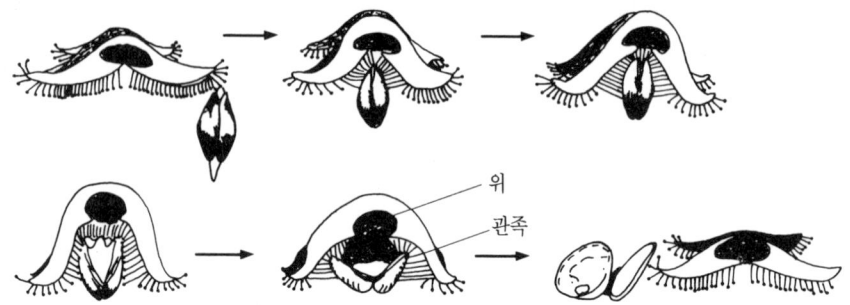

그림 2·15  아무르불가사리 *Asterias amurensis*와 그 섭이행동.
[檜山義夫 監修, 旺文社學習圖鑑 貝と水の生物, p.98, 旺文社(1977)]에서 고침.

broughtonii)의 순이었고, 왕좁쌀무늬고둥(*Reticunassa festiva*)은 거의 먹지 않는 등의 선택식성(選擇食性)이 뚜렷하였다. 더욱이 바지락을 사육하는 수조에 불가사리를 넣어두면, 불가사리는 우선 크기가 작은 바지락을 잡아 먹으며 모래 속에 숨어 있는 바지락도 정확히 찾아내는 것을 확인하였다. 이는 불가사리가 우수한 후각(嗅覺)을 지니고 있음을 보여주는 한 예이다.

일반적으로 불가사리에는 주류성(走流性, 물의 흐름을 거슬러 오르려는 성질)이 있는데, *Asterias vulgaris*는 요소(urea), 젖산(lactic acid), 낙산(butyric acid)에게 강하게 유인되었다. 이 실험에서 불가사리는 실험자의 손에서 나오는 땀에도 영향을 받기 때문에 고무장갑을 끼어야 하는 등의 세심한 주의가 필요하다는 점에서도 불가사리의 후각의 감도(感度)가 얼마나 높은지를 알 수 있다.

불가사리는 굴 등 조개류의 추출물에는 극히 저농도(50ppb)에서 유인되어 고농도(0.1%)에 접근하면 "위(胃)의 반전(反轉)"이라는 특유한 섭이행동을 한다(그림 2·15). 따라서 이 추출물 중에는 유인물질만이 아니라 섭이자극물질도 함께 함유되어 있든가, 또는 농도의 차이로 섭이유인물질이었던 것이 고농도가 되면 섭이자극물질로 작용하고 있음을 보여준다.

위에서 언급한 유인물질 중 젖산을 흠뻑 적신 셀루로오스제(製) "스폰지"를 수조에 넣어보면 불가사리는 이에 접근하여 '위가 거꾸로 뒤바뀌는 현상'을 일으키는 것이 관찰되므로, 젖산이 섭이자극물질이라는 것을 보여주었다. 또한 이들은 불가사리가 살아 있는 조개와 죽은 조개를 구분하고 있음을 관찰하였지만 이것이 어떤 물질에 의한 것인지는 아직 확실하지 않다.

## 2.1.4  어류

어류가 화학물질의 냄새를 식별하고 좋아하는 냄새에 유인된다는 chemoreception은 예부터 잘 알려져 있다. 또 수조에서 사육중인 물고기가 먹이를 발견해서 입에 집어 넣기까지의 섭이행동의 초기단계에는 시각(視覺)이나 청각(聽覺)에 의한 자극이 있다는 것은 분명하다. 그러나 입에 넣은 후 삼키는 행위나 섭이를 계속하는 행동에 관여하는 것은 구강(口腔) 안에 있는 미뢰(味蕾 또는 味官球)이며, 거의 모든 어종(魚種)의 섭이행동에 "chemoreception"이 관여한다는 것은 분명하다. 어류의 화학수용기에는 후각기(嗅覺器)와 미각기(味覺器)가 있다. 콧구멍[鼻孔] 등의 후각계(嗅覺系)가 파괴된 물고기의 행동을 관찰해 보면, 어류의 후각기는 기본적으로 육상의 척추동물과 그 기능이 같으며, 원격수용기(遠隔受容器)라고 불린다. 어류의 후각기는 고등동물과 마찬가지로, 통상 구강내에 분포하는 미뢰와, 수염이나 입술, 체표 등에서 볼 수 있는 피부미뢰가 있지만 기본적으로 구조에는 차이가 없다. 어류에도 미각이 있다는 것은 이미 1920년대에 밝혀졌다. 표 2·3에서 보는 바와 같이, 사람의 감각에 비하면 놀랄 만큼 감도(感度)가 뛰어나다. 어류에 따라서는 피부미뢰가 색이행동에 가장 중요한 기관(器官)인

표 2·3 사람과 피라미의 미각감도(味覺感度)의 비교

| 물질 | 감도한계 (mole/$l$) | | 예민도 |
|---|---|---|---|
| | 사람 | 피라미 | |
| raffinose | — | 1/245,760 | |
| sucrose | 1/91 | 1/81,920 | 900배 |
| lactose | 1/16 | 1/2,560 | 160배 |
| glucose | 1/13 | 1/20,480 | 1575배 |
| galactose | 1/9 | 1/5,120 | 569배 |
| fructose | 1/24 | 1/61,440 | 2560배 |
| arabinose | 1/13 | 1/15,360 | 1182배 |
| saccharine | 1/9,091 | 1/1,536,000 | 169배 |
| quinine—HCl | 1/1,030,928 | 1/24,576,000 | 24배 |
| NaCl | 1/100 | 1/20,480 | 205배 |
| acetic acid | 1/1,250 | 1/204,800 | 164배 |

[柴田承二 編, 生物活性天然物質, p.200, 醫齒藥出版 (1979)]

종(種)도 있으므로, 미각기가 원격수용기관으로 작용한다고 여겨진다. 어류의 미각기는 아미노산에도 대단히 민감한데, 최근에 어류의 후각기가 아미노산에도 민감하게 응답한다는 것이 밝혀졌다. 이처럼 물속에서의 화학물질에 의한 정보전달은 모두 물을 통해 이루어지기 때문에 미각자극과 후각자극은 육상동물에서처럼 명확히 구별하기란 매우 어렵다.

어류에 대한 섭이행동의 자극물질에 관한 연구는 학문적으로 대단히 흥미가 있을 뿐 아니라, 어류양식의 산업적 측면에서도 요망되고 있어 가장 먼저 연구된 분야이다. 지금까지의 연구 내용은 어류의 섭이행동을 관찰하여 섭이유인 또는 섭이자극에 관여하는 물질을 밝히는 것이고, 또한 전기생리학적 방법에 의해 많은 화합물에 대한 어류의 미각 및 후각응답을 상세하게 연구하였다. 이미 많은 총설(總說)이나 참고서가 있으므로 본 장에서는 간단히 소개만 하겠다. 상세한 것은 책 마지막에 인용하고 있는 참고문헌을 이용하기 바란다.

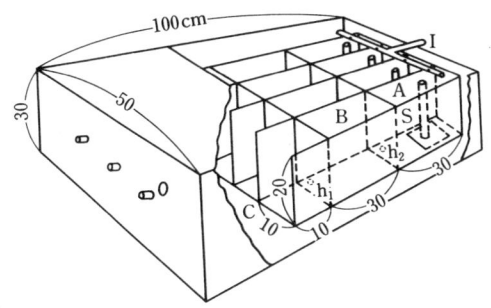

**그림 2·16** 뱀장어의 유인물질을 검색하기 위한 수조. 젤라틴에 시험 엑스분을 섞어 원통(S)에 넣고 도입부(導入部, I)에서 물을 흘리면 시료 중의 유인물질이 녹아 A실(室)로 확산되고, 이어서 B실(室)로도 흘러 들어가 출구(O)로 **빠져** 나간다. C실(室)에 들어 있던 체장 15cm 크기의 뱀장어는 유인물질이 흘러 들어오는 작은 구멍(h1, h2)을 통해 약 10분 정도 걸려서 B실을 거쳐 A실로 **빠져** 나온다. A실에 도착한 것은 시료를 넣어둔 원통에 달라 붙는 섭이행동을 보인다. [橋本 等, 日水誌, 34, 79(1968)]

### 2.1.4.1 어류의 섭이유인물질

앞에서도 얘기한 대로 어류의 미각(味覺)은 육상동물에 비해 현저하게 발달되어 있다. 몇몇 어류에서의 유효 아미노산에 대한 미각응답(味覺應答)의 역치(閾値)[10]는 $10^{-12} \sim 10^{-8}$M의 범위에 있는데 이것은 후각의 그것에 필적하든가 그 이하이므로, 미각기는 원격수용기로 작용하고 있을 가능성도 있다. 생물시험에는 그림 2·16과 같은 수조를 사용한다. 시험액을 흘려 일정한 구역이나 방에 출입하는 마리수를 세어 섭이유인의 활성을 판정하는 것이다.

1918년 Olmsted가 아메리카메기과의 *Ameiurus(Ictalurus) nebulosus*에서, 그 먹이인 지렁이에 들어 있는 유인물질을 분리하려고 시도한 이래 많은 연구자들이 유인물질을 검색하였지만 활성물질의 단리·동정에는 성공하지 못했다. 활성본체를 화학적으로 밝힌 것은 1968년

---

10) 역치(閾値, threshold value) 또는 역가(閾價)라고도 하며, 어떤 자극에 의해 감각이나 반응이 일어나는 경계(境界)의 값을 말한다.

**표 2 · 4** 바지락 합성 엑스분이 뱀장어에 미치는 효과

| 시료[*1] | 효과[*2] |
|---|---|
| 전합성(全合成) 엑스분(SE) | +++ |
| 아미노산(A) | +++ |
| 4급암모늄 염기(Q) | − |
| 핵산관련 물질(N) | − |
| 유기산(有機酸)(O) | − |
| SE−A | + |
| SE−Q | +++ |
| SE−N | +++ |
| SE−O | +++ |
| 대조 | − |

[*1] 조성(組成, mg/10m$l$)은 다음과 같다. 아미노산 : Tau 66.4, Asp 2.1, Thr 1.
3, Ser 2.4, Glu 10.3, Pro 1.6, Gly 32.9, Ala 13.0, Cys Cys 0.5, Val 1.4,
Met 1.1, Ile 1.1, Leu 2.0, Tyr 1.6, Phe 2.0, His 0.9, Lys 2.5, Arg 9.4. 4급
암모늄 염기 : Bet 67.9, homarine 6.3. 핵산관련물질 : Hx 1.0, Ino 2.9, AMP
0.5, UMP 1.5, IMP 3.6, ADP 0.6. 유기산 : fumaric acid 0.4, succinic acid
3.5, malic acid 1.6, pH 6.8.
[*2] +++ 효과가 큰 것, + 효과가 작은 것, − 효과가 없는 것.
[日本水産學會編, 水産學シリーズ 37 魚類の化學感覺と攝餌促進物質, p.97, 恒
星社厚生閣(1981)]

하시모토(橋本) 등이 바지락 엑스분[11) 중에서 뱀장어의 활성물질로 알
라닌(Ala)과 글리신(Gly) 등의 아미노산을 동정한 것이 처음이었다.
이들은 바지락 엑스분에서 활성물질을 단리했을 뿐만 아니라, "오미션
테스트"라는 연구 방법을 도입하여 상기 아미노산의 활성을 확인하였
다. 즉 표 2 · 4에서와 같이, 바지락 엑스분을 A, Q, N, O의 4획분으
로 분획하고, 전합성(全合成) 엑스분(SE)과 SE에서 각 획분을 제거한
시료를 조제해서 이들의 각 활성을 조사한 결과, 아미노산 획분(A)이
활성에 중요하다는 것을 밝혀내었다. 더욱이 아미노산 획분에 대해 오

---

11) '엑스분'이라 하면 어원이 영어의 '추출물(extract)'에서 온 것이며, 일본에서는 주로 '엑기
스'라는 말을 쓰며 우리나라에서도 이 말을 그대로 사용하나 학자들간에는 '엑스분'이라는
말을 쓰고 있다.

미션 테스트를 실시한 결과 Gly과 Ala 등의 아미노산 활성을 확인하였다. 그러나 이들 아미노산은 단독인 경우보다 혼합했을 때에 더욱 활성이 커진다는 것을 확인함으로써, 뱀장어에 대한 아미노산의 활성에는 상승효과(相乘效果)가 중요한 역할을 하고 있음을 밝혔다.

이처럼 이들 모두가 수조 내에서의 행동 관찰이지만, 어떤 종류의 아미노산이 어류의 섭이유인물질로 작용하는지를 알게 되었고, 더욱이 이들 아미노산을 혼합하면 상승효과를 나타낸다는 것도 판명되었다. Sutterlin은 자연상태의 야외 현장에서 각종 아미노산의 어류 유인효과를 조사하였다. 해저에 부설한 가는 관(管)을 통해 펌프로 각종 아미노산 용액을 흘려 보내고 방수구(放水口) 주변에 모여드는 작은 물고기들의 종류와 마리수를 시간의 변화에 따라 관찰하였다. 대서양산 가자미 *Pseudopleuronectes americanus*, 송사리아목에 속하는 미국산 해수어 *Fundulus heteroclitus*, 색줄멸과의 소형 물고기인 *Menidia menidia* 등의 어군(魚群)이 특정한 단일 아미노산에 유인되었다. 또한 Gly는 가자미를, 메티오닌(methionine, Met)은 *M. menidia*를, 그리고 Ala는 이들 3종의 물고기 모두를 공통적으로 유인하는 것을 확인하여, 자연상태에서도 아미노산이 유인활성을 보이는 것을 확인하였다. 그러나 먹장어 *Myxine glutinosa*만은 천연먹이에는 잘 유인되었지만 단일 아미노산으로는 전혀 유인되지 않았다. 이는 어류의 섭이행동에 미치는 화학자극의 다양성을 나타내는 것이라 하겠다.

한편 1971년 스즈키(鈴木) 등에 의해 아미노산이 메기의 후각을 자극한다는 것이 전기생리학적으로 증명된 것을 계기로, 그 후 여러 어류에 대해 이와 유사한 실험이 이루어져 아미노산의 분자구조와 후각자극의 작용과의 구조활성의 상관까지 밝혀지게 되었다. Hara 등은 무지개송어의 후구(嗅球)에 대한 각종 아미노산의 전기생리학적 응답을 조사하여, 측쇄(側鎖)가 짧고 중성(中性)인 것이 가장 효과적임을 밝혔다.

또 수염이 있는 메기와 수염치와 같은 부류인 *Parupeneus porphy-reus*의 수염을 사용한 실험에서도 아미노산이 활성을 갖는다는 것을 보고하였다.

앞에서도 언급하였듯이, 해양생물에서는 섭이행동뿐 아니라 생식이나 방어행동 등에도 "chemoreception"이 관여한다는 것이 밝혀지고 있다. 그러나 본 연구법에서 높은 반응을 보이는 성분이 반드시 섭이유인물질인지는 분명치 않으며, 행동관찰에 의한 활성평가를 필요로 한다.

### 2.1.4.2 어류의 섭이자극물질

섭이자극물질에 대한 연구는, 물고기가 일단 입에 넣었다가는 토해 버리는 재료로 조제한 적당한 형태의 먹이를 대조(對照)로 하고 이 재료에다 천연먹이생물의 추출물 등의 섭이자극물질을 혼합하여 섭이성(攝餌性)이 어느 만큼 향상되는가를 조사하는 방법으로 실시되고 있다.

이나(伊奈) 등은 α-전분으로 만든 지름 약 3cm의 동그란 먹이를 참돔 *Chrysophrys major*이 있는 수조에 달아매어 두고, 참돔이 접근하여 이것을 쪼아대는 횟수를 세어 섭이자극의 활성을 판정하였다. 두토막눈썹참갯지렁이 *Perinereis vancaurica tetradentada*[12]의 수용성 획분에서 얻어진 활성물질은 Gly, Ala, 발린(valine, Val)이었다. 그래서 각 아미노산을 시험하였더니, 기대했던 활성보다 훨씬 못하였기에 활성물질을 재단리(再單離)하여 리보플라빈(riboflavin)에 유사한 스펙트럼을 보이는 형광물질이 관여하고 있음을 발견하였다. 그래서 리보플라빈을 상기 아미노산 혼합물에 첨가하였더니 천연물과 거의 같은 활성으로 되었다. 또한 각 아미노산의 상승효과도 확인하였다. 이것으로 미루어 보아 참돔은 상기한 3종의 아미노산의 상승효과와 리보플라빈에 유사한

---

12) 이 종은 예전에는 *P. vancaurica tetradentata* Imajima, 1972로 명명되었으나 그 후의 분류학적 연구 결과 *Perinereis aibuhitensis* Grube, 1878라는 것이 밝혀졌다(李 等, 1992).

형광물질에 의해 섭이유인 및 자극을 받는 것으로 추정하였다. 또한 이 방법으로 참돔을 대상으로 하였을 때 중성 아미노산과 구조활성과의 상관 관계를 다음과 같이 추정하였다.

a) 유리(遊離)의 L-형 $\alpha$-아미노산일 것.

b) 탄소사슬은 $C_5$까지로 한정되며, 다른 반응기(反應基 $-SO_3H$, $-SH$ 등)가 치환되면 활성은 소실한다.

c) 아미노산의 펩티드화(化)는 활성을 소실시킨다.

이들의 결과는 Hara 등이 무지개송어의 후각 자극물로 아미노산 구조와 활성과의 관계를 전기생리학적 방법으로 연구한 결과와 같았다.

Carr 등은 미국 동해안산 하스돔과 어류인 *Lagodon rhomboides*를 사용하는 섭이자극물질 시험법을 고안하였다. 작은 구멍이 뚫려 있는 약 1m*l* 용량의 고무공을 유리관 앞에 붙여두고, 관을 통해 시료용액을 보내 섭이자극물질이 수중에 확산되면 수조 안의 물고기가 공 주위에 모여 들어 공을 쪼는데, 이 자극을 전기적 신호로 포착하여 기록하였다. 이 장치로 보리새우와 근연종인 *Penaeus duorarum*에서 얻은 추출물에 대해 오미션 테스트를 하여, 단독으로는 활성이 매우 약한 Bet이 다른 아미노산과 혼합되면 활성이 현저하게 커지는 것을 확인함으로써 Bet의 작용이 중요하다는 것을 알아내었다. 이 밖에도 숭어, 게, 굴, 성게 등의 엑스분에 대해서도 조사하여 어떤 경우에서나 아미노산이 중요하게 작용하지만, Bet과 아미노산의 상승효과만으로는 설명할 수 없는 것도 있기 때문에 어류의 섭이자극은 매우 복잡하다는 것을 밝혔다.

한편 아미노산 이외의 물질이 섭이자극물질인 경우를 소개해 보자.

Mackie 등은 카세인을 지지체(支持體)로 한 약 6mg의 펠레트 모양의 건조이료를 조제하여 주면 한번 입에 넣었다가 바로 토해 버리지만, 활성물질이 들어있으면 삼키는 것을 섭이자극활성의 판정지표로 하여 시험해 보았다. 유럽산 가자미 *Scophthalmus maximus*는 오미션 테스트

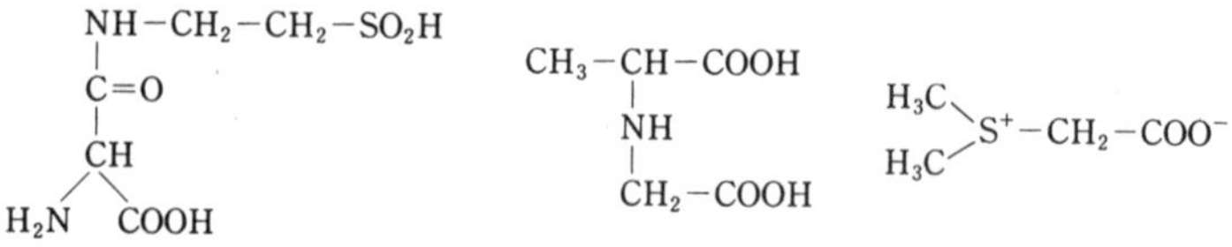

$$NH-CH_2-CH_2-SO_2H$$
$$|$$
$$C=O$$
$$|$$
$$CH$$
$$H_2N \quad COOH$$

$$CH_3-CH-COOH$$
$$|$$
$$NH$$
$$|$$
$$CH_2-COOH$$

$$H_3C$$
$$\phantom{H_3}S^+-CH_2-COO^-$$
$$H_3C$$

알카민       스트롬빈       디메틸테친

**그림 2·17** 특이한 화학구조를 지닌 어류의 섭이자극물질

를 위해 만든 살오징어(*Todarodes pacificus*)의 합성 엑스분에 강한 섭이자극을 받는다. 이 엑스분에서 아미노산 혼합물을 제거해도 활성에는 전혀 변화가 없음을 알게 되었다. 나머지 부분에 들어 있는 활성물질을 조사하여 이노신(inosine)이 활성의 본체임을 확인하였다. 또한 이노신의 동족체(同族體)[13]에 대해서도 조사하였더니 1-메틸이노신, 5′-이노신산(IMP)에도 활성이 강하였으나, 1-메틸구아노신이나 5′-구아닐산(GMP)에서는 활성이 아주 약했다. 그래서 미뢰가 많이 분포하는 구개조직(口蓋組織, buccal tissue)에서 각종 뉴클레오시드(nucleosides)나 뉴클레오티드(nucleotides)가 결합하기 쉬운 정도를 [¹⁴C]-IMP를 써서 조사하였다. 행동관찰에서 판정된 활성과 상관성(相關性)이 좋았기에 이들 섭이자극물질이 결합하는 부위의 입체구조를 추정하였다.

그리고 가자미류와 근연인 *Pleuronectes platessa*와 참가자미속에 속하는 *Limanda limanda*에 대한 합성 살오징어 엑스분의 오미션 테스트에서는 아미노산뿐 아니라 Bet, TMO, AMP 등도 중요하다는 것을 알게 되었다. 특히 진주담치를 잘 먹는 유럽산 가자미(sole, *Solea solea*)의 성어(成魚)는 Bet에만, 그러나 치어(稚魚)는 Bet과 디메틸테친(그림 2·17)에만 섭이자극을 받는다는 것은 특기할 만하다.

이나(伊奈) 등은 앞의 참돔 실험에서 살오징어의 내장과 곤쟁이류인

---

13) 동족체(同族體, homologue) : 분자식 중에서 CH₂의 숫자만 다른 일련의 유기 화합물을 말한다.

표 2·5 먹이생물의 엑스분 중에 들어 있는 어류의 섭이자극물질

| 먹이생물 | 대상 어종 | 섭이자극물질 |
|---|---|---|
| 어류 | | |
| 전갱이육 | 방어 | Ip(inosinic acid) |
| 전갱이육 | 참돔 | Ip, ADP*1, ATP*2, 아미노산 |
| 숭어육 | pigfish[1] | 아미노산, Bet |
| 갑각류 | | |
| 태평양난바다곤쟁이[2] | 방어 | Pro, Ala, Met |
| 태평양난바다곤쟁이 | 감성돔 | Arg, Pro, Ala, 핵산관련물질 |
| 새우의 일종[3] | pinfish[4] | Gly, Asp, Ile, Phe, Bet |
| 새우의 일종 | pigfish | 아미노산, Bet |
| 게의 일종[5] | pigfish | 아미노산, Bet |
| 연체류 | | |
| 바지락 | 뱀장어 | Gly, Ala |
| 바지락 | 졸복 | Gly, Ala, Ser, Bet |
| 굴[6] | pigfish | Bet, 아미노산 |
| 돌조개의 일종[7] | | 알카민*3 |
| 수정고둥의 일종[8] | | 스트롬빈*3 |
| 오징어육 | 무지개송어 | Tyr, Phe, Lys, His |
| 오징어육 | turbot[9] | Ino, 5′-IMP |
| 오징어육 | plaice[10] | 아미노산, AMP, TMO |
| 오징어육 | dab[11] | 아미노산 |
| 진주담치 | Dover sole[12] | Bet, 아미노산 |
| 다모류 | | |
| 눈썹참갯지렁이 | 참돔 | Gly, Ala, Val, Lys |
| 두토막눈썹참갯지렁이[13] | 참돔 | Gly, Ala, Val, 형광물질 |
| 검은갯지렁이류[14] | whiting[15] | Gly, Ala, Ser, Thr, Leu, Glu, Val |
| 기타 | | |
| 살오징어의 내장 | 참돔 | Gly, Ala, Val, $\alpha$-aminobutyric acid |
| 누에 번데기 | 참돔 | Gly, Ala, Val, $\alpha$-aminobutyric acid |
| 누에 번데기 | 잉어 | 아미노산, 형광물질 |

*1 ADP, *2 ATP, *3 그림 2·17을 참조.
1. *Orthopristis chrysopterus*(하스돔과의 어류), 2. *Euphausia pacifica*, 3. *Penaeus duorarum*, 4. *Lagodon rhomboides*(도미과의 어류), 5. *Callinectes sapidus*, 6. *Crassostera virginica*, 7. *Arca zebra*, 8. *Strombus gigas*, 9. *Scophthalmus maximus*(가자미의 일종), 10. *Pleuronectes platessa*(넙치의 일종), 11. *Limanda limanda*(가자미의 일종), 12. *Solea solea*(넙치의 일종), 15. *Merlangius merlangus*(대구과의 일종). [竹田正彦, 遺傳, **34**, 47 (1980)에 덧붙여 옮김]

*Anisomysis ijimai*[14]의 두 경우는 지용성의 획분에서도 활성이 있었다고 보고하였지만, 화학적으로 그 본체에 관해서는 밝히지 못하였다. 필

14) *Anisomysis ijimai* Nakazawa : 몸 길이는 약 7.5 mm 정도이며, 일본의 태평양 연안에 분포한다.

자는 앞의 권패류나 성게와 마찬가지로 복합지질이 그 활성본체일 가능성이 높다고 생각한다.

표 2·5에는 이제까지 밝혀진 먹이생물에 들어 있는 어류의 섭이유인 및 자극물질을 정리하였다.[15] IMP 등 핵산 관련물질이 관여하는 경우도 있으나, 약간의 예를 제외하면 대부분 아미노산이 주요 활성물질로 작용하고 있다. 어쨌든 대부분의 경우 먹이생물의 1차 대사산물(一次代謝産物)이라는 점이 주목된다.


## 2.2 포식행동에 관여하는 물질

### 2.2.1 연체동물

해양생물들은 "chemoreception"에 의해 먹이가 될 만한 생물이 있는지 그 존재 여부를 감지하고 나서 실제 잡아먹기까지 여러 가지 도구를 사용한다. 그 중 하나가 먹이가 되는 대상생물을 "독(毒)"을 이용해서 죽이고 나서 천천히 먹는 것인데, 육식성 권패류인 청자고둥류나 두족류(頭足類)의 포식행동이 이에 해당한다.

#### 2.2.1.1 청자고둥류

청자고둥류는 그 먹이생물에서 유래하는 화학물질에 민감하게 반응하는데, 이것은 행동정지물질(行動停止物質, arrestant)이 관여하는 것으

---

15) 표 2·5에서 다모류의 눈썹참갯지렁이라고 하는 것은 Imajima(1972)의 일본산 참갯지렁이과(Family Nereidae)의 분류학적 연구를 보면 이 종류를 *Perinereis nuntia* var. *brevicirris* (Grube, 1857)로 나누고 있으나 백(1989)의 한국동식물도감 갯지렁이류(제31권)에서의 동종이명관계(同種異名關係, synonymy) 처리를 보면 눈썹참갯지렁이(*Perinereis nuntia*)에 포함시키고 있다. 한편, 기타 부분의 살오징어라고 하는 종류는 일명 괴둥어꼴두기(*Toarodes pacificus*)를 말한다.

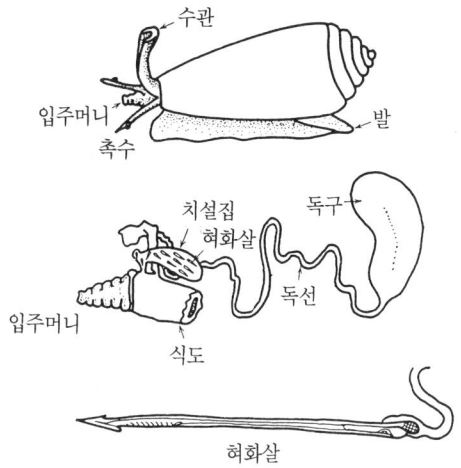

그림 2·18  청자고둥과 그 독 기관

[橋本芳郎, 魚貝類の毒, p.190, 學會出版センター(1977)]

로 추측되기는 하지만 화학적으로는 분명하지 않다. 청자고둥류는 그림 2·18에서와 같이 혀화살[矢舌]이라는 기관을 갖고 있는데, 이것으로 먹이생물을 잡는다. 독선(毒腺)에서 만들어진 독은 치설집[齒舌鞘]으로 보내져서 날카로운 작살모양의 혀화살에 충전(充塡)되며, 혀화살은 독구(毒球)에서 밀어내는 공기압력으로 주둥이에서 발사된다. 이 혀화살이 먹이에 닿으면 독이 주입되므로, 맞은 동물은 마비되어 움직일 수 없기 때문에 청자고둥에게 잡아 먹힌다. Plate 1은 패식성(貝食性) 청자고둥류가 혀화살을 쏘려는 장면이다.

청자고둥류에는 어식성(魚食性)의 것, 패류를 주로 먹는 것(貝食性), 또는 다모류(多毛類)를 즐겨 먹는 것이 있고, 독의 성질도 식성에 따라 서로 다르다. 독성은 어식성의 것이 대체로 가장 강하며, 마우스 (mouse)나 어류에도 강한 독성을 나타낸다. 권패류를 먹는 청자고둥류의 독은 패류에 강한 독성을 보이지만, 마우스에는 거의 독성을 보이지 않는다. 고바야시(小林) 등은 오키나와산의 패식성 청자고둥류의 일종 인 *Conus textile*으로 마우스 독성을 조사한 결과, 마우스의 복강 내에 대량으로 주사해도 전혀 사망하지 않았기 때문에 이 종류에 의한 것으로 알려진 사람의 사망사고는 또 다른 청자고둥인 *C. geographus*와 혼동한 것으로 추측할 수 있다. 또 충식성(蟲食性)의 청자고둥류인 *C. eburneus*나 *C. tessulatus* 등에서는 에부르네톡신(eburunetoxin)이나 테술라톡신(tessulatoxin) 등 분자량이 30,000 정도인 단백질독(蛋白質毒)이 단리되었다. 이들 패식성 및 충식성 청자고둥류의 독은 포유류의 골격근(骨格筋)에 대해서는 거의 작용하지 않고, 오히려 혈관, 장관(腸管) 등의 평활근(平滑筋)을 심하게 흥분시킨다. 그러나 어식성(魚食性) 청자고둥류의 독은 대개 골격근을 심하게 마비시키며, 독성이 강한 것과 비교해 보면 대단히 흥미롭다.

어식성의 청자고둥인 *C. geographus*나 *C. striatus* 등의 포식행동(捕食行動)은 특히 재미있다. 이들의 먹이포획 행동은 매우 교묘하다. 이들은 몸을 모래 속에 숨기고 선명한 색깔의 주둥이만을 모래 밖으로 내놓고, 마치 자신이 먹이생물처럼 보이기 위하여 몸을 이리저리 비틀며 물고기를 유인한다. 그리고는 앞에서 설명한 대로 혀화살로 겨누었던 대상이 되는 물고기를 마비시킨 다음 모래 밖으로 나와 먹이를 삼킨다.

이들 청자고둥은 패각이 매우 아름다워 간혹 다이버가 이들을 잡아 주워서 허리에 찬 주머니에 넣고 다니다가 찔리는 사고가 발생한다. 찔리면 국소에 심한 통증을 느끼고, 사지(四肢)가 마비되기 시작하며, 끝내는 호흡 마비로 죽는 수도 있다. 약 300년 전 네덜란드의 박물학자인 Rumphius는 이 독이 사람을 치사케 할 수도 있다는 사실을 맨 처음 보고하였다. 그 후 Kohn 등의 화학적 연구를 통하여 1960년에 이 독은 단백질성일 것으로 추정하게 되었으나, 그 본체는 그 후 약 20년이 경과한 1978년에 판명되었다. 즉, Olivera 등이 *C. geographus*로부터 펩

표 2·6  청자고둥의 독인 conotoxins의 구조

| α-conotoxin | G I | E C C N P  A C G R H Y S C *1 |
| | G I A | E C C N P  A C G R H Y S C G K *1 |
| | G II | E C C H P  A C G K H F S C *1 |
| | M I | G R C C H P  A C G K N Y S C *1 |
| μ-conotoxin | G VIII A | R D C C  T Hy Hy K K  C  K D R Q C K Hy Q R C C  A *1 = geographtoxin I |
| | G VIII B | R D C C  T Hy Hy R K  C  K D R R C K Hy M K C C  A *1 =  〃  II |
| | G VIII C | R D C C  T Hy Hy K K  C  K D R R C K Hy L K C C  A |
| ω-conotoxin "Shaker— blocker" *2 | G VI A | C K S Hy G  S  S C S Hy T S Y N C C  R  - S C N Hy  Y T K R C - - Y *1 |
| | G VI B | C K S Hy G  S  S C S Hy T S Y N C C  R  - S C N Hy  Y T K R C - - Y G |
| | G VI C | C K S Hy G  S  S C S Hy T S Y N C C  R  - S C N Hy  Y T K R C |
| ω-conotoxin "Shaker" *3 | G VII A | C K S Hy G  T  Hy C S  R  G M R D C C  T  - S C L L  Y S N K C R R Y |
| | G VII B | C K S Hy G  T  Hy C S  R  G M R D C C  T  - S C L  S  Y S N K C R R Y |
| | M VII A | C K G K G  A  K C S  R  L M Y D C C  T  G S C R  - - S G K C *1 |
| "Sleeper" | G V | G E γ γ L Q  γ N Q γ L I R γ K S  N *1 |

*1은 C-말단이 아미드(amide)화되어 있음을 나타낸다(표시가 없는 것은 미동정).
A(Ala), C(Cys), D(Asp), E(Glu), F(Phe), G(Gly), H(His), K(Lys), L(Leu), N (Asn), P(Pro), Q(Gln), R(Arg), S(Ser), T(Thr), Y(Tyr), γ(γ-carboxy glutamic acid), Hy(trans-4-hydroxy proline), *2 쥐의 뇌에 투여하면 '떨림' 증세를 보인다. 개구리의 근육신경계에서는 전 시냅스(synapse)의 칼슘 채널(Ca channel)을 차단한다. *3 마찬가지 증세를 보이지만 칼슘 채널을 차단하는 작용은 없다.

티드독(毒)인 α-코노톡신(conotoxin)을 단리하였다. 최근에도 계속 청자고둥류의 독성분들이 단리되어 구조결정이 되고 있다. 고바야시(小林), 오이즈미(大泉) 등은 C. geographus의 독이 척추동물의 골격근을 특이하게 마비시키는 점을 지표로 하여, 오키나와에서 잡은 C. geographus의 독선(毒腺)에서 지오그라프톡신(geographtoxion) Ⅰ, Ⅱ로 명명한 펩티드를 단리하였다. 마우스(mouse)의 복강내에 투여한 LD$_{50}$은 각각 340 및 110μg/kg이었다. 그 후 Olivera 등은 필리핀산 C. geographus의 독선에서 유독(有毒) 펩티드를 다량 단리하였다. 지오그라프톡신 Ⅰ, Ⅱ는 μ-코노톡신(conotoxins)의 GVⅢ A, B와 같다는 것이 밝혀졌다. 이처럼 어식성의 청자고둥류인 C. geographus와 C. magus의 두 종류에서만도 40종 이상의 마비성 펩티드가 단리되어 구

조결정되었다. 이들은 모두 아미노산 잔기(殘基)가 13~17인 염기성 펩티드이며, 디설파이드(disulfide) 결합의 시스틴을 2~4 갖는 것이 특징이다(표 2·6). Olivera 등은 생리활성을 기준으로 이들을 세 그룹으로 나누어 계통적으로 명명할 것을 제창하고 있다.

1) α-코노톡신 : 아세틸콜린 리셉터를 블럭한다.

2) ω-코노톡신 : 마우스의 뇌에 투여하면 '떨림'을 일으킨다.
   앞 시냅스에서 Ca채널을 블럭하는 그룹과 그렇게 하지 않는 그룹으로 나눌 수 있다.

3) μ-코노톡신 : 근육의 Na채널을 블럭하여 활동전위(potential) 전달을 블럭한다.

이들 독은 명확하게 구별이 가능한 적어도 8가지 생리작용을 나타내는 신경과학 분야에서 대단히 유용한 시약으로 이용할 수 있기 때문에 청자고둥류는 생리활성 펩티드의 보고(寶庫)라 할 수 있다. 청자고둥류나 2.2.2에서 설명할 해파리나 말미잘 독의 약리작용에 관해서는 오이즈미(大泉)나 Olivera 등의 총설을 참고하기 바란다. 위와 같이 청자고둥류의 독과 식성(食性)과의 관계가 약리학적으로도 밝혀졌다.

### 2.2.1.2 두족류

오징어, 문어 등의 두족류(頭足類)는 발에 흡반(吸盤)이 있다. 오징어는 10가닥의 발 중에 두 가닥이 특별히 길다(그림 2·19).[16] 참갑오징어 *Sepia esculenta*는 이 두 가닥을 tentacular pocket이라는 촉수주

---

16) 화살꼴뚜기[*Loligo (Heterololigo) bleekeri*]나 참갑오징어[*Sepia (Platysepia) esculenta*]는 각각 우리나라의 남해안 및 남서해안에 많이 나는 종류이나 갈고리오징어(*Onychoteuthis borealijaponicus*)는 아직 정식으로 학계에 보고되어 있지 않다. 이 종류는 갈고리오징어과 (Family Onychoteuthidae)에 속하며 꼴뚜기류(*Loligo*)와 비슷하며, 다리의 흡반은 2열로 되어 있다. 촉완(觸腕, tentacle)은 매우 길고 끝 부분에는 흡반 외에 다시 2열로 늘어서 있는 25개 안팎의 갈고리가 마치 새의 발톱처럼 잘 발달되어 있어 갈고리오징어로 신칭(新稱)한다. 일본에서는 홋카이도의 동쪽 연안에서 어획되어 식용으로 이용하나 살은 살오징어보다 딱딱하고 맛도 없다.

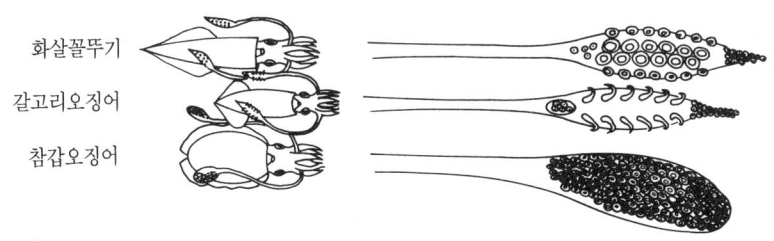

화살꼴뚜기

갈고리오징어

참갑오징어

그림 2·19 오징어의 포착 다리[捕足脚]
[檜山義夫 監修, 旺文社 學習圖鑑 貝と水の生物, p.160, 旺文社(1977)]

머니에 집어 넣었다가 먹이를 발견하면 재빨리 뻗어 잡는다. 어떤 두족
류는 붙잡은 먹이를 물어 뒷부분의 타액선에서 분비되는 독을 주입시켜
붙잡은 먹이생물을 마비시켜서 잡아 먹는다. 그림 2·20은 문어의 일종
인 표범문어 blue-ringed octopus(*Hapalochlaena maculosa*)가 게를 잡
는 장면이다. 호주 연안에서 많이 볼 수 있고 일본 근해에도 있는데, 이
종류에 물리면 죽는 수도 있다. 이 문어에는 저분자의 마비성 독이 있
다는 것이 1970년경부터 알려졌는데, 1978년에 독의 본체(本體)가 복
어독인 테트로도톡신(tetrodotoxin)이라는 것이 밝혀졌지만, 이 밖에도
유사한 화합물이 포함되어 있는 것 같다.

　1959년에 Ghiretti 등은 문어(*O. vulgaris*)에서 단백질독(cephaloto-
xin)을 단리하였다. 세팔로톡신은 또 다른 갑오징어인 *Sepia officinalis*
에서도 단리되며, 갑각류에 강한 마비독성을 보이고 개구리의 장관(腸
管)이나 뱀장어의 소화관을 수축시키는 작용이 확인되었다. 1977년에
Cariello 등은 이 독을 더욱 정제하여, α- 및 β-세팔로톡신이라는 분자
량 91,200과 33,900인 산성(酸性)의 당단백질임을 밝혔다.

　지금까지 살펴본 포획(捕獲)을 목적으로 이용하는 독성분은 대부분
이 펩티드나 단백질인 것을 생각할 때 표범문어(*H. maculosa*)의 경우

그림 2·20 게를 붙잡는 표범문어(blue-ringed octopus, *Hapalochlaena maculosa*)
[橋本芳郎, 魚貝類の毒, p.196, 學會出版センター－(1977)]

는 흥미롭다. 최근 테트로도톡신은 *Pseudomonas* spp. 등의 박테리아에
의해 생산되는 것이 밝혀지고 있다. 테트로도톡신이나 그 관련물질이라
고 생각되는 독이 섭이(攝餌) 목적으로 이용되는 것이 밝혀진 것은 처
음이며, 독의 기원 등을 포함하여 화학생태학적으로도 대단히 흥미롭다.

## 2.2.2 기타 무척추동물

동물계에서 가장 단순한 산만신경계(散漫神經系)밖에 갖지 않은 고
착성 자포동물인 히드라마저도 앞(2.1.3.)에서 기술했듯이 효과적으로
섭이하기 위해서 자포(刺胞)라는 세포내 소기관(小器官)을 사용한다.
히드라는 4종류의 자포를 가지는데, 섭이활동에는 그 중 앞끝에서 독을
주입할 수 있는 관통자포(貫通刺胞)와 권착자포(捲着刺胞)를 사용한다
(그림 2·11 참조). 그렇지만 어떤 독물(毒物)인지는 아직 분명치 않다.
자포동물에는 이처럼 먹이가 되는 소동물을 자포라는 기관에서 내놓

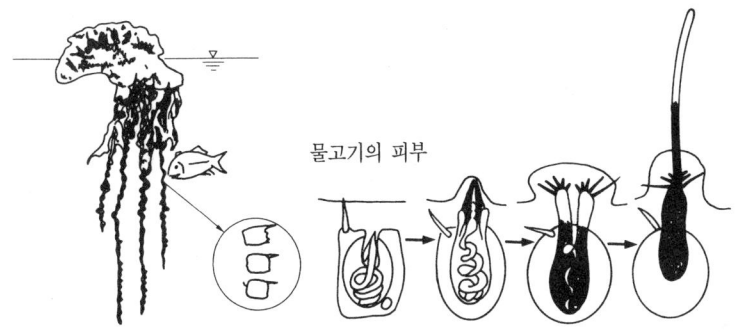

물고기의 피부

**그림 2·21** 해파리 자포(刺胞)의 구조. 자포에서 나온 가시가 자극을 받으면 독침(毒針)이 발사되어 독이 주입된다. [檜山義夫 監修, 旺文社 學習圖鑑 貝と水の生物, p.82, 旺文社(1977)]에서 고침.

는 독으로 마비시키는 자포류(刺胞類)라는 무리가 있으며, 앞에서 기술한 히드라나 해파리, 말미잘, 산호 등이 이에 속한다. 그림 2·21은 해파리 자포의 구조이다. 다른 종류의 자포도 거의 같다. 자포류는 때로는 사람에게도 해를 끼치며, 치사케 할 수도 있어 해수욕객을 괴롭힌다. 난해성(暖海性)인 고깔해파리 *Physalia physalia*는 우리나라의 동해안에도 분포하고 있다. 남태평양에서 인도양에 걸친 해역에서는 입방(立方) 해파리목의 *Chironex fleckeri* 등이 유명하며, 그 독소에 대해서도 오래 전부터 연구되었다. 전자는 Lane 등이 1958년에 최초로 연구를 시작하였다. 그 후에 사람의 양막(羊膜)을 사용하여 이에 자포를 박아 순수한 자포독(刺胞毒)을 채취하는 방법 등이 고안됨으로써, 이 독이 폴리펩티드 또는 단백질임이 판명되었다. 이 조제독(粗製毒)은 부분정제된 경우 신경계 특히 호흡중추를 마비시키며, 독성의 세기는 정제의 정도에 따라 다르고, 미우스의 $LD_{50}$은 $50 \sim 70 \mu g/kg$이다. 최근 Tamkun 등은 Lane 등이 사용했던 방법으로 고깔해파리의 자포에서 얻은 조제독에서 분자량 212,000인 용혈성(溶血性)의 당단백질을 단리하여 physalitoxin이라 이름지었다. 이 독의 마우스에 대한 $LD_{50}$은 0.20mg/kg이었다.

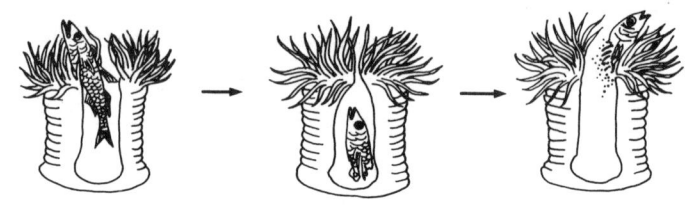

**그림 2·22** 말미잘이 먹이를 잡는 모습
[檜山義夫 監修, 旺文社 學習圖鑑 貝と水の生物, p.161, 旺文社(1977)]

결국 고깔해파리의 독은 펩티드와 약간의 효소가 함께 작용한 것으로 추정된다.

입방해파리목의 *C. fleckeri*의 독은 증상이 훨씬 심하다. 치사, 용혈, 피부의 괴사 등 세 가지 작용을 나타내는 독물질로 구성되며, 그 물질은 분자량이 8,000~70,000의 단백질인 것으로 밝혀졌다.

고착성 자포동물인 말미잘류는 촉수(觸手)를 해수의 흐름에 맞추어 움직인다. 2.1.3에서 기술했듯이 그 촉수에는 화학물질에 민감한 리셉터가 있는데, 먹이가 되는 생물이 분비하는 화학물질에 반응하여 촉수가 늘어나는 등, 이른바 섭이전행동(攝餌前行動)을 한다. 촉수에 닿은 작은 먹이동물을 유독물질이 포함된 자포로 마비시킨 다음 삼킨다(그림 2·22). 독의 본체에 관해서는, 1960년대에 이미 단백질독일 것으로 추정하고 있으나, 1970년대에 많은 연구가 이루어져 펩티드 또는 당단백질인 것으로 밝혀졌다.

Beress 등은 꽃게과의 *Carcinus maenas*에 대한 독성을 지표로, 아드리아해의 해변말미잘과에 속하는 *Anemonia sulcata*에서 톡신(toxin) Ⅰ,Ⅱ,Ⅲ으로 이름붙인 분자량 5,000 이하의 폴리펩티드를 단리하였다. 이 중 톡신 Ⅰ과 Ⅱ는 촉수에서도 단리되는데, Ⅱ의 구조는 아미노산잔기(殘基)가 47개인 염기성 펩티드였다. 톡신 Ⅰ,Ⅱ는 갑각류, 어류

Gly-Val-Ser-Cys-Leu-Cys-Asp-Ser-Asp-Gly-Pro-Ser-Val-Arg-Gly-Asn-

Thr-Leu-Ser-Gly-Thr-Leu-Trp-Leu-Tyr-Pro-Ser-Gly-Cys-Pro-Ser-Gly-

Trp-His-Asn-Cys-Lys-Ala-His-Gly-Pro-Thr-Ile-Gly-Trp-Cys-Cys-Lys-Gln

그림 2·23   Anthopleurin-A의 구조

및 포유류에 강한 마비작용이 있다.

또 같은 해변말미잘과의 *Anthopleura xanthogrammica*에서는 안토플
류린(anthopleurin) A, B, C라고 명명된 폴리펩티드가 단리되었고, 그
중 안토플류린 A의 구조는 아미노산 잔기가 49개인 것으로 밝혀졌다
(그림 2·23). 그 구조는 위에서 기술한 독신 Ⅱ와 아미노산 서열이 아
주 비슷하였다. 이 독들은 강심작용(強心作用)이 현저하게 나타나는데,
Na채널에 특이하게 결합하여 그 불활성화 과정을 억제한다고 여겨지고
있다. 한편 카리브해에서 쉽게 볼 수 있는 대형 말미잘인 *Condylactis
gigantea*의 촉수에서 갑각류에 대한 강한 마비작용을 지표로 하여 단리
된 독은 분자량 10,000~15,000의 염기성 단백질이었다. 그 독성은 가
재에 대해 $LD_{50}$이 약 $1\mu g/kg$이고 모르모트의 $LD_{50}$은 $4.3\mu g/kg$이었다.

이 밖에도 여러 종의 말미잘의 자포나 촉수에서 펩티드 또는 단백질
이 단리되는데, 이들은 특히 갑각류에 대해 강한 마비작용을 나타낸다.

# 3. 방어행동의 화학

## 3.1  서론

생물은 일생 동안 수많은 "적(敵)"을 만난다. 두말 할 것도 없이 살아남기 위해서는 적을 방어하는 것이 무엇보다 중요하다. 특히 바다 속은 육상보다도 "적"의 종류도 많고 밀도도 높기 때문에, 물 속에서 사는 생물은 각종 방어기구(防禦機構)를 발달시켜야 한다. 생존에 있어서 가장 강적(強敵)은 포식동물이다. 항상 굶주린 물고기, 조개, 불가사리 등이 우글거리는 곳에서 그들에게 잡혀 먹히지 않기 위해서는  우선 재빨리 적을 알아채서 도망치는 일이다. 구멍이나 바위틈 사이,  바위 밑에 숨어 있다가 포식동물이 적은 야간에 활동하는 것도 하나의 생존방법이 된다. 또 색깔(은폐색)이나 형태로 위장하여 포식자의 눈을 속이는 방법도 있다. 그리고 일부 해면이나 돌산호, 패류, 불가사리, 성게 또는 석회 해조류처럼 딱딱한 외골격이나 예리한 가시 등의 "물리적" 방어기구를 갖고 있는 생물도 많다.

바다에는 바위나 기타 다른 경성기질(硬性基質)에 착생하고 있든가 동작이 매우 느리거나, 또는 눈에 잘 띄는 습성을 지닌 것들이 적지 않으므로, 포식동물이 먹이를 발견하기란 아주 쉽다. 그래서 이러한 생물들은 적을 피하기 위한 "화학방어(化學防禦)"의 기구(機構)가 발달되어 있다. 물고기, 조개, 새우, 게 등에 대해서 유독한 물질을 분비하여 이들 포식자가 접근하는 것을 저지하거나, 입에 넣었다가도 엉겁결에 토해 내야 할 정도로 "맛없는" 물질을 갖고 있는 경우가 많다.

한편 바다 속에는 병원미생물은 물론이고 말미잘, 산호, 해면, 이끼벌레(태형동물), 우렁쉥이 또는 해조류와 같은 고착생물의 유생(幼生)도 많다. 잠시라도 방심하면 이들 미소생물(微小生物)에게 붙잡혀 생존이 위태로워 질 수 있다. 특히 고착생물은 다른 고착생물이 착생하는 것을 방지하려고 대부분 항균물질(抗菌物質)이나 착생저해물질(着生沮害物質)을 갖고 있다. 한번 방어기능이 약화되면 이끼벌레나 우렁쉥이 등의 고착생물이 부착하여 덮어 버린다. 그러나 반대로 고착생물을 위장(僞裝)에 이용하는 것도 있다.

끝으로, 특정의 포식동물의 "냄새"를 감지해서 재빨리 도피하는 방어기구를 지닌 동물도 있다. 불가사리나 육식성 권패류의 먹이가 되는 조개류에서 흔히 볼 수 있는 현상이다. "냄새"는 그 동물이 지닌 특유한 화학물질이므로 일종의 화학방어라 할 수 있겠다. 더욱이 무리를 형성하는 동물에서는 한 구성원이 상처를 입으면 상처에서 경보물질을 분비하여 위험을 알리기도 한다.

이 장에서는 앞에서 기술한 각종 화학방어 중 관여하는 물질이 해명된 것을 주로 생물 분류군별로 개설하고자 한다. 항균물질과 세포독물질(細胞毒物質)에 대해서는 많은 총설과 참고서가 있으므로 극히 한정된 것만 언급한다.

# 3.2  방어물질

## 3.2.1  해조류

약 3만종이 보고되어 있다. 해조류는 40%나 되는 광합성산물(光合成産物)을 가용성(可溶性) 유기물로서 직접 환경수중에 배출하는데, 대부분이 항생물질이거나 또는 알렐로케미컬로서 기능하고 있는 것으로 생각되고 있다.

초식동물(草食動物)로는 어류, 패류 또는 성게류가 대표적인데, 그 종류와 수는 산호초 지역에 압도적으로 많다. 그렇기 때문에 그곳에 사는 해조는 여러 가지 포식자들에 대한 대책을 세워두고 있다. 예를 들면, ① 석회질을 분비하여 물리적으로 먹기 곤란하게 하는 것, ② 형태적으로 먹히기 어렵게 하는 것(바위에 편평하게 부착하는 등), ③ 바위틈 사이나 파도가 부서지는 장소에 무성하게 해 포식자의 접근을 저해하는 것, ④ 생활환(life cycle)을 짧게 하여 잡아 먹히는 기회를 적게 하는 것, ⑤ 군생(群生)하지 않고, 즉 무리를 이루지 않고 여기저기에 번성하여 눈을 어지럽히는 것 등을 들 수 있다. 물론 이 장의 수제인 화학적 방어기구도 잘 발달해 있다. 초식동물의 소화관 내용물을 조사하거나 잠수관찰을 해보면 분명히 잘 먹는 해조류와 거의 먹지 않는 해조류가 있음을 알 수 있다. 이것은 주로 화학물질, 특히 "맛이 없는" 물질의 존재 여부에 의한 듯하다. 또한 포식동물에 따라서는 기호가 서로 다른 것도 적지 않다. 일반적으로 포식압(捕食壓)이 큰 장소에 서식하는 해조일수록 화학방어기구가 잘 발달되어 있다.

한편, 해조와 해조 또는 해조류와 다른 고착생물의 사이에서 일어나는 생활공간의 점유경쟁(占有競爭)도 무시할 수 없다. 모자반(*Sargassum*) 등의 갈조류 군락은 우리나라 주변해역에서도 흔히 볼 수 있는

데, 이들이 무성한 장소에는 다른 생물 특히 다른 해조류가 자라지 않는다. 이것은 해조가 다른 생물의 생육을 억제하는 물질(알렐로케미컬, allelochemical)을 내기 때문이다. 이러한 현상을 알렐로파시(allelopathy)[17]라 하는데 육상에서와 마찬가지로 바다에서도 많이 관찰된다.

### 3.2.1.1 편모조류와 남조류

이따금씩 편모조류(鞭毛藻類)나 남조류(藍藻類)가 대량 발생하여 적조나 물꽃(bloom)을 이룬다. 이때 물을 조사해 보면 어느 특정종(特定種)이 순수배양에 가까울 정도로 탁월하게 많음을 알 수 있다. 이것은 일종의 "알렐로케미컬"을 분비하여 다른 플랑크톤을 쫓아내기 위한 것으로 생각되지만 그런 물질은 아직 발견되지 않고 있다. 다만, 와편모조류인 *Prorocentrum minimum*이 생산해 내는 카로테노이드 분해물 1은 항균성(抗菌性)과 킬레이트(chelate) 작용이 강하기 때문에 상기와 같은 작용이 있을지도 모른다. 또한 철과 킬레이트 하는 시데로포아(siderophore)의 prorocentrin도 분비된다.

편모조류에는 어독성(魚毒性) 물질을 분비하여 물고기를 대량 폐사시키기 때문에 사회문제가 되는 경우도 적지 않다. 이들이 내는 물질은 일종의 방어물질로서 기능하는 것으로 여겨진다. 예를 들면, 미국의 플로리다 연안에서 대규모의 적조를 일으키는 와편모조 *Gymnodinium breve*는 brevetoxin A (2)를 비롯하여 몇 가지 폴리에테르 화합물을 생산한다. 2는 열대어인 구피(guppy)를 4ng/m$l$의 저농도에서 죽게 한다.

---

17) 원격작용 또는 타감작용(遠隔作用 또는 他感作用, allelopathy) : 하나의 생물이 떨어져 생활하는 다른 생물에게 영향을 미치는 현상. 잘 익은 사과의 과실이 에틸렌을 생산함으로써 종자의 발아를 저해하거나, 어떤 식물이 저해물질을 내서 밑에서 나오는 식물의 생육을 해치는 작용 등을 일컫는다.

**1**　　　　　　**2**

마찬가지로 조수웅덩이(tidepool)에서 적조를 일으키는 와편모조류인 *Alexandrium hiranoi*는 0.05~0.1ppm의 농도로 송사리를 죽게 하는 특이한 마크로라이드(macrolide)도 goniodomin A (**3**)을 갖는다.

**3**

또한 담수역에서 적조를 일으키는 와편모조류인 *Peridinium polonicum*은 어독성의 polonicumtoxin A (**4**)와 B (**5**)를 분비한다. 이 밖에도 플랑크톤에서 유래하는 어독성 물질이 있지만 이 정도만 소개한다.

**4** : R＝COCH₂CH＝CH₂
**5** : R＝COCH₃

**6**

그리고 산호초 해역의 해초(海草)나 모자반류에 부착하여 번성하는 남조류인 *Lyngbya majuscula*는 사람의 피부에 염증을 일으킨다. 원인물질은 lyngbyatoxin A (**6**)과 뒤에 기술할 debromoaplysiatoxin이다. 전자는 구피 *Poecilia vittata*를 0.15μg/m*l*의 저농도에서 30분 이내에 죽게 할 만큼 어독성이 강하다. 재미있는 것은 **6**은 육상의 방선균(放線菌)에 의해서도 만들어진다.

### 3.2.1.2 녹조류

녹조류(綠藻類)는 열대, 아열대의 산호초에 널리 분포하며 쥐돔, 자리돔, 나비고기, 비늘돔 등의 어류나 흰줄긴극성게(*Diadema*) 등의 성게류의 포식 대상으로 노출되어 있다. 이들 포식자의 소화관 내용물이나 섭이행동을 관찰해 보면 확실히 싫어하는 종류가 있음을 알 수 있다(그림 3·1). 이들 대부분은 옥덩굴목(Caulerpales)에 속하는 해조류이며, 산호초 해역의 생물량(biomass)에 있어서 많은 부분을 차지하는 종이다. 이들을 조사해 보았더니 1,4-diacetoxybutadiene 부분을 갖는 터펜류(terpenes)가 많았고(표 3·1), 이 물질들은 어독성, 성게 유생에 대한 독성, 또는 자연산 해조 자체가 가지는 농도 이하에서도 섭이 저해작용을 나타내는 것으로 판명되었다(표 3·2). 대부분이 항균성을 가지고 있으며, 이들은 물고기에게는 대단히 "맛이 없는" 물질인 듯하다. 또한 caulerpenyne **16**, halimedatrial **13**과 udoteal **9**은 어린 수정고둥 *Strombus costatus*에 독성을 보였다고 한다.

이들 물질을 물고기나 성게가 좋아하는 현화식물인 거북말류(*Thalassia* spp.)나 파래(*Enteromorpha*)의 표면에 발라서 주면 섭이량이 현저하게 감소하며 성장도 저하된다. 더욱 흥미로운 것은, 이들 방어물질의 해조 자체 내의 농도는 동일종 내에서도 포식압이 큰 산호초원(珊瑚礁原, reef flat)에 사는 것일수록 많다. 한편 석회질의 "갑옷"을 입은 녹조류의 할리메다류(*Halimeda* spp.)는 갑옷 밖으로 삐져나온 앞 부분(성장점)이 석회질로 보호되어 있는 부분보다 halimedatrial이 4배나

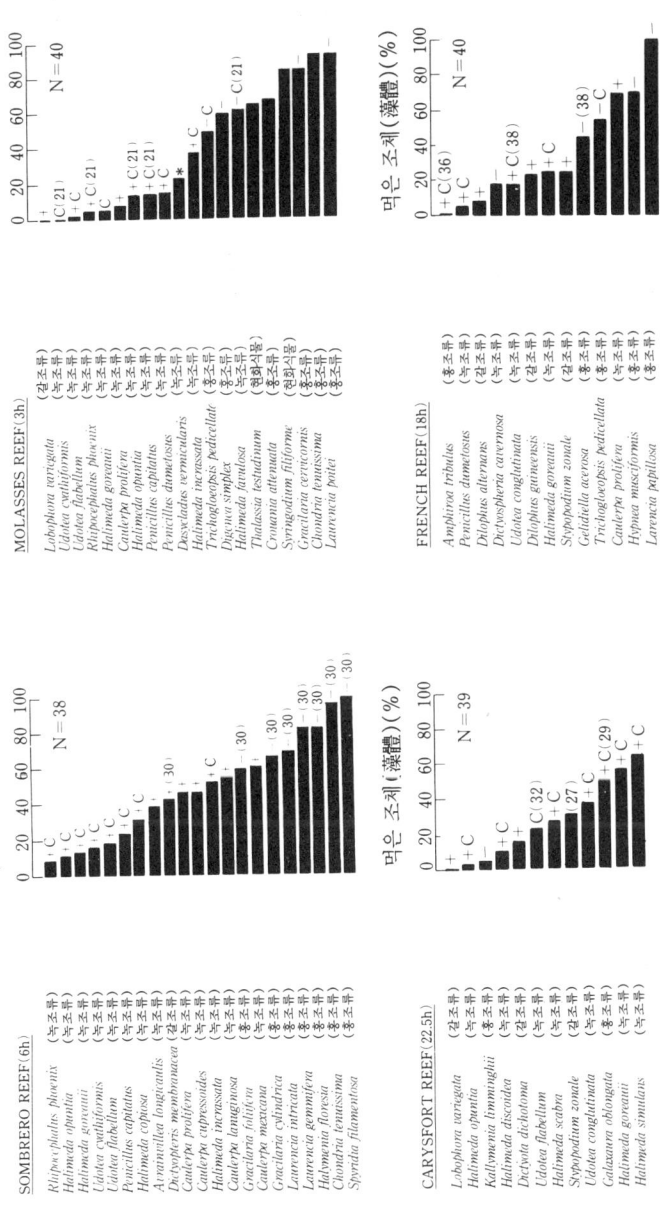

**그림 3·1** 산호초 어류들이 해조류에 대한 기호성(카리브 해). (가) 조체(藻體, 3~4cm)를 5cm 간격으로 낚시줄로 묶어 물 속에 드리우고 파도가 없는 남 reef slope에서 어류들의 섭이행동을 관찰함. 먹은 조체의 수를 약 40회 반복하여 헤아림[V. J. Paul and M. E. Hay, *Mar. Ecol. Prog. Ser.*, **33**, 258(1986)]

표 3·1 옥덩굴목 해조류에 있어서 1,4-diacetoxybutadiene의 분포*

| 물 질 명 | 종 류 | 함 량 (%건조조체) | 채집지 |
|---|---|---|---|
| dihydrorhipocephalin(7) | Udotea cyathiformis | 1.0 | 카리브해 |
| | Penicillus capitatus | | 〃 |
| | Rhipocephalus pheonix | | 〃 |
| | 위와 같음 | 0.3 | 〃 |
| aldehyde(8) | U. argentea | 0.5-1.5 | 카리브해 |
| udoteal(9) | U. flabellum | | 미크로네시아 |
| petiodial(10) | U. petiolata | | 지중해 |
| | U. flabellum | 0.5 | 카리브해 |
| dihydroudoteal(11) | U. petiolata | | 지중해 |
| | P. dumetosus | 0.8 | 카리브해 |
| | P. pyriformis | | 〃 |
| rhipocephalin | R. phoenix | 1.0 | 〃 |
| halimedatrial | Halimeda spp. | 0.1-1.5 | 〃 |
| | | | 미크로네시아 |
| halimedatetraacetate(14) | 위와 같음 | 0.5-1.5 | 카리브해 |
| (4, 9-diacetoxy-udoteal) | | | 미크로네시아, 하와이 |
| chlorodesmin(15) | Chlorodesmis | 1.0 | 호주 |
| | fastigiata | | 미크로네시아 |
| | (청각목의 녹조류) | | |
| caulerpenyne(16) | Caulerpa spp. | 0.2-1.5 | 카리브해 |
| | | | 미크로네시아, 지중해 |
| | Caulerpa bikiniensis | – | 미크로네시아 |
| 환상(環狀) sesquiterpene | | | 호주 |

[V.J. Paul W. Fenical, *Mar Ecol. Prog. Ser.*, 34, 160(1986)]

표 3·2 1,4-diacetoxybutadiene의 생리활성

| 화합물 | 7 | 8 | 9 | 10 | 11 | 12 | 13 | 14 | 15 | 16 | 17 |
|---|---|---|---|---|---|---|---|---|---|---|---|
| 어독성[*1] | 10 | 5 | – | 5 | – | 5 | 5 | – | 10 | 20 | 10 |
| 섭이저해[*2] | + | + | + | + | | + | + | + | | + | + |
| 성게유생에 미치는 독성[*3] | 2 | 1 | 8 | 0.2 | 2 | 4 | 0.2 | 4 | 2 | 2 | 1 |
| 성게 수정란 발생 저해[*4] | 8 | 2 | 8 | 1 | 16 | 2 | 1 | 8 | 8 | 8 | 4 |

*1 파랑돔(*Pomacentrotus coelestis*)과 자리돔과의 *Dascyllus aruanus*에 미치는 독성 (ED$_{50}$ μg/m$\ell$)

*2 2,000~5,000ppm을 함유한 먹이 펠레트에 대한 2종의 자리돔과 어류가 보이는 반응

*3 관극성게류인 *Lytechinus pictus*의 유생에 미치는 독성(ED$_{100}$ μg/m$\ell$)

*4 관극성게류(*L. pictus*)의 수정란에 대한 발생 저해(ED$_{100}$ μg/m$\ell$)

많다(약 2% 건중량). 또 물고기가 갉아 먹은 것처럼 조체(藻體)의 일부를 떼어내면 수일내에 방어물질의 양이 증가했다는 실험결과도 있다. 이것은 1,4-디아세톡시부타디엔류가 옥덩굴목 해조류의 방어물질로서 기능하고 있음을 뒷받침한다.

상기한 터펜류 외에도 같은 옥덩굴과에 속하는 *Avrainvillea* spp.에서는 avrainvilleol (**18**)이, 녹조류의 우산말목(Dasycladales)에 속하면서 석회화되어 있는 *Cymopolia barbata*에서는 cymopol (**19**)이 알려지고 있다. 전자인 **18**은 산호초 어류에 대해 $10\mu g/ml$의 농도로 독성을 나타내며, 800ppm에서는 파랑돔(*Pomacentrus coelestis*)의 섭이를 저해하였다. Cymopol은 어류, 흰줄긴극성게 및 유럽산 총알고둥류인

*Littorina littorea*(권패류)의 섭이를 강하게 저해한다고 한다. 그러나 메틸에스테르 화합물은 활성이 없다.

**18**　　　　　　**19**

### 3.2.1.3 갈조류

예부터 갈조류(褐藻類)에는 탄닌이 들어 있어, 이것이 항균작용, 고착생물의 착생저해, 또는 패류나 성게류 및 어류에 대한 섭이저해작용이 있다고 생각되어 왔다. 실제로 이들 동물들은 페놀 함량이 많은 뜸부기과(Fucaceae), 미역과(Alariaceae) 및 모자반과(Sargassaceae)의 해조류를 별로 먹지 않는다. 유럽산 총알고둥을 이용하여 실험해 보면, 뉴잉글랜드산 대형 뜸부기과에 속하는 *Fucus vesiculosus*와 *Ascophyllum nodosum*에서 추출한 분자량 3,000~30,000의 폴리페놀 획분을 먹이에 1%만 첨가해도 섭이량은 50%나 감소하였고, 2~3% 첨가하면 전혀 먹지 않았다고 한다. 폴리페놀의 구성단위인 플로로글루시놀(phloroglucinol;20)이나 육상식물에서 추출한 갈로탄닌을 첨가해도 똑같은 결과를 얻었다. 또 밤고둥류인 *Tegula funebralis*가 즐겨 먹는 거대해조(giant kelp)를 탄닌산에 담구었다가 주면 섭이량이 극단적으로 감소하였다. 이와 관련해서, 이들 2종의 해조로부터 폴리페놀(프로로탄닌;21~23)이 동정(同定)되었다. 다른 갈조류에서도 이와 유사한 구조의 폴리페놀(탄닌)이 다수 발견된다. 갈조류에는 "physode"라 불리는 특수한 세포가 있는데 이곳에 폴리페놀이 저장되어 있는 것 같다.

폴리페놀의 함량은 갈조의 조체(藻體) 부위에 따라 다르며, 성게나 패류 등은 함량이 적은 부분만을 골라 먹는 것이 관찰되고 있다. 이와 마찬가지로 고착생물들도 함량이 적은 부위(部位)에 착생한다고 한다. 특히 생식(生殖)과 관계가 있는 부분에는 폴리페놀의 함량이 많기 때문에 이 물질은 종(種)의 유지에도 한몫을 담당하는 듯하다. 또한 폴리페놀은 끊임없이 조체 밖으로 분비되는데, 그 분비량은 빛에 따라 늘어나거나 길어진다고 한다.

폴리페놀은 효소를 불활성화시킬 뿐 아니라 쓴맛이 있기 때문에, 포식자들이 이것을 기피하는 것 같다. 항균성도 있다. 육상식물도 이와 똑같은 화학방어기능을 갖는다는 것이 널리 알려져 있다. 또한 앞에서도 기술했듯이 모자반, 참그물바탕말, 다시마과 등의 갈조류는 대체로 군락을 형성하는 것이 많으며, 이들이 번성하는 곳에는 다른 해조류나 고착생물들이 적다. 이것은 해조에서 분비되는 알렐로케미컬 때문인데, 갈조류에서는 폴리페놀이 알렐로케미컬로 작용하고 있는 것으로 생각되고 있다. 한편, 최근 많이 양식되고 있는 오카무라민가지말 *Cladosiphon okamuranus*도 알렐로케미컬을 분비한다는 것이 양식 현장에서 발견되었다. 즉, 오카무라민가지말을 수조에 놓아두면 다른 해조류의 번식이 억제된다는 것을 발견하고 이것을 채묘(採苗)에 실제 응용하고 있다.

이 활성물질은 6Z, 9Z, 12Z, 15Z-옥타데카트리엔산 (**24**)이며, 대부분의 식물플랑크톤이나 미세조류를 1~25ppm의 농도로 죽일 수 있다. 특히, 유해적조(有害赤潮)로 유명한 *Chattonella* spp.나 *Gymnodinium nagasa-kiense*를 1ppm의 농도에서 5분 이내에 사멸시킬 수 있어 주목되고 있다. 또한 대형 해조류의 배우자(配偶者)에 대해서도 독성을 나타낸다.

**24**

갈조류 중에서 참산말 *Desmarestia ligulata*은 특이한 존재이다. 다량의 유리 황산(0.4~1.1% 살아 있는 조체)이 들어 있으며, 이것이 초식동물의 포식을 방지한다. 황산은 해양동물에게는 대단히 "맛없고" 싫어하는 물질인 것 같다. 다른 산말류(*Desmarestia*)도 마찬가지이다.

그물바탕말과(Dictyotaceae)의 갈조류는 온대에서 열대에 걸쳐 널리 분포하는데, 그림 3·1(*표시)에서 보는 바와 같이 물고기들이 잘 먹으려 하지 않는다. 2차 대사산물(代謝産物)도 다른 과(科)의 것과는 달리 디터펜이 많다. 그 중에서도 그물바탕말과의 *Stypopodium zonale*는 아열대에서 열대역에 걸쳐 우세하게 분포하는데 초식동물들에게 거의 먹히지 않는다. 그 이유는 조체가 분비하는 갈색의 색소 때문인데, 이 색소는 분비된 후에 바로 적갈색으로 변하며 어류에 대해 독성이 있다. 주성분은 건조중량의 0.6%나 포함되는 stypotriol (**25**)이며, 검정파랑

**25** : R=OH
**27** : R=H          **26**          **28**

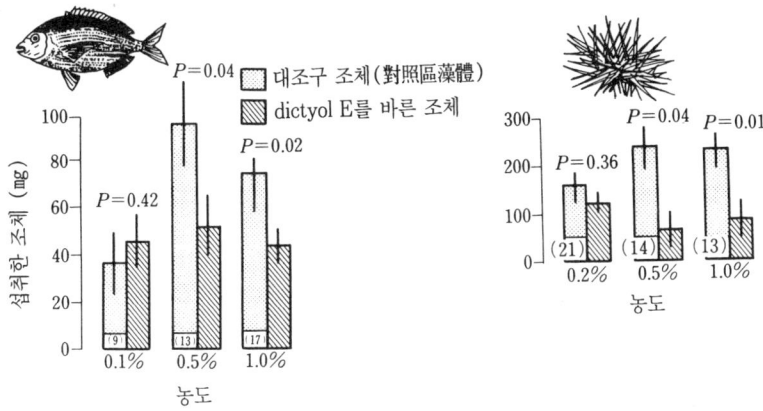

**그림 3·2**  Dictyol E가 어류(*Diplodus holbrooki*)와 성게(*Arbacia punctulata*)에 미치는 섭이저해(攝餌沮害). 꼬시래기의 일종인 *Gracilaria kikvahiae*에다 건조조체(乾燥藻體)의 0.1 (0.2), 0.5, 1.0% 가량의 dictyol E를 바른 다음 수조에 넣고 섭이량을 조사하였다. 괄호 안의 숫자는 실험 횟수임. [M.E. Hay et al., *Ecology*, 68, 1567 (1987)]

돔속의 *Eupomacentrus leucosticus*에 대해 0.2g/ml에서 독성을 보이며, 어류나 성게에 대해서도 섭이저해작용이 강하다. 성게의 수정란에 대해서는 독성을 나타내지만 항균성은 없다. **25**는 해수중에서 곧 산화되어 적갈색의 올소퀴논 stypoldione (**26**)으로 된다. 이 물질도 자리돔에 대해 1μg/ml에서 독성을 나타낸다. 이 밖에도 독성은 없으나 물고기를 과민하게 하여 도피행동을 일으키게 하는 stypodiol (**27**), 또 반대로 마취작용(痲醉作用)을 일으키는 taondiol (**28**) 등의 흥미로운 물질들도 많다.

온난해역에 많이 분포하는 그물바탕말속(*Dictyota* spp.)의 해조류에도 잘 먹히지 않는 종류가 많다. Xenicane이나 dolabellane 골격을 가지는 디터펜이 풍부하게 함유되어 어독성이나 섭이저해의 원인으로 생각되고 있다. 예를 들어, 도미과의 어류인 *Diplodus holbrooki*나 아르바키아과의 성게인 *Arbacia punctulata*에게 이들이 잘 먹는 돌가사리목

(Gigartinales)의 꼬시래기(*Gracilaria verrucosa*)에 참그물바탕말(*D. dichotoma*)에서 분리한 dictyol E (**29**)를 칠해서 주면 섭이량(攝餌量)이 현저하게 떨어진다(그림 3·2). 더욱이, *D. crenulata*에서 추출해 낸 acetoxycrenulide (**30**)는 10μg/ml에서도 자리돔을 쇠약하게 하고 치사케 하기도 한다. 오키나와산 그물바탕말인 *D. spinulosa*가 가지고 있는 hydroxydictyodial (**31**)을 먹이 펠레트에 1% 첨가해서 틸라피아에게 먹였더니 전혀 먹지 않았다. 그러나, 동시에 얻어진 dictyodial (**32**)이 첨가된 펠레트는 즐겨 먹었다고 한다.

**29**　　　　　　**30**　　　　　**31** : R=OH
　　　　　　　　　　　　　　　　　　　**32** : R=H

그물바탕말속과 가까운 아드리아해에서 나는 개그물바탕말(*Dilophus okamurae*)과 근연인 *Dilophus fasciola*에서 분리된 dolabellane 유도체 **33**는 송사리목의 *Gambusia affinis*를 50ppm의 농도에서 8시간만에 죽게 하였으며, 육상식물에 대해서도 성장저해작용(成長沮害作用)을 보였다. 또한, 갈라파고스 제도(諸島)에 번무하는 참가시그물바탕말류(*Spatoglossum* spp.)도 포식을 잘 모면하고 있는 해조류인데, 이 해조에서는 spatane 골격을 가지는 spatol (**34**)과 이와 유사한 디터펜이 발견되었다. **34**는 금붕어를 100μg/ml에서 죽게 하며, 규조류(珪藻類)의 성장저해와 성게 수정란의 발생을 저해하는 작용도 보고되고 있다. 한편, 갈조류의 주름뼈대그물말(*Dictyopteris undulata*)에는 어독성이 있는 세스키터펜의 zonarole (**35**)을 주성분으로 하는 물질을 포함하는데, 이 화합물은 17ppm에서 송사리를 죽게 한다. 함께 들어 있는 퀴논의

|   |   |   |
|:-:|:-:|:-:|
| **33** | **34** | **35** |

zonarone은 곱절 이상의 독성을 나타낸다고 한다.

끝으로, 갈라파고스 제도의 Colon섬에 많은 *Bifurcaria galapagensis* 에 관해 언급하겠다. 이 섬에는 바다이구아나가 서식하고 있는데 항상 배고픈 상태에 있다. 이들은 아주 작은 해조류에 이르기까지 거의 모든 해조를 물어 뜯지만 위에 언급한 해조만은 거들떠보지도 않는다. 이 해조에는 프레닐하이드로퀴논의 bifurcarenone (**36**)이 고농도(0.26% 건중량)로 들어 있는데 이것이 방어물질인 것처럼 보인다. **36**은 항균성과 성게의 수정란에 대해 독성을 나타낸다. 이와 비슷한 화합물이 개모자반과(Cystoseiraceae)에 속하는 팥꼴헛모자반속(*Cystoseira*)의 해조 등에서도 많이 보고되고 있다.

**36**

### 3.2.1.4  홍조류

홍조류(紅藻類) 중에는 초식동물이 먹지 않으려는 종류가 다른 해조류에 비해 그리 많지 않다. 그 중에서도 갈고리풀과(Bonnemaisonia-ceae)의 해조류는 부드러워 먹기 쉬운 형태를 하고 있음에도 불구하고 물고기들이나 성게 등이 잘 먹지 않는다. 그 원인은 바다고리풀 *Asparagopsis taxiformis*에서도 볼 수 있듯이, 소포세포(小胞細胞)에 농축되어 있는 할로겐화합물 때문인 것 같다. 할로겐화합물은 소포세포 에서 분비되며, 바다고리풀에는 $CHBr_3$, $CHCl_3$, $CH_3I$, $CCl_4$, $CHBrCl_2$ 외에도 $CHBr_2COOH$나 $CBr_3COOH$ 등의 화합물이 들어 있다. 시료에 따라서는 $CHBr_3$의 함량이 대단히 높아 건조조체(乾燥藻體)의 0.3%나 되는 것도 있다고 한다. 또한 나도펑꼬리 *Delisea fimbricata*에는 **37**이 나 **38**과 같은 고도로 할로겐화된 화합물이 많다. 이들은 강력한 알킬화 제(化劑)이며, 항균작용도 강하다.

**37**          **38**                    **39**

그리고 카리브해에서는 석회해조인 회국수나물속의 *Liagora farinosa* 가 어류나 성게에게 거의 먹히지 않는다. 이 해조류에는 $5\mu g/ml$로 자 리돔에게 독성을 보이는 아세틸렌이 들어 있는 지방산 (**39**)이 고농도 로 함유되어 있으므로, 초식동물이 접근하지 못하는 듯하다. 또한 모노 글리세리드는 독이 없다고 한다.

홍조류에는 할로겐이 들어 있는 터펜류가 많으며, 이들은 방어기구 (防禦機構)와 관계가 있는 것 같다. 갈라파고스의 전 해역에 잘 서식하 는 해조류인 *Octodes crockeri*는 바다이구아나도 먹지 않는다. 그래서 이 해조에서 분리한 13종의 모노터펜의 어독성과 섭이저해작용을 조사

표 3·3  *O. crockeri*가 지닌 monoterpene의 어독성과 섭이저해작용

| 화합물 | 파랑돔 | | 금붕어 |
|:---:|:---:|:---:|:---:|
| | 어독성($\mu g/ml$) | 진정작용($\mu g/ml$) | 섭이저해(ppm) |
| **40** | 10 | 25 | 300 |
| **41** | 10 | 5 | 〃 |
| **42** | 10 | 2 | 〃 |
| **43** | 5 | 2 | 100 |
| **44** | - | 10 | 〃 |
| **45** | - | - | 500 |
| **46** | - | - | 600 |
| **47** | - | - | 300 |
| **48** | - | - | 〃 |
| **49** | - | - | 100 |
| **50** | - | - | 〃 |
| **51** | - | - | 200 |
| **52** | - | - | 1,000 |

[V. Paul *et al.*, *J. Org. Chem.*, **45**, 3406 (1982)]

하였다. 그 결과는 표 3·3과 같다. 독성을 보인 것은 극히 소수였고, 모든 물질이 다소 차이가 있기는 하지만 금붕어에 대해 섭이저해작용을 보였다는 것은 놀라운 일이다. 독성과 섭이를 저해하는 작용과는 반드시 비례관계에 있지 않다는 것이 주목되는 결과이다. 또 이들 화합물은 건조중량으로도 15,000ppm 이상이나 되기 때문에 물 속에서도 충분히 섭이를 저해할 수 있다고 여겨진다. 할로겐을 함유하지 않으면서도 저해작용이 있다는 것도 흥미롭다.

곱슬이속(*Plocamium* spp.)의 홍조류에도 할로겐이 들어 있는 모노터펜이 풍부하기 때문에 이들도 화학방어에 한몫을 담당할 것으로 생각된다. 즉, *P. cartilagineum*에는 금붕어에 대해 독성을 보이는 plocamine B (**53**) 외에, **54**와 같이 항균성이 있는 직쇄(直鎖)[18]의 모노터펜도 많다.

---

18) 직쇄(直鎖) : 화합물 중에서 원자가 직선상으로 결합한 상태

40  41  42  43  44  45

46  47  48  49

50  51  52

53  54  55

서실속(*Laurencia*)의 해조류 중에 열대해역에 많은 몽우리서실(*L. obtusa*)은 흰줄긴극성게(*Diadema*)조차도 거의 먹지 않는다. 이 활성성분은 elatol (**55**)이고, 파랑돔이나 흰줄긴극성게의 섭이를 현저히 저해하며, 검정파랑돔속의 *E. leucostictus*에게 5μg/ml에서 독성을 나타낼 뿐만 아니라, 성게의 발육을 저해하고, 살충작용 등 다채로운 활성을 보인다. 이러한 화합물들은 서실류에 많다.

같은 세스키터펜인 isolaurinterol (**56**)도 서실속의 해조류에 널리 분포하며(때로는 건조 조체의 1% 이상이나 들어 있다), 자리돔류나 흰줄긴극성게류의 섭이를 강하게 방해하며, 항균성도 있다. 그러나 근연의 aplysin (**57**)은 저해활성(沮害活性)이 없다고 한다.

| **56** | **57** | **58** |

끝으로 빨간검둥이과(Rhodomelaceae)의 새빨간검둥이 *Rhodomela larix*( =*Neorhodomela aculeata*)에는 lanosol sulfate (**58**)가 함유되어 있는데, 그 함량은 성장점(成長点)에서 가장 많고 뿌리[19] 부분에는 적어, 이 물질이 화학방어에 관련되어 있다는 것은 틀림없다. **58**은 탄닌처럼 빛이나 온도에 따라 분비가 촉진되며, 권패류 등의 기피물질로서 기능하고 있어 섭이에 대한 저해작용도 있는 듯하다.

## 3.2.2 해면동물

해면(海綿)은 약 6억 년 이상 전부터 번성한 종으로서, 가장 미분화된 다세포동물(多細胞動物)이고, 약 1만 종 징도가 현존한다. 극지 해역에서부터 열대에 걸쳐, 또 수천 미터의 심해에서부터 조간대에 이르기까지 널리 분포하고 있어, 해양생태계에서 중요한 역할을 담당하고 있다. 이처럼 잘 번성하고 있는 것은 생식이나 생리기능의 측면에서만 잘 적응하였기 때문만이 아니라, 각종의 "적"으로부터 잘 도피할 수 있었기 때문이기도 하다. 해면은 물리적인 또는 습성에 의한 방어는 별로 하지 않는 것으로 알려져 있다. 다만 탄산칼슘이나 규산으로 된 예리한 골편(예를 들면, 유두해면 *Tetilla* 등)이나 경단백질(硬蛋白質)로 된 딱딱한 해면질 섬유 등으로 몸을 견고하게 하는 것도 볼 수는 있다. 그

---

19) 그러니까 해조류에서는 경성기질에 고착하기 위한 부착기(附着器, holdfast)를 말한다.

리고 바위틈 사이나 구멍 등에 숨거나, 해조류나 다른 고착생물들로 위장하여 포식자의 눈을 속이는 종류도 있다. 그렇지만 주로 화학방어를 한다.

해면은 플랑크톤과 같은 미소한 유기물을 여과해서 영양원(營養源)으로 하는 고착생물이기 때문에, 포식동물은 물론이고 다른 고착생물의 습격에 대비한 화학방어를 구비하는 종류가 많다. 실제 호주의 대보초 (Great Barrier Reef)에서 29종의 해면을 조사해 보았더니, 그 중 19종이 박테리아나 곰팡이의 성장을 저지하였다. 17종 중에서 6종은 송사리목의 *Gambusia affinis*에게, 5종은 브라인슈림프(brine shrimp)에게, 6종은 산호붙이히드라와 근연인 *Solanderia fusca*에 독성을 나타내었다고 한다. 이 밖에도 항균성이 있는 해면이 많이 알려져 있고, 활성성분도 많이 분리되었다. 항균성 외에도 성게나 불가사리의 수정란이나 또는 각종 무척추동물의 유생에 대해 유독한 물질도 많다. 이들 물질의 생태계에서의 역할은 추측컨대 각종 외적의 침입에 대한 무기로 기능하는 것 같다. 즉, 항균물질을 함유하는 해면에는 대체로 고착생물이 부착하지 않으며, 무척추동물에 독성을 보이는 것은 불가사리, 게, 패류 등이 해면 위로 기어오르지 않는 듯하다. 따라서 부드럽고 표면이 깨끗한 해면은 방어물질을 갖고 있다고 생각해도 된다. 그러나 해조가 많이 부착한 것에도 항균성이나 세포독성이 센 물질을 갖고 있는 것이 적지 않기 때문에 그렇게 단순하지는 않다. 해면 중에는 남조류나 박테리아 등의 공생하는 미생물을 갖는 종류가 많기 때문에, 이들 물질이 해면의 대사산물인지 아니면 공생 미생물의 것인지를 명확히 할 필요가 있다. 이런 이유 때문에, 이 장에서는 항독성(抗毒性)이나 세포독성(細胞毒性)을 갖는 것에 대해서는 언급하지 않는다.

해면을 먹는 동물은 매우 한정되어 있다. 그 중에서도 가장 유명한 것이 나새류(裸鰓類, nudibranchs)에 속하는 갯민숭달팽이류(연체동물, 후새류)이며, 산호초의 어류 중에도 먹는 것이 있다. 카리브해에서 조

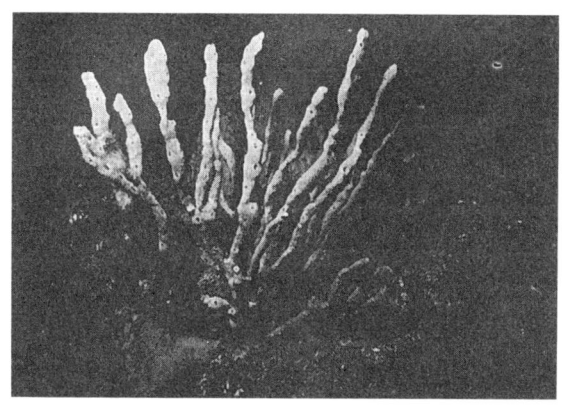

그림 3·3  무방비 상태로 자라는 *Siphonochalina trunculata*에는 항균물질(抗菌物質)
이 들어 있다.

사한 212종의 어류 중 11종의 소화관 내용물에서 해면이 검출 되었다
고 한다. 특히 나비고기나 말쥐치 부류가 잘 먹었다. 이들 어류는 여러
종류의 해면을 먹지만 설사 유독물질이 들어 있어도 독이 희석되어 중
독되지 않는 듯하다. 청줄돔과의 *Holacanthus ciliaris*는 40종이나 되는
해면을 먹었다는 예가 있다.

어독성을 나타내는 해면은 위도가 낮아질 수록 많아진다. 즉, 북위
48°의 북태평양에 서식하는 해면의 9%가 금붕어에 대해 독성을 보였
고, 33°의 캘리포니아 연안의 것은 21%, 19°의 캘리포니아만(멕시코)
의 것에서는 75%가 독성이 있었다. 또 바위 위나 산호초의 경사면에
노출해서 살고 있는 것은(그림 3·3.) 대체로 독성이 강하지만, 바위틈
사이에 숨어 사는 것이나 위장하고 있는 것은 독이 없는 경우가 많다고
한다. 그러니 뒤에서도 언급하듯이, 어종(魚種)에 따라 반응이 다르기
때문에 주의를 해야 한다. 즉, 카리브해의 해면 중에서 송사리아목의 해
산어류인 *Fundulus heteroclitus*에게 독성을 보였던 것은 20%에 불과
했다는 보고도 있으므로, 앞에서 말한 나비고기나 말쥐치는 의외로 저

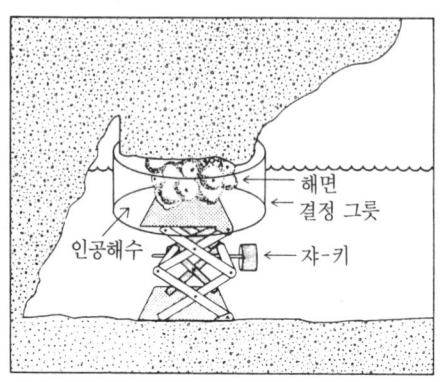

그림 3·4 해면에서 분비물(分泌物)을 채취하는 방법
[R.P.Walker *et al.*, *Mar. Biol.*, **88**, 28 (1985)]

항성이 있어서 먹는지도 모른다. 어쨌든 많은 어류들이 해면을 먹지 않으려고 하는 것만은 틀림없다. 독성 외에도 "맛이 없다거나" 또는 "냄새가 싫은" 요소도 중요하게 작용할 것이다.

해면은 유독하거나 또는 "맛없는"(마음에 들지 않는) 물질을 항상 환경수중으로 분비한다고 알려져 있다. 사실 캘리포니아의 조간대에 서식하는 해면인 *Aplysina fistularis*를 넣은 수조의 해수는 히드라의 일종인 *Bougainvillia* spp., 태형동물의 넓적이끼벌레류인 *Membranipora membranacea*, 삿갓조개와 비슷한 부류인 *Megathura crennulata* 및 불가사리 *Pisaster giganteus*에 독성을 나타내었다. 그렇지만 해면을 잡아먹는 갯민숭달팽이류인 *Tylodina fungina*는 아무렇지도 않았다고 한다. 그림 3·4와 같은 간단한 장치를 사용하여 간조시에 해면을 인공해수에 담그고 해수중에 분비된 물질을 액체 크로마토그래피로 분석하였더니, 해면 1g당 (건조중량) 1분간에 132$\mu$g의 aerothionin (**59**)과 homo-aerothionin (**60**)이 10:1의 비율로 방출하는 것을 확인하였다. 이것으로 자연상태에서는 끊임없이 유독 물질을 내놓는다는 것이 증명된 셈이다. 덧붙여 말하면, **59**는 많은 생물에 대해 독성을 나타낸다는 것이다

표 3·4 해면 대사산물의 어독성과 섭이저해작용

| 해면과 대사산물 | 함량 (μg/mg 건중량) | 어독성 금붕어(μg/ml) | | 섭이저해작용(μg/mg 펠레트) | | | | |
|---|---|---|---|---|---|---|---|---|
| | | 10 | 100 | 금붕어 10 | 금붕어 100 | 독중개[*1] 10 | 놀래기[*2] 10 | 벵에돔[*3] 10 |
| *Aplysina fistularis* | | | | | | | | |
| aerothionin(**59**) | 10 | + | | − | ++ | | | |
| *Dysidea amblia* | | | | | | | | |
| pallescensin A(**61**) | 4 | − | + | − | ++ | ++ | − | |
| furodysinin(**62**) | 0.5 | − | + | + | ++ | ++ | − | |
| *Leiosella idia* | | | | | | | | |
| idiadione(**63**) | 12 | − | + | + | ++ | ++ | ++ | ++ |
| *Axinella* sp. | | | | | | | | |
| isonitrile(**64**) | 1.5 | − | + | ++ | ++ | + | − | + |
| isothiocyanate(**65**) | 0.65 | − | + | + | + | + | − | − |

*1 *Clinocottus analis*, *2 *Oxyjulis californicus*, *3 *Girella nigricans*

(표 3·4와 3·5). 그리고 이 물질은 해면이 합성하여서 유출구(流出溝) 주위에 있는 "구상세포(球狀細胞, spherulous cell)"에 저장하였다가 분비한다. 또한 상처를 입은 것은 상처가 없는 것보다 10∼100배나 많이 방어물질을 분비한다고 한다.

**59** : $n = 4$
**60** : $n = 5$

### 3.2.2.1 어독성과 섭이저해물질

미국 샌디에이고에 있는 스크립스(Scripps) 해양연구소의 Faulkner

와 그의 동료 과학자들은 샌디에이고 주변해역에서 채집한 해면의 대사
산물 28종에 대해서 금붕어에 미치는 독성과 섭이저해작용을 조사하였
다(표 3·4). 섭이저해작용은 해산어류에 대해서도 검토하고 있다. 앞
에서도 말한 것처럼, 어독성과 섭이저해작용은 반드시 비례하지는 않는
다. 방어효과의 면에서 생각해 본다면 일과성(一過性)의 독성보다는
"맛이 없다거나" 또는 "싫은 맛이나 냄새가 난다"는 편이 더 크게 작
용할 수도 있다. 한번 경험해 보면 잊지 못할 것이다. 또한 미각(味
覺)은 어종에 따라서도 다른 것 같다. 섭이저해 실험에서는 어류용 사
료 펠레트에 대사산물을 넣어 물고기에게 주는데 그 농도는 대체로 해
면에 들어 있는 양과 비슷하도록 하기 때문에, 자연상태에서도 효과가
같을 것이다. 또한 같은 푸란(furan) 고리를 가지는 화합물이라도
ambliol-A (81) 등에는 활성이 없었다. 이소니트릴과 이소티오시아네
이트가 들어 있는 터펜류는 특징적인 해면의 대사산물인데, 모두 활성
을 나타내었다. 활성-구조상관(活性-構造相關)에 대해서는 간단히 논
할 수 없는 주제이다.

이 밖에 활성이 있는 몇 가지 화합물에 관해서 물질별로 간단히 소개
한다.

## (1) 터펜

파라오에 서식하는 *Fenestraspongia* sp.에는 ilimaquinone (**66**)과 그 5-epimer가 2.2%(건중량)나 들어 있다. 이들을 펠레트에 각각 5$\mu$g/m*l*씩 넣어 금붕어에게 주었더니 섭이를 저해하였다. 한편 *Agelas* sp.에서 얻어진 9-메틸아데닌이 들어 있는 희귀한 터펜인 ageline A (**67**)은 25$\mu$g/m*l*에서 금붕어에 대해 독성을 나타내었다. 항균성도 강하다.

**67**                **68**

남극의 마크마드 해협에 서식하는 *Dendrilla membranosa*는 성장이 매우 느리며 더구나 포식자도 볼 수 없는데, 골편(骨片)도 없고 점액도 내지 않기 때문에 방어물질을 갖고 있을 것으로 예상하고 있었다. 이것으로부터는 스폰지안 골격을 가지는 디터펜, 9, 11-dihydrogracilin A **68**을 23%(건중량)나 얻었다. 이 화합물은 많은 동물들에게 매우 맛이 없는 듯한데, 이것이 방어작용에 기여하고 있다고 생각된다.

파푸아뉴기니의 *Sigmosceptrella laevis*는 바다 속에 꽤많은 종류인데 눈에 잘 띄는데도 이들의 포식자가 없다. 이 해면으로부터 얻은 노르세스타터펜 옥시드인 sigmosceptrellin A (**69**)는 구피를 25$\mu$g/m*l*에서 죽게 한다. 같은 해역의 산호초 경사면에 붙어 있는 *Carteriospongia foliascens*에도 scalarane형 세스타터펜이 많다. 그 중 **70**과 **71**은 구피를 5$\mu$g/m*l*에서 죽게 하였지만, **72**와 **73**은 20과 40$\mu$g에서 독성을 보였다. 그러나 **74**는 독이 없었다. 따라서 구조가 약간 변하여도 이처럼 활성이 있었다 없었다 하는 것은 흥미롭다. 그러나 섭이저해작용은 모두 없었다고 한다.

69 70 71 72 73 74

(2) 스테로이드

호주의 대보초(Great Barrier Reef)에 서식하는 *Dysidea herbacea*
에는 수산기(-OH)가 많은 스테로이드인 herbasterol (**75**)이 고농도
(8.6% 건중량)로 들어 있다. 이 물질은 10μg/ml에서 금붕어에게 독성
이 있다. 아세틸화(化)하면 활성이 없어진다.

75 76

한편, 스테롤의 황산 에스테르도 어류나 갑각류에 독성을 나타낸다.
필자들은 일본 이시가키시마(石垣島)에서 채집한 대단히 눈에 잘 띄는
오렌지색의 해변해면인 *Halichondria* cf. *moorei*로부터 halistanol sul-
fate (**76**)를 발견하였다. **76**은 높은 수율(收率, 0.03% 습중량)로 얻
었고 송사리에 대해서는 2μg/ml에서 독성을 보였다. 또한 캘리포니아
의 *Toxodocia zumi*로부터는 19 위치가 카르본산으로 산화한 스테롤의
황산 에스테르가 보고되었다.

## (3) 함질소 화합물

앞에서 말한 *D. herbacea*에는 구피에게 5μg/ml에서 독성이 있는 isodysidenin (**77**)도 들어 있다(2% 건중량). 또한 파푸아뉴기니의 수심 20~35m에 형성된 산호초의 경사면에 많은 진한 갈색의 해면인 *Petrosia seriata*는 눈에 잘 띄는데도 불구하고 포식자가 없다. 그런데, 이 종류로부터 이소키노리딘 골격이 있는 petrosin(**78**)을 얻었다. 이 물질은 그 농도가 10μg/ml에서 구피에게 독성을 나타내며, 해면에 들어있는 것과 같은 농도에서 섭이(攝餌)를 저해하였다. 호주산 *Xestospongia exigua*에서도 같은 물질을 얻었다.

**77**          **78**

홍해에는 돋보일 정도로 눈에 띄는 해면이 매우 적은 편이다. 가장 눈에 잘 띄는 해면은 빨간 가지모양을 한 *Latrunculia magnifica*(화보 3 참조)이다. 수심 6~15m 되는 곳의 바위 위나 암초의 경사면에서

**79**          **80**

표 3·5  해면의 대사산물이 무척추동물에게 미치는 영향

| 해면과 대사산물 | 함 량 (μg/mg 건물량) | 히드라 *1 10 | 이끼벌레 *2 10 | 샛갓조개 *3 10 | 불가사리 *4 10 | 이끼벌레 *5 10 | 전복 *6 10 | 전복 *6 100 | 브슈라림인프 *7 10 | 브슈라림인프 *7 50 | 브슈라림인프 *7 100 |
|---|---|---|---|---|---|---|---|---|---|---|---|
| *Aplysina fistularis* | | | | | | | | | | | |
| aerothionin(**59**) | 10 | + | + | + | + | − | + | + | + | | + |
| *Dysidea amblia* | | | | | | | | | | | |
| ambliol-A(**81**) | 11 | + | + | | | − | + | | + | | |
| pallescensin A(**61**) | 4 | + | + | + | | − | + | | + | | |
| furodysinin(**62**) | 0.5 | − | − | − | − | − | − | | − | − | + |
| *Leiosella idia* | | | | | | | | | | | |
| idiadione(**63**) | 12 | − | + | + | + | − | + | + | + | + | |
| furospinulosin-1(**82**) | 4 | − | − | − | | | | | + | + | |
| heteronemin(**83**) | 17 | − | − | + | − | − | | + | + | + | |
| 12-epi-deoxoscalarin(**84**) | 7 | − | − | + | + | + | + | + | + | + | |
| *Axinella* sp. | | | | | | | | | | | |
| isonitrile(**64**) | 1.5 | | | | | + | + | | | | |
| isothiocyanate(**65**) | 0.65 | | | | | − | + | | | | |

*1  *Branchioglossum* sp.가 섭이촉수(攝餌觸手)를 움츠린 경우 (+) ED$_{50}$μg/ml
*2  *Membranipora membranacea*가 섭이촉수를 움츠린 경우 (+) ED$_{50}$μg/ml
*3  *Megathura crennulata*가 발을 움츠린 경우 (+) ED$_{50}$ μg/ml
*4  *Pisaster giganteus*가 관족(管足)을 움츠린 경우 (+) ED$_{50}$μg/ml
*5  *Phidolophora pacifica*유생의 착생 저지(着生沮止) 50% 이상 (+) μg/ml
*6  *Haliotis rufescens*벨리저(veliger)유생의 변태와 착생저지 50% 이상 (+) μg/ml
*7  *Artemia* sp. 유생에 대한 독성 (LD$_{50}$) μg/ml

마구 자라고 있다. 1년간 관찰해 보았지만 물고기들이 쫀다거나 먹으려고 하지 않았다. 이것을 쥐어 짜면 아주 좋지 않은 냄새의 빨간 즙이 나온다. 이 즙을 해수에 넣으면 물고기들은 곧 도망친다고 한다. 수조에 넣었더니 물고기가 10분이 지나면서 죽어 버린다. 조그만 조각을 수조 안에 달아맸더니 2년이 지나도록 그 상태 그대로였으며, 박테리아 따위가 번식하지도 않았다고 한다. 그 이유는 해면에 들어 있는 마크로라이

드인 latrunculin류 때문이다. Latrunculin A (**79**)와 B (**80**)는 송사리목에 속하는 *Gambusia affinis*에 대해 $LD_{50}$이 400ng/m*l*로 강한 독성이 있었다. 아가미가 출혈하여 죽는다. 이 독은 액틴(actin)이 중합(重合)하는 것을 아주 낮은 농도에서 저해한다.

### 3.2.2.2  무척추동물에 대해 독성을 나타내는 물질

앞에서 말한 Faulkner 등은 해면의 대사산물(代謝産物)이 히드라, 이끼벌레, 삿갓조개, 불가사리 등에 대해 어떻게 영향을 미치는가를 조사하였다. 표 3·5와 같이, 어류에게는 유독하거나 "맛없는" 물질일지라도 무척추동물에 대해서는 아무런 영향을 미치지 않는 것도 있으나, 대부분의 어독성 물질(魚毒性物質)은 다른 동물에게도 해롭다. 반대로 어독성이 없어도 무척추동물에게는 해로운 경우가 많다. 이제 설명할 대사산물들은 대체로 항균성(抗菌性)이 있다. 그렇기 때문에 대부분의 항균물질은 어류나 조개 또는 불가사리류가 잡아 먹는 것을 저해한다고 생각할 수 있다. 사실 표에 열거한 해면들은 갯민숭달팽이류를 제외하고는 먹히지 않는다. 더욱이 고착생물(固着生物)이 착생하는 것을 저해하는 것도 많으며, 알렐로케미컬로서의 역할도 중요하다고 생각한다.

끝으로 생존을 위한 세력권(勢力圈)을 확보하기 위한 싸움에 화학물질을 사용하는 예를 소개한다. 육상에 사는 많은 식물들은 특별한 화학물질을 내서 자기가 살고 있는 주위에 다른 식물이 살지 못하도록 하여 서식장소를 확보한다. 바다생물도 마찬가지이다. 특히 생존경쟁이 심한 산호초 해역에서는 해면과 해면, 해면과 산호류, 돌산호와 바다맨드라미류 따위의 고착생물간에 서식장소를 확보하기 위한 공간경쟁(空間競爭)이 치열하다. 이런 싸움에 화학물질을 쓰지만, 어떤 물질이 관여하는지는 분명치 않다.

파라오의 *Siphonodictyon* sp.는 돌산호류에 구멍을 파고 사는 해면인

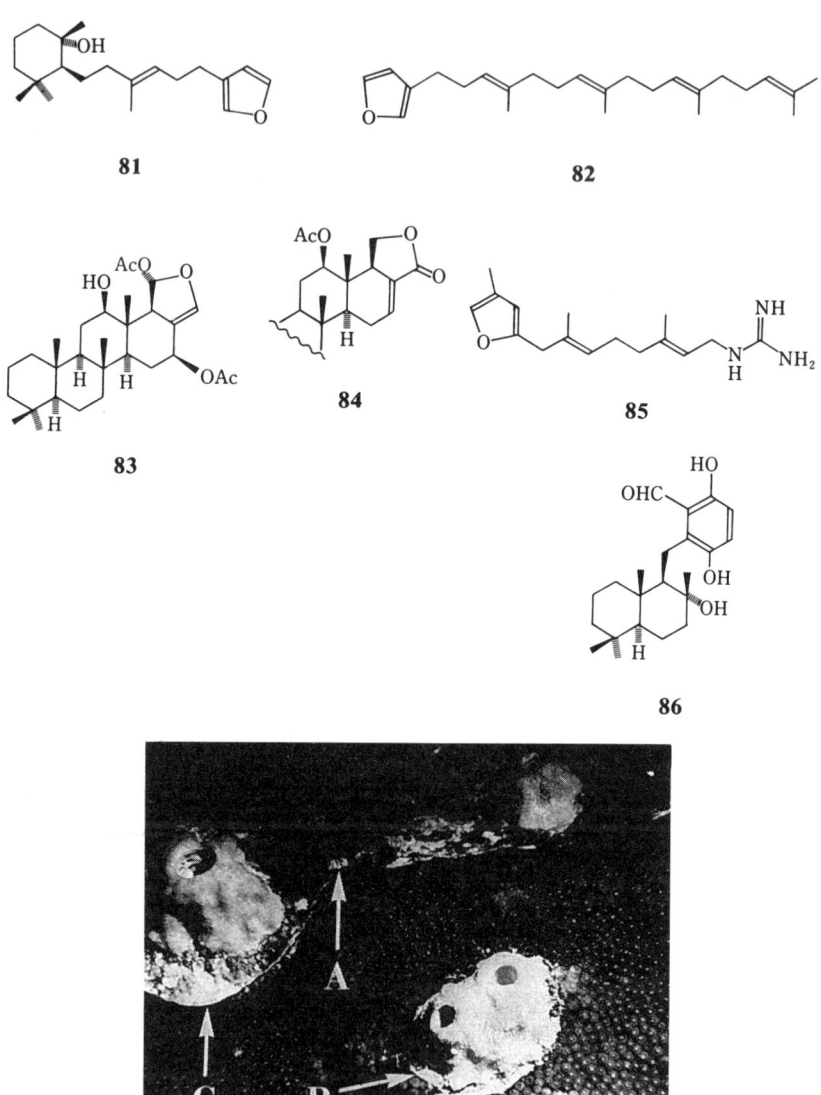

**81**

**82**

**83**

**84**

**85**

**86**

그림 3·5 *Siphonodictyon coralliphagum* 때문에 죽은 산호 *Montastrea cavernosa*.
A : 살아있는 산호의 말단, B : 해면 분비물과 죽은 산호, C : 산호가 죽어서 된 "bare zone".
[J.B.C. Jackson and L. Buss, *Proc. Nat. Acad. Sci.* USA, 72, 5162(1975)]

데, 배수공(排水孔)만 산호 밖으로 내놓고 있다. 배수공 주위에서 점액을 분비하는데 이것에 닿으면 산호는 죽어 버린다(그림 3·5). 이 점액에는 산호의 촉수를 죽일 수 있는 siphonodictidine (**85**)이 들어 있다. 같은 현상을 카리브해의 *S. coralliphagum*에서도 볼 수 있으며, 산호를 죽이는 성분은 siphonodictyal A (**86**)과 B이다. 전혀 다른 물질이 같은 목적에 쓰이는 것이 흥미롭다.

## 3.2.3  자포동물

자포동물(刺胞動物)도 미소한 유기물을 여과하여 영양을 섭취하는 고착생물이 많으며, 분포도 해면동물에서처럼 넓고, 현생종만 해도 약 1만 종이나 된다. 히드라충강, 해파리강, 화충강(花蟲綱 또는 산호충강 珊瑚蟲綱이라고도 함)으로 나눈다. 화충강은 해양류(海楊目 Gorgona-cea, 뿔산호류)와 바다맨드라미류(海鷄頭目 Alcyonacea, 연산호류)가 속한 팔방산호아강(八放珊瑚亞綱 Octocorallia)과 말미잘이나 돌산호류 등이 속하는 육방산호아강(六放珊瑚亞綱 Hexacorallia)으로 나눈다. 대부분 자포(刺胞, nematocyst)라는 무기를 갖고 있어 물리적인 자극 따위가 있으면 발사한다. 자포에 찔리면 그 안에 들어 있는 단백성의 독이 주입된다. 이 독은 각종 동물을 마비시키며, 때로는 죽게도 한다. 능동적인 방어기구라고 할 수 있다.

히드라, 해파리, 말미잘 또는 돌산호류는 이 방어법을 잘 쓴다. 말할 것도 없이 돌산호는 석회질로 된 "갑옷"을 입고 있으며, 말미잘은 물리적인 자극을 주면 움츠리는 습성이 있다. 특히 태평양의 열대 해역에 서식하는 대형의 꽃송이말미잘(*Actinodendron plumosum*)은 닿는 순간에 모래 속으로 숨어 버린다. 이 장에서는 자포에 관해서는 언급하지 않기로 하겠다.

이 장(章)의 주제는 팔방산호류에 속하는 종류들이며, 해면과 같은 화학방어 기구를 가지고 있다.

### 3.2.3.1 히드라충류(Hydrozoa)

지중해에 서식하는 *Halocordyle disticha*나 *Agaophenia pluma* 등 4종의 히드라에는, **87**처럼 염소가 들어 있는 모노터펜이 많다. 홍조류인 곱슬이류(*Plocamium* spp.)의 대사산물과 아주 비슷하기 때문에 작용도 같을 것이다. 이 밖에도 몇 가지 항균물질(抗菌物質)이 알려져 있다. 자포라는 무기와 함께 고착생물이나 병원미생물에 대해서도 그 대비책을 가지고 있다는 것은 감탄할 만하다.

**87**

### 3.2.3.2 팔방산호류(八放珊瑚類, Octocorallia)

팔방산호류는 전세계에 널리 분포하며, 산호초 해역에서 특히 눈에 띄게 잘 발달한다. 인도·태평양에서는 바다맨드라미류가, 카리브해에서는 해양류가 우세한데, 이들은 돌산호류(Scleractinia)와 경쟁하여 이겼기 때문이다. 이들은 터펜류를 풍부하게 함유하고 있어 포식이나 각종 방어 등에 사용한다.

### (1) 근생목(根生目, Stolonifera)

팔방산호류에는 흔하지는 않지만 석회질의 관(管)모양의 골격을 갖는 관산호류인 *Tubipora musica*가 속해 있다. 물리적인 방어수단이 있지만 어독성 물질도 갖고 있다. 바닷물 속에서는 관으로부터 커다란 촉수를 펼치고 있는데, 자극을 가해도 곧장 움츠리지 않기 때문에 이들 물질도 방어에 쓰인다고 생각되고 있다. 관산호에서 얻은 tubipofuran (**88**)이나 또다른 종류인 *Clavularia viridis*의 stolonidiol (**89**)은 송사리를 각각 15 및 10μg/ml에서 죽인다.

**88**

**89**

(2) 바다맨드라미목(海鷄頭目, Alcyonacea)

연산호(soft coral)라고도 부르며, 크기가 대형인데다가 연하고, 더욱이 눈에 잘 띄는 곳에 산다. 골편(骨片)이나 자포가 없는 종류가 많은데도 불구하고 포식동물이 적다. 그림 3·6에서 보는 것처럼 산호초 해역에 특히 많다. 파푸아뉴기니의 Laing섬에는 생물량(biomass)의 약 20%를 바다맨드라미류가 차지한다. 그 중에서도 4종이 80% 이상을 차지하며, 60% 정도를 *Litophyton viridis*가 차지한다. 이렇게 특정 종류가 우선종(優先種)인데 이것도 대사산물을 잘 이용해서 갖가지 생존경쟁에 이겼기 때문이다. 대보초(Great Barrier Reef)의 136종에 대해서 조사하였더니, 그 중 50%가 송사리목인 *Gambusia affinis*에게 독성이 있었으며, 86%가 어류에게 "맛없는" 성분을 갖고 있었다. 여기에서도 어독성과 섭이저해는 반드시 비례하지 않으며, 서로 다른 물질이 역할을 분담하고 있는 듯하다. 또한 *Lemnalia*와 인도 태평양의 산호초에 널리 분포하는 버섯바다맨드라미류인 *Sarcophyton*가 어독성이 가장 강하였고, *Sinularia*속의 바다맨드라미에서 섭이저해(攝餌沮害)가 심했

**그림 3·6** 대보초(Great barrier reef)에 많은 연산호류(soft coral)

다고 한다.

이웃 일본의 오키나와 주변 바다에도 연산호가 많다. 특히 *Sarco-phyton, Lobophytum* 및 *Sinularia*속이 많다. 송사리에 대한 독성을 조사한 결과 84검체(檢體) 중에서 78검체가 독성이 있었다. 앞에서도 말한 대로, 바다맨드라미류의 화학방어에는 고농도로 들어 있는 터펜류가 관계한다. 동결건조를 하는 정도로도 터펜이 결정(結晶) 상태로 몸 표면에 분리될 정도이다.

① **어독성 물질**　위에서 말한 *L. viridis*는 자리돔 등과 함께 수조에 넣어 두어도 아무렇지 않지만, 손가락으로 찔러 보면 점액을 많이 분비한다. 물이 흐려지고 물고기는 곧 죽어 버린다. 이 점액에 대한 반응은 어종(魚種)에 따라 다르고 나비고기류가 가장 저항력이 세다. 능성어류나 전갱이는 매우 민감해서 점액에 가까이 가려고 하지 않는다. 이것이 어떤 독인지는 아직도 모르고 있다. 같은 현상을 세이쉘 제도의 바다엉겅퀴 *Cespitularia* aff. *subviridis*에서도 볼 수 있다. 이 경우에는 세스키터펜인 (＋)-palustrol (**90**)이 활성의 본체이다. 갑각류에게 특히 강하게 작용한다고 한다. 이와 가까운 africanol도 비슷한 작용이 있다.

바다맨드라미류는 디터펜의 센브렌 유도체(誘導體)를 많이 갖고 있는 것이 특징이다. 그것도 고농도로 들어 있다. 최근까지도 공생하는 편모조류가 이들 물질을 만든다고 생각했으나 숙주인 바다맨드라미가 만든다는 것이 밝혀졌다. 어독성을 보이는 센브렌이 맨 처음 발견된 것은 큰버섯바다맨드라미 *Sarcophyton glaucum*로부터 추출된 sarcophine **91**이다(화보 6 참조). 이어서 많은 센브렌 유도체가 보고되었다. 이들 물질은 대부분 어류를 비롯한 많은 동물에게 독성을 나타내고, 항상 해수 중으로 분비하고 있으며, 각종 방어에 관계가 있는 듯하다.

**90**　　　　**91**　　　　**92**

호주의 Coll과 그의 동료 학자들은 바다맨드라미가 센브렌 화합물을 환경수중으로 방출하는 것을 증명하였다. 곧 바닷물 속의 바다맨드라미 위에 그림 3·7과 같은 장치를 설치하여, 펌프로 주위의 해수를 퍼올려서 유기물만을 흡착하는 특수 수지(樹脂)가 가득찬 관(管)을 통하도록 했다. 한참 해수를 순환시킨 다음 수지에 흡착된 유기물을 박층(薄層) 크로마토그래피(Thin-Layer Chromatography, TLC)로 분석하였더니, 버드나무바다맨드라미 *Sinularia flexibilis*는 flexibilide (**92**)와 그

**93**　　　　**94**　　　　**95**

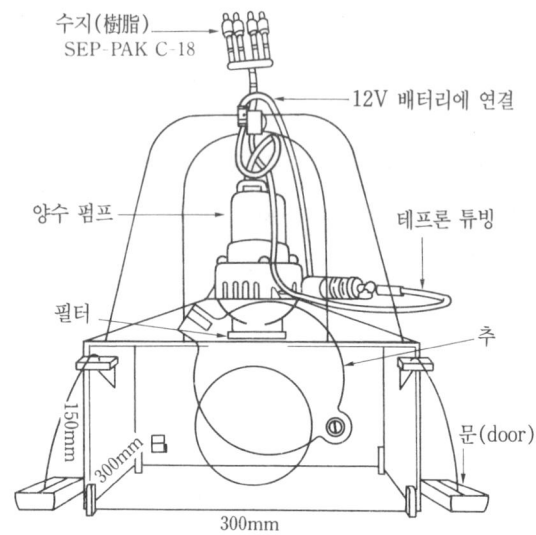

수지(樹脂)
SEP-PAK C-18

12V 배터리에 연결

양수 펌프

테프론 튜빙

필터

추

150mm

300mm

문(door)

300mm

**그림 3·7**  연산호류(軟珊瑚類)의 분비물을 채집하는 장치
[J. C. Coll *et al., J. Exp. Mar. Biol. Ecol.*, **60**, 295(1982)]

**그림 3·8**  연산호를 잡아 먹는 바다토끼고둥류

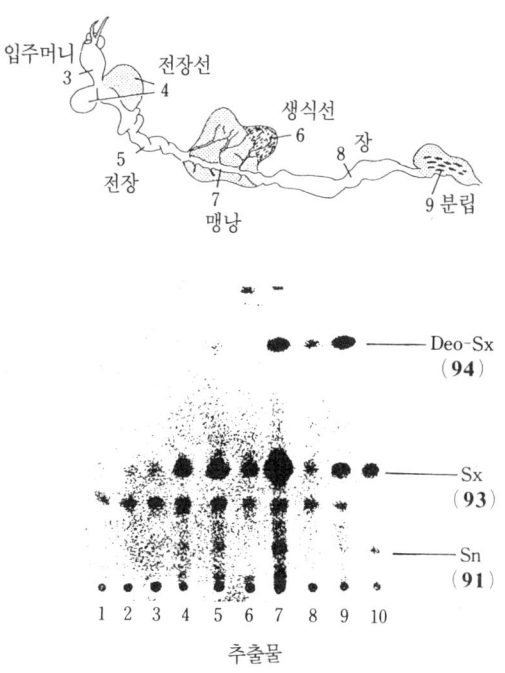

**그림 3·9** 바다토끼고둥류에 있어서의 비섯비다맨드라미(*Sarcophyton*) diterpene 대사 (代謝). 1: 외투막(外套膜), 2: 발(足), 3: 입주머니(吻), 4: 전장선(前腸腺), 5: 전장(前腸), 6: 생식선(生殖腺), 7: 맹낭(盲囊), 8: 장(腸), 9: 분립(糞粒), 10: 연산호 [J.C. Coll *et al.*, *Mar. Biol.*, **74**, 38(1983)]

7,8-디히드로체(體)를, 그리고 버섯바다맨드라미류인 *S. crassocaule*는 sarcophine과 sarcophytoxide (**93**)를 분비한다.

그런데 연산호류를 먹는 동물에는 바다토끼고둥 *Ovula ovum*(그림 3 ·8)이 가장 잘 알려져 있다. 그 밖에 나비고기와 넓적가시불가사리 (*Acanthaster*)도 연산호를 먹기는 하지만, 넓적가시불가사리는 우선은 좋아하는 돌산호류를 먹으며 없으면 어쩔 수 없이 먹는 정도이다. 그러 나 이와는 대조적으로 바다토끼고둥은 버섯바다맨드라미류(*Sarcophy-*

*ton* spp.)를 즐겨 먹는다. 그렇다면 어떻게 버섯바다맨드라미의 독을 견디는 것일까? 먹은 버섯바다맨드라미의 디터펜이 체내에서 어떻게 변화하는가를 조사해 보았더니, 그림 3·9처럼 독성이 강한 **91**이나 **93**을 독성이 보다 약한 7,8-deoxysarcophytoxide **94**로 바꾼다는 것을 알 수 있었다. 덧붙여 말하자면 sarcophine의 송사리목에 속하는 *Gambusia affinis*에 대한 독성은 $LD_{50}$ 3 $\mu$g/m*l*였다. **93**은 약 절반가량이고 **94**는 10분의 1 정도의 독성에 지나지 않는다. 이렇듯이 독성이 강한 물질을 약하게 하여 적응하는 듯하다. 더욱 흥미로운 것은 이들 터펜류가 바다토끼고둥에 대해 유인효과가 있지 않을까 하는 것이다. *Sinularia, Lobophytum*이나 *Nephthea* 보다도 *Sarcophyton*을 더 좋아한다는 사실이 이를 뒷받침한다.

② **알렐로케미컬**　　바다맨드라미류는 체표면적이 크고 부드러워 고착생물에게는 더할 나위 없이 좋은 착생(着生) 대상이 되지만, 이를 막기 위한 방어수단으로도 터펜류를 이용한다. Sinulariolide (**95**) 따위의 센브렌 화합물, 세스키터펜의 africanol이나 capnellane (**96**)이 해조류에 대해서는 독성을 나타낸다. 특히 *Capnella imbricata*에 많은 capnel-

**96**

**97**

**98**

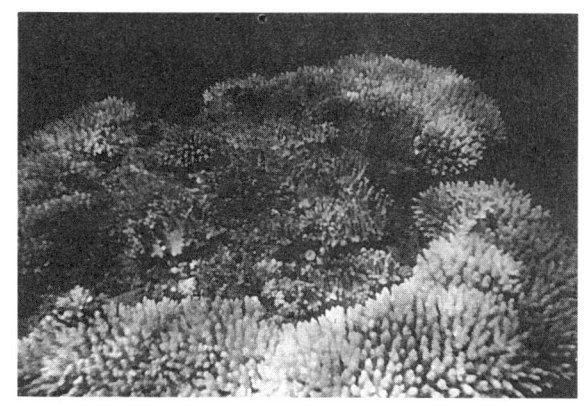

그림 3·10  돌산호류 위에 서식지를 확보한 연산호 *Lobophytum* sp.(가운데)

lane계 화합물은 규조류나 편모조류 따위의 성장을 저농도로도 억제할
수 있어 고착생물이 착생하는 것을 강하게 저해한다고 생각되고 있다.

바다맨드라미류에게 중요한 것은 서식장소를 확보하는 것이다. 그러
니까 돌산호를 비롯하여 해조류, 해면, 군체 멍게류 따위와 어쩔 수 없
이 경쟁해야만 한다. 산호초 해역에서는 돌산호류와 살 터를 확보하려
고 공간경쟁을 심하게 한다. 바다맨드라미가 경쟁에서 이길 확률이 높
다(그림 3·10). 예를 들어 *Lobophytum pauciflorum*과 구멍돌산호과의
*Porites andrewsi*에는 접촉하거나 떨어져 있거나 간에 거의 100%의 확
률로 산호 조직에 괴사(壞死)가 생겨 부분적으로 죽는다. 그 주인공은
바로 맨 처음 *Xenia elongata*에서 발견한 디터펜 (**97**)이다. 이 물질은
10ppm으로 나뭇가지돌산호류인 *Acropora*의 조직을 괴사시키며, 50ppm
으로는 완전히 죽게 만든다. *Xenia*류도 **97**을 가지고 있기 때문에 같은
삭용을 할 것이다. *S. flexibilis*도 돌산호를 죽이는 물질을 낸다. 이 때
에도 **95**를 무기로 하며, 1ppm의 농도로 *P. andrewsi*의 조직을 괴사시
키고, 10ppm으로는 조직을 완전히 파괴했다고 한다. 한편 *Acropora*
*formosa*는 10ppm으로 죽는다.

그림 3·11 해양류가 많은 카리브해

*Sarcophyton capillosa*도 돌산호를 이긴다. 히드로퀴논 (**98**)은 산호에 대해 독성을 나타낸다. 이들은 모두 *A. formosa*가 광합성하는 것을 심하게 저해하며 호흡도 상승시켰다고 한다. 아무래도 공생조류(共生藻類)에 영향을 주는 것 같다.

또한 터펜과 그것에 의해 영향을 받는 돌산호의 종류가 다른 듯한데, 아마도 종특이적(種特異的)인 경쟁이 있을 것이다.

(3) 해양목(海楊目, Gorgonacea)

대개는 나무모양의 군체[樹狀群體]를 이루며, 딱딱한 각질(角質)로 된 축골(軸骨)이라는 지주(支柱)가 받치고 있다. 골편이 없는 것도 많다. 촉수를 빼면 먹을 만한 부분이 없지만, 이것을 노리고 갯지렁이류인 *Hermodice caranculata*, 나비고기 또는 바다토끼고둥과의 *Cyphoma gibbosum* 따위가 모여 든다. 다른 포식자는 없다.

그림 3·11처럼, 카리브해에는 해양류(海楊類)가 많은데, 19종의 고생놀래기와 근연의 *Thalassoma bifasciatum*에 대한 섭이저해작용을 조사하였더니 이 중 60% 이상이나 물고기가 기피했다고 한다. 이 중에서

*Peterogorgia*와 *Eunicea*의 저해활성(沮害活性)이 가장 강했다. 그러나 반대로 *Plexaura*는 잘 먹었다고 한다. Gerhalt는 이 속의 해양류에는 프로스타그란딘이 많이 들어 있는데, 이것이 포식을 방해한다고 주장하고 있어, 이 결과와는 정반대였다. 사실 프로스타그란딘은 어류에게 구토를 일으키기도 하며 먹이에 섞어 주면 싫어해서 먹지 않는다. 그러나 해양류의 조직 중에는 메틸에스테르로 존재하며, 활성은 없다. 게다가 나비고기는 *Plexaura homomalla*를 잘 먹기 때문에 프로스타그란딘이 방어에 한몫을 담당한다는 학설에는 찬성하기가 힘들다.

놀래기가 가장 싫어한 *Erythropodium caribaeorum*에는 erythrolide A (**99**)를 비롯한 일련의 염소를 갖는 디터펜이 들어 있어, 이것이 활성 본체일 가능성이 크다. 마찬가지로 *Eunicea*도 센브렌 계통의 디터펜을 많이 갖고 있어 어류들이 싫어하는 것 같다. 해양류의 대사산물에서 흥미있는 것은 캘리포니아만산의 *Pacifigorgia* cf. *adamsii*에서 발견한 pacifigorgiol (**100**)이다. 이 세스키터펜은 청줄돔류인 *Eupomacentrus leucostictus*를 1 µg/ml의 저농도에서 죽게 한다.

해양류에는 어류나 이매패류에게 잡아 먹히는 것보다 더 무서운 것은 고착생물이 착생하는 것이다. 끊임없이 방어물질을 분비하여 착생하는

99

100

101      102      103      104

그림 3·12 이끼벌레가 달라 붙은 해양류(海楊類)

것을 막는다(화보 4 참조). 해양류가 약해져 방어물질을 분비할 수 없게 되면 수주일 안에 이끼벌레나 멍게류 따위가 부착한다(그림 3·12). 방어물질 중에서 가장 간단한 것은 미국의 동해안에서 흔히 볼 수 있는 *Leptogorgia virgulata*와 *L. setacea*에 다량으로 함유되어 있는 호마린 (**101**)이다. 이 물질은 해양류에 들어 있는 농도(0.25~0.3% 생조직 生組織)만으로도 규조류 *Navicula salinicola*의 성장을 저해하며, 비슷한 구조의 피코린 (**102**), 니코틴산 (**103**) 및 피리딘 (**104**)도 같은 효과가 있다. 그 세기는 103>102>101>104의 순서이다.

앞에서도 언급했듯이 *Eunicea*속을 비롯해 해양류에는 센브렌 골격이 있는 디터펜이 많이 들어 있다. 이들은 고착생물이 착생하는 것을 저해한다고 알려져 있다. 예를 들어 euricin (**105**)는 갯민숭달팽이류의 일종인 *Phestilla gigantea*의 유생, 윤충류(輪蟲類)인 *Brachionus plicatilis* 및 옆새우류 *Parhyale hawaiensis*에 대해 유독하며, 섬모를 가진 동물플랑크톤이 착생하는 것도 억제하여 일생 동안 부유생활을 할 수가 있다고 한다. 더욱이 해양류를 먹는 바다토끼고둥류에 대해서는 변태유기작용(變態誘起作用)을 한다는 흥미 있는 보고도 있다.

캘리포니아 연안에서 많이 볼 수 있는 *Muricea*속의 해양류 중에 *M. californica*는 히드라, 이끼벌레, 해조류 등이 덮고 있는데 반해서, *M. fruticosa*는 거의 부착생물이 붙어 있지 않다. 후자에는 muricin-1 (**106**)과 같은 스테로이드 배당체(配糖體)가 들어 있지만, 전자에는 없다. 이 물질은 어독성이나 항균성이 없지만, 규조류인 *Phaeodactylum tricornutum*의 성장을 100ppm에서 저해하므로 착생을 저지하는 데 한 몫을 하는 것만은 틀림이 없다.

(4) 바다조름목(海鰓目, Pennatulacea)

일반적으로 이 종류는 밤중에 모래 속에서 빠져 나와 먹이를 먹는다 (그림 3·13). 석회질로 된 골편이 많기 때문에 화학방어는 별로 필요하지 않을 것 같지만 어독성과 착생저지(着生沮止)작용이 있는 물질을 갖는다는 것이 밝혀졌다. 즉, 바다조름류인 *Stylatula* sp.에 들어 있는 stylatulide (**107**)는 요각아강(橈脚亞綱, Copepoda)의 *Tisbe furcata johnsoni*의 유생에게는 유독하며 어독성도 있다. 또한 *Renilla reniformis*에서 얻은 renillafoulin A (**108**)는 주긕따개비 *Balanus amphitrite amphitrite*의 유생이 착생하는 것을 $0.02 \sim 0.2\,\mu$g/ml의 저농도에서 저해한다. 바다조름류에는 이러한 디터펜을 많이 갖고 있으므로 같은 기능이 있을 것이라고 생각된다.

**105**

**106**

그림 3·13  바다조름류인 *Leioptilus fimbriatus*(수심 15m)

**107**                    **108**                    **109**

### 3.2.3.3  육방산호류(六放珊瑚類, Hexacorallia)

여기에 속하는 모래말미잘류인 *Palythoa* spp.는 맹독성의 palytoxin 을 갖는다. *Gerardia savaglia*에는 절지동물의 탈피 호르몬인 ecdyster- one (**109**)를 예상외로 고농도(0.3% 건조중량)로 함유하고 있다. 갑 각류가 포식하는 것에 대한 방어작용이 있을 것으로 생각된다.

## 3.2.4  편형동물, 유형동물, 환형동물 및 외항동물

### 3.2.4.1  편형동물(扁形動物, Platyhelminthes)

바다에 사는 종류는 납작벌레라고 하는 와충강(渦蟲綱, Turbellaria)이며, 몸길이는 겨우 수cm 정도이다. 납작하며 바위 밑에 숨어 있다. 그다지 포식 대상이 되지는 않지만 동작이 느리기 때문에 발견되면 잡아 먹힐 가능성은 크다. 여러 종류가 산성(酸性)의 점액을 분비한다. 즉 영국산 뿔납작벌레인 *Cycloporus papillosus*는 자극을 받으면 pH 1의 점액을 피부에서 분비한다. 이 점액은 등쪽 표피에 있는 커다란 액포(液胞)로부터 나오며 주성분은 황산인 듯하다. 더욱이 납작벌레는 군체 멍게류를 먹고 황산을 축적하는 것 같다. 한편 일본산 납작벌레인 *Planocera multitentaculata*는 복어독(tetrodotoxin)을 갖는다. 특히 이 납작벌레는 바위 위에 소용돌이처럼 휘감긴 모양의 알덩어리를 낳는데, 이 알에는 1g으로 마우스를 1만 마리나 죽일 수 있는 정도의 독을 갖고 있기도 한다. 아마도 알을 포식으로부터 보호하기 위해서일 것이다.

### 3.2.4.2  유형동물(紐形動物, Nemertina)

돌 밑, 해조류 사이나 모래뻘[砂泥] 속에 구멍을 파고 산다. 몸길이는 수mm~십여cm 정도이다. 발견되면 잡아 먹히기 쉽다. 유침유형류(有針紐形類)에 속하는 끈벌레인 *Paranemertes peregrina*의 입주머니(吻)와 피부에는 다량의 anabaseine (**110**)이 있으며, 포식과 방어 모두에 사용한다. 또 얼룩끈벌레류인 *Amphiporus angulatus*는 **110** 외에 nemertelline (**111**)이라는 갑각류에 독성을 나타내는 물질을 갖고 있다.

연두끈벌레류에 가까운 대서양산 *Cerebratulus lacteus*는 자극을 받으면 피부로부터 점액을 대량 분비한다. 이 점액은 각종 동물에 독성을

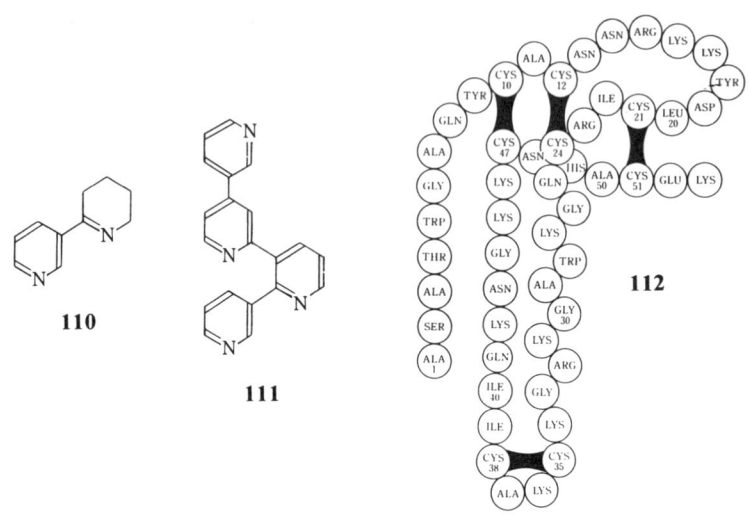

**110**

**111**

**112**

나타내는데, 활성의 본체는 수종(數種)의 펩티드였다. 그 중 B-Ⅳ (**112**)는 갑각류를 선택적으로 마비시킨다고 한다. 방어하기 위해 쓰는 것이 틀림없다.

### 3.2.4.3 환형동물(環形動物, Annelida)

바위 밑에 숨거나, 사니질 간석지에 구멍을 뚫거나 또는 서관(棲管)을 분비물로 만들어 살기 때문에 병원세균으로부터 자신을 방어하는 것도 중요하다. 예를 들어 마당비유령갯지렁이 *Thelepus setosus*는 thele-pin (**113**)과 같은 항곰팡이 물질을 갖고 있다. 더욱이 녹조류의 어독성 물질과 비슷한 **114**와 같은 물질을 비롯하여 약간의 브롬페놀류도

**113**

**114**

**115**

갖고 있기 때문에 어류나 청자고둥류 등에게도 방어할 수 있는 기능을 갖추고 있다.

털갯지렁이류나 참갯지렁이 따위와 같이 낚시 미끼로 많이 쓰이는 환형동물도 많지만, 물고기들이 "싫어하는" 맛을 내는 종류도 있다. 예를 들면 캘리포니아 연안에 사는 명주실타래갯지렁이와 근연인 *Cirriformia luxuriosa*는 물고기들이 거의 먹지 않는다. 아마도 일종의 아민이 원인인 것 같다. 한편 일본에서는 명주실타래갯지렁이 *C. tentaculatus*를 낚시 미끼로 많이 쓴다. 송곳갯지렁이속의 *Lumbrinereis brevicirra*도 마찬가지로 낚싯밥으로 쓰이지만 피부에서 어독성이 있는 점액을 낸다. 독은 nereistoxin (**115**)이라는 독특한 물질인데, 송사리를 $0.28\mu g/m\ell$에서 죽게 할 정도로 독성이 강하다. 곤충에게도 강한 독성을 나타내는데, 이것은 콜린에스테라제를 저해하여 신경전달을 억제하기 때문이라고 한다. 또한 도미낚시의 먹이로 많이 쓰는 구슬수염갯지렁이와 다소 근연인 빨강갯지렁이 *Halla parthenopeia*는 피부에 빨간 색소가 들어 있는 세포를 갖고 있다. 이 종은 사는 조건이 나빠지면 체표로 부터 이 색소가 든 분비물을 방출한다고 한다. 빨간 색소는 hallachrome(**116**)이라는 올소퀴논이다. 뒤에서도 언급하겠지만 올소퀴논류는 물고기 등의 후각을 마비시키는데다가 맛도 없기 때문에 **116**도 방어효과가 있을지 모른다.

환형동물과는 조금 다른 것으로 의충동물(螠蟲動物, Echiurida)에 속하는 것 중에서 재미있는 것으로는 개불류(*Urechis*)의 보넬리아류(*Bonellia*)를 들 수 있다. 암컷이 수컷보다 훨씬 크며, 바위틈 사이나 죽은 산호 따위에서 사는데 먹이를 먹기 위해 녹색의 입주머니(吻, proboscis)를 길게 늘어뜨린다. 대서양산 보넬리아인 *Bonellia viridis*는 주둥이를 1.5m나 길게 내뻗는데, 자극을 주어도 쉽게 움츠리려 하지 않는다. 줄새우류, 숭어, 말미잘 등을 주어도 잘 먹으려 들지 않는다. 주

둥이에서 녹색의 점액을 분비하는데 이것이 각종 생물에게 독성을 나타
낸다. 독은 bonellin이라는 클로로필 유도체이며, 빛에 대한 감수성을
높여주는 일종의 광증감제(光增感劑)로서 효력을 발휘하는 것 같다. 상
세한 것은 제4장을 참조하길 바란다.

**116**                    **117**

### 3.2.4.4  외항동물(外肛動物, Ectoprocta)

촉수동물(觸手動物)이라고도 하며, 태형동물류(苔形動物類 Bryozoa,
이끼벌레류)와 추형동물(箒形動物 Phoronida, 비벌레류) 등이 여기에
해당한다[20]. 전자는 군체성(群體性)이고, 암석이나 기타 각종 지물(地
物)에 달라 붙는다. 각 개체는 키틴질이나 석회질로 만들어진 충실(蟲
室, zooecium)에 들어 있다. 군체는 나무가지 모양[樹枝狀], 덩어리 모
양[塊狀] 따위의 여러 형태가 있다. 따라서 그다지 포식 대상이 되지는
않는 것 같다. 그러나 나중에 설명하겠지만, 연체동물의 나새류에 속하
는 갯민숭달팽이류는 이끼벌레(태형동물)를 즐겨 먹는다. 미생물이나
고착생물의 착생이 문제가 되므로 항균물질은 많다. 비벌레류(*Phoronis*)
는 분비물로 만든 서관(棲管)에 들어가 모래뻘 속에 서 있지만 자극을

---

20) 이러한 분류 방법은 잘못된 것으로 최근에는 태형동물(Bryozoa 또는 Polyzoa 또는
Ectoprocta)과 추형동물(Phoronida), 그리고 완족동물(腕足動物, Brachiopoda) 등의 독
립된 문(門, phylum)으로 취급한다. 그러나 이들 세 동물문은 겉으로는 매우 다른 것 같지
만 실제로는 여러 가지 공통점을 가지고 있으며 그 중에서도 특히 촉수관(觸手冠, lopho-
phore)을 가지고 있어서 촉수동물(觸手動物, Lophophorata)이라고도 하며, 이것을 문 또는
그 위의 준위에 놓는다. 촉수관은 섬모가 나있는 촉수(tentacles)가 독특하게 배열된 기관이
며 먹이를 잡아들이는 데 쓰인다.

주면 관 속으로 들어간다. 비벌레류와 비슷하면서도 다른 종류인 *Phoronopsis viridis*는 브롬페놀 (**117**) 따위를 내서 각종 외적과 맞서는 듯하다.

## 3.2.5 연체동물(軟體動物, Mollusca)

연체동물은 8만 종 이상이 알려져 있고, 동물계에서는 절지동물 다음으로 많다. 여기에 속하는 이매패류와 권패류의 대부분은 석회질로 된 딱딱한 껍질을 가지기 때문에 포식 따위로부터 몸을 지킬 수 있다. 한편 진화과정에서 무거운 껍질을 벗어 버린 그룹도 있다. 권패류[復足綱)에 속하는 후새류(後鰓類)와, 오징어나 문어로 대표되는 두족류(頭足類)가 바로 그렇다. 이들은 각종 방어기구를 개발해서 잘 대처하고 있다.

### 3.2.5.1 복족강(復足綱, Gastropoda)

전복과 소라 등 권패류가 대부분이며, 약 3만 5천 종이 알려져 있다. 이 중 대다수는 견고한 석회질의 껍데기로 보호되고 있으며, 더욱이 바위 밑이나 틈 사이에 숨어 살며, 밤에 행동하거나 또는 껍질에 해조 따위의 생물을 부착시켜서 위장하여 포식을 피한다. 그렇기 때문에 이들에게는 화학방어기구가 잘 발달되어 있지 않다. 그런데 얇고 부서지기 쉬운 껍질을 가진 삿갓조개나 유폐아강(有肺亞綱, Pulmonata)의 고랑딱개비(*Siphonaria japonica*), 그리고 있다고 해도 겨우 흔적 정도든가 아니면 전혀 패각을 갖고 있지 않은 후새류는 화학물질을 방어에 사용하는 경우가 많다.

### (1) 전새류(前鰓類, Prosobranchia)
석회질의 껍데기가 있는 권패류의 대부분이 이 아강(亞綱, Subclass)

에 속한다. 앞에서도 말한 바와 같이 삿갓조개를 제외하고는 화학방어 기구가 잘 발달하지 않았다. 삿갓조개는 바위틈 사이나 움푹 들어가 눈에 잘 띄지 않는 곳에 사는데, 밤에만 활동한다. 권패류의 패각이 어느 순간에 부서져 버리면 순식간에 물고기나 게가 모여 들어 먹어 치운다. 캘리포니아 연안의 조간대에 흔한 두드럭배말류인 *Collisella limatula*의 발을 물고기나 게에게 주어도 먹으려 하지 않는다. 왜냐하면 이 조직에 는 limatulone (**118**)이라는 트리터펜이 0.35%(건조중량)나 들어 있어 포식을 저해하기 때문이다. 즉, 이 물질을 0.05%만 어류용 먹이에 섞어서 *Gibbonsia elegans*라는 조간대에 사는 어류에게 주었더니 입에 넣기는 하지만 곧바로 토해 버렸다. 그렇지만 불가사리나 문어에게는 별다른 효과가 없었다고 한다.

이 물질은 파도에 의해 날려온 작은 돌 따위가 패각에 상처를 입혔을 때 분비함으로써 어류나 게에게 먹히는 것을 방지하는 것 같다. 이 물질의 분비는 패각이 재생될 때까지 계속되는 듯하다.

**118**

(2) 후새류(後鰓類, Opisthobranchia)

이들은 진화과정에서 패각을 벗어버린 그룹이며, 비록 있다고 해도 흔적적이거나 얇고 무른 경우가 대부분이다. 그래서 이들은 패각을 버림 으로써 포식 등으로부터 생존을 위협받는 위험성이 비약적으로 커졌다. 이렇게 껍질을 벗어 버리게 된 이유는 무거운 껍질을 등에 지고 돌아다 니면 에너지 소비량이 매우 커 살아가는데 큰 부담이 되기 때문이었을 것이다. 이들은 석회질의 껍질 대신에 각종 방어법을 발달시켰다.

우선 다른 생물들이 모두가 그렇듯이 이들도 바위 밑이나 퇴적물 속에 숨거나, 밤에 행동을 하거나, 색채나 형태를 위장하는 따위로 포식자에게 발견되지 않도록 한다. 만약 발견된다고 해도 헤엄쳐서 도망가거나(실제로 많은 갯민숭달팽이류는 헤엄을 친다), 체색을 변화시켜서 포식자를 놀라게 하여 먹히지 않도록 한다. 그러나 찔린다거나 입속으로 넣으면 제3의 방어기구를 작동시킨다. 즉, 참갯민숭달팽이과(Dorididae)의 종류에서처럼 피부에 석회질의 골편(해면으로부터 섭취한다)을 지니거나, 또는 도롱이갯민숭이처럼 스스로 절단하거나[自切], 또는 자포동물에서 볼 수 있는 자포를 갖고 있어서 먹기 어렵게끔 한다. 물론 많은 종류가 화학물질을 효과적으로 쓰고 있다.

후새류가 별로 포식당하지 않는다는 것은 이미 1890년대부터 알려졌는데, 그 당시에는 바위 밑에 숨거나 위장하기 때문이라고 생각했다. 1960년에 들어서면서 영국의 Thompson이 자포주머니[刺胞囊]나 산을 분비하는 세포가 있다는 것과, 맛이 없는 물질을 분비하는 세포가 있다는 것을 밝힌 다음부터 화학방어의 기구에 주목하게 되었다. 당시에 그는 바위 밑에 숨거나 위장하는 종류는 화학방어기구가 잘 발달해 있지 않을 것으로 생각했지만, 나중에야 반드시 그렇지만은 않다는 것을 알게 되었다.

방어를 위해 사용하는 화학물질은 대부분이 먹이생물로부터 얻어 피부에 축적한다. 즉, 군소나 민청이류(*Smaragdinella*) 등은 해조류로부터, 도롱이갯민숭이류는 자포동물로부터, 참갯민숭달팽이과(Dorididae)는 해면으로부터, 류큐갯민숭달팽이는 이끼벌레로부터 각각 방어물질을 얻는다. 먹이에서 유래하는 물질을 모두 축적하지 않고 유효한 것만 선별해서 축적하고 나머지는 배설해 버린다. 포식자가 먹기 어렵도록 몸 전체, 특히 노출된 등쪽 표피에다 저장한다. 자극을 받으면 분비함으로

표 3·6  군소가 함유하고 있는 방어 terpene과 먹이인 해조류

| 종류 | terpene | 해조류 |
|---|---|---|
| Aplysia kurodai | laurinterol(119) | Laurencia spp. |
| (군소) | aplysiapyranoid | Plocamium spp. |
| | A (121), B, C, D | |
| | monoterpene 122, 123 | Plocamium spp. |
| A. dactylomela | cyclolaurenol(120) | Laurencia spp. |
| (뱀눈군소) | elatol(54) | L. obtsusa |
| | dactylyne(124) | L. poitei |
| | sesquiterpene 125 | L. majuscula |
| A. californica | paciferol(126) | Laurencia spp. |
| | laurinterol(119) | |
| | monoterpene 127 | Plocamium spp. |
| | johnstonol(128) | L. johnstoni |
| A. brasiliana | brasilenyne(129) | Laurencia spp. |
| A. depilans | dictyol B(130) | Dictyota dichtoma |
| A. vaccaria | pachydictyol A(131) | Pachydictyon coriaceum |
| | 1, 9-dihydroxy- | Dictyota crenulata |
| | crenulide(132) | |
| Dolabella | dolabellane 형 | Dictyota spp. (?) |
| californica | diterpene | |
| Stylocheilus | aplysiatoxin(133) | Lyngbya spp. |
| longicauda | debromoaplysiatoxin(134) | |

써 포식을 모면한다. 그러나 저장한 무기를 다 써버리면 쉽사리 잡아
먹히는 결점이 있다.

① 초식성(草食性)

**군소**  해안가 바위에서 놀다가 발을 헛디뎌 발바닥이 갑자기 보라
색으로 되어 놀랐던 경험을 가진 사람이 적지 않을 것이다. 이 색소에
는 아무런 방어효과도 없다. 함께 분비된 터펜류가 활성이 있다. 이것은
오파린선이라는 특수한 기관에서 분비된다고 하지만 아직까지 확증은
없다. 터펜 종류는 먹는 해조류에 따라 다르다. 즉, 표 3·6에 어독성이
나 또는 섭이저해활성이 있는 것으로 알려진 물질들을 열거했는데, 동

일종이라 해도 먹는 해조류가 다르면 방어에 쓰이는 터펜도 다르다. 지역에 따라서도 먹이인 해조가 바뀌기 때문에 유효물질도 여러 가지가 된다.

또 다른 군소의 한 종류인 뱀눈군소 *A. dactylomela*의 경우는 흥미롭다. 산호초 해역에서 홍조류인 서실류(*Laurencia*)를 먹어 터펜류를 축적한다. 그런데 카리브해에서는 elatol (**55**)을 비롯해 디터펜 따위의 많은 물질을 저장하지만, 오키나와의 것은 cyclolaurenol (**120**) 따위의 방향족 세스키터펜만을 저장하고 있어 좋은 대조를 이룬다. 게다가 카리브해의 복어류 중에서도 강담복의 일종인 *Chilomycterus antennatus*의 유어(幼魚)는 앞서 언급한 뱀눈군소처럼 행동을 한다고 한다. 이것은 뱀눈군소가 elatol로 무장하고 있어 잡아 먹히지 않는다는 데에 착

**119** : R₁=OH, R₂=Br   **121**       **122**        **123**
**120** : R₁=Br, R₂=OH

**124**        **125**        **126**

**127**

**128**　　**129**　　**130** : R=OH
**131** : R=H

**132**　　**133** : R=Br
**134** : R=H

안했기 때문이다. 한편 브라질군소 *A. brasiliana*의 살점을 참치 살코기 사이에 끼워서 상어에게 먹였더니 바로 받아먹기는 했으나 이 브라질군 소의 살점을 곧장 토해 버렸다고 한다. 다른 물고기도 피한다. 유효성분 인 brasilenyne (**129**) 0.1 μg을 갑충(甲蟲)의 유충에 첨가하여 담수 어(淡水魚)인 *Xiphophonus nelleri*에게 주면 1, 2초 정도는 입에 물고 있다가 곧바로 토해 내었다. 아무것도 첨가하지 않은 유충은 순식간에 먹어 버렸다.

하와이의 *Stylocheilus longicauda*는 남조류인 *Lyngbya*에서 유래하는 aplysiatoxin류를 소화선(消化腺)에 축적하지만, 조체(藻體) 내에는 debromoaplysiatoxin (**134**)밖에 들어 있지 않기 때문에 이 군소는 체 내에서 브롬화를 시키는 것으로 생각된다.

**낭설목(囊舌目, Sacoglossa)**　　이 종류는 옥덩굴(*Caulerpa*) 따위의 녹조류의 세포액(細胞液)을 먹고, 그 엽록체를 몸안에 축적해서 광합성 시키는 다소 특이한 권패류이다. 일본에서는 세토 내해(內海)의 옥덩굴

(*Caulerpa okamurae*) 위에 사는 미소 황록색의 좌우 패각을 가지는 *Edenttellina limax* 등이 알려져 있다.

캘리포니아만에 서식하는 *Tridachiella diomedea*와 카리브해의 *Tridachia crispata*는 각각 폴리프로피온산 유도체인 tridachione (**135**)과 crispatone (**136**)을 갖고 있는데, 이들은 나중에 말할 유폐류(有肺類, Pulmonata)의 것과 마찬가지로 어독성이 있어 방어의 목적으로 쓰이는 듯하다.

**135**  **136**

이들이 광합성에 의해 만들어진다는 것은 ¹⁴C로 표지(標識, labelling)한 중탄산나트륨을 넣은 해수에서 사육하면 방사능이 있는 폴리프로피온산 유도체가 소화선과 발(足) 부위의 분비선(分泌腺)에 축적하는 것으로 증명된다.

한편, 카리브해의 *Mourgona germaineae*는 자극하면 아가미 돌기에서 몸 전체를 덮을 만큼 많은 양의 점액을 분비한다. 더욱 세게 자극하면 아가미 돌기를 스스로 잘라 버린다. 잘린 아가미 돌기의 표면으로부터 하얗고 끈적끈적한 점액이 나온다. 이 점액에 닿으면 말미잘류인 *Aiptasia* sp.는 곧바로 촉수를 오므리고 공생조(共生藻)와 자포(刺胞)를 방출한다고 한다. 심할 때는 말미잘이 펄쩍 뛴다는 믿기 어려운 현상도 관찰된 바 있다. 물론 다른 동물에게도 독성을 나타낸다. 이 권패류는 녹조류인 우산말목에 속하는 *Cymopolia barbata*를 먹기 때문에 앞서 설명한 cymopol (**19**)이 원인일 것으로 생각한다.

그림 3·14 사마귀갯민숭이류의 일종인 *Phyllidia varicosa*

② 해면식성

해면을 즐겨 먹는 것은 갯민숭달팽이류[裸鰓類] 정도이다. 이들은 해면이 갖는 독과 골편을 견디고 오히려 방어에 이용하는 지혜를 갖고 있다. 해면을 먹는 갯민숭달팽이류는 주로 참갯민숭달팽이과(Dorididae), 파랑갯민숭달팽이과(Chromodorididae), 사마귀갯민숭달팽이과(Phyllidiidae) 및 깜둥갯민숭달팽이과(Dendrodorididae)에 속하는 것들이다. 이들은 항균성이나 독성이 있는 것이 많다. 즉, 대보초(Great Barrier Reef)에 사는 21종을 조사해 보았더니 항균성은 16종이, 송사리류인 *Gambusia affinis*에 대한 독성은 18종에서 확인되었고, 브라인슈림프(brine shrimp, *Artemia*)에게는 2종만이 독성을 나타내었다.

갯민숭달팽이류의 독에 관해서 맨 처음 밝혀진 것은 하와이산의 사마귀갯민숭이류인 *Phyllidia varicosa*(그림 3·14)에서이다. 이 갯민숭이를 자극하면 특이한 냄새가 나는 점액을 대량으로 내놓는데, 이 해수에 물고기나 새우를 넣으면 단시간 내에 죽는 것을 관찰하였다. 실제로 이 갯민숭이 한 마리를 망(網)에 넣었다가 해수에서 꺼냈더니 약 5m*l*의 점액을 방출했는데, 이 점액에는 독이 1mg 들어 있었다고 한다. 이 갯민숭이로부터 다시 점액을 채취하였지만 아주 약간의 독밖에 얻지 못했고, 세번째에는 전혀 독이 들어 있지 않았다. 그 후의 연구에서 이 갯민숭이는 해면류인 *Ciocalypta* sp.을 먹고 독성분인 9-isocyanopupuke-anane (**137**)를 농축한다는 것을 확인하였다. 다른 대사산물도 많이 섞여 있지만, 오직 효과가 있는 것만을 선택적으로 농축해 둔다는 것은 그저 놀랍기만 하다. 표 3·7에는 주요 방어물질과 먹이로 이용하는 해면을 정리하였다.

군소와 마찬가지로 방어물질은 먹이인 해면으로부터 유래하기 때문에 같은 종류라도 장소에 따라 축적하는 물질이 다를 수가 있다. 예를 들면 캘리포니아산 카들리나갯민숭이 *Cadlina luteomarginata*는 해면 유래의 터펜류를 방어하는 데 쓰지만, 벤쿠버에서 채집한 개체는 furodysinin (**62**)를 함유하는 것도 있었고, 유래를 알 수 없는 albicanyl acetate (**140**)를 갖는 것도 있었다. 이 물질이 $5\,\mu g/mg$ 들어 있는 먹이를 금붕어에게 주었더니 먹으려 하지 않았다고 한다. 더욱이 albicanol은 원래 우산이끼류의 일종에서 발견한 것이다. 이와는 반대로 홍해(紅海)에 서식하는 해면에서 발견한 어독물질(魚毒物質)인 latrunculin A **78**과 B **79**가 홍해와 남태평양이라는 지리적으로 멀리 떨어져 있는 갯민숭달팽이류에서 발견된 것도 흥미롭다.

갯민숭달팽이 중에는 해면에 들어 있는 활성물질을 더욱 강력하게 하거나, 전혀 활성이 없는 물질을 활성화시킬 수 있는 능력을 가지는 종류가 있다. 파라오산 파랑갯민숭달팽이 *Chromodoris funerea*는 *Dysidea*속의 해면을 먹는데, 해면에 들어 있는 furodysinin (**62**)에 활성산소(活性酸素)를 덧붙여서 히드로퍼옥시드 (**141**)로 하여 활성을 50배나 높여 사용한다. 이 물질을 먹이펠레트 1mg당 $1\,\mu g$ 정도만 섞어 주어도 *Gibbonsia elegans* 따위의 작은 물고기는 섭이를 저해받는다. 한

**표 3·7** 해면식성(海綿食性)의 갯민숭달팽이류가 가지는 방어물질과 먹이인 해면

| 종류 | 방어물질 | 먹이생물이 되는 해면 |
|---|---|---|
| 사마귀갯민숭달팽이과(Phyllidiidae) | | |
| *Phyllidia varicosa* | | |
| *P. loricata* | 9-isocyanopupukeanane(**137**) | *Ciocalypta* sp. |
| *P. rosans* | 2-isocyanopupukeanane(**138**) | |
| *P. pulitzeri* | axisonitrile-1(**139**) | *Axinella cannabina* |
| 파랑갯민숭달팽이과(Chromodorididae) | | |
| *Cadlina luteomarginata* | isonitrile (**64**) | *Axinella* sp. |
| (캘리포니아산) | | |
| 카들리나갯민숭이 | isothiocyanate(**65**) | |
| | pallescensin-A(**60**) | *Dysidea amblia* |
| | furodysinin (**62**) | |
| | idiadione (**63**) | *Leiosella idia* |
| *C. luteomarginata*(밴쿠버산) | furodysinin(**62**) | *D. amblia* |
| | albicanyl acetate(**140**) | |
| *Chromodoris elisabethina* | latrunculin A(**79**) | *Latrunculia* sp.(?) |
| (갯민숭달팽이 근연) | | |
| *C. funerea*(남태평양) | furodysinin(**62**) | *Dysidea* sp. |
| | furodysinin hydroperoxide (**141**) | |
| *C. macfarlandi* | macfarlandin(**142**) | *Aplisilla sulfurea* |
| *C. maridadilus* | nakafuran-8(**143**) | *D. fragilis* |
| | nakafuran-9(**144**) | |
| *Hypselodoris godefroyana* | **143, 144** | *D. fragilis* |
| *H. californiensis* | **144** | |
| *H. infucata* | **143, 144** | |
| *H. ghiselini* | **144** | |
| *H. porterae* | **61** | *D. amblia* |
| *H. zebra* | **61** | *D. etheria* |
| *H. tricolor* | furoscalarol(**145**) | *Cacospongia mollior* |
| (*Glossodoris*) | deoxoscalarin(**146**) | |
| *G. quadricolor*(홍해) | latrunculin B(**79**) | *Latrunculia magnifica* |
| 깜둥갯민숭달팽이과(Dendrodoridae) | | |
| *Dendrodoris grandiflora* | polygodial(**147**) | |
| | 6 β-acetoxyolepupuane(**149**) | |
| | fasciculatin(**151**) | *Ircinia fasciculata* |
| *D. limbata* | **147, 149** | |

D. krebsii
D. nigra(깜둥갯민숭달팽이) ⎫  **147, 149**
D. tuberculosa(돌굴깜둥갯민숭이) ⎭  olepupuane(**148**)
Doriopsilla albopunctata ⎫
D. janaina ⎭  **148**
참갯민숭달팽이과(Dorididae)
　Archidoris odhneri　　　　　　glyceride(**152**)
A. montereyensis
Peltodoris atromaculata　　　　polyacetylene(**153**)　　Petrosia faciformis
Diaulula sandiegensis　　　　　polyacetylene(**154**)　　Siphonochalina sp.
Aldisa cooperi　　　　　　　　steroid(**155**)　　　　Anthoarcuata graceae

편, 밴쿠버의 *Aldisa cooperi*는 해면 *Anthoarcuata graceae*를 먹이로
한다. 먹이인 이 해면에 들어 있는 콜레스테논은 활성이 없지만, 몸안에
서 이 물질을 카르본산 (**155**) 등으로 바꾸어 방어물질로 쓰고 있다.
**155**는 15 μg/mg 이하에서 금붕어 섭이를 저해시킨다.

　방어물질을 생합성(生合成)하는 갯민숭달팽이도 있다. 깜둥갯민숭달
팽이(*Dendrodoris nigra*) 종류는 메바론산(mevalonic acid)으로부터
섭이저해작용이 강한 polygadial (**147**)을 합성해서 피부의 분비선(分
泌腺)에 저장해 둔다. 활성이 있는 다른 두 유도체인 **148**과 **149**(15~
20 μg/mg으로 자리돔의 섭이를 저해한다)도 마찬가지로 피부에 저장

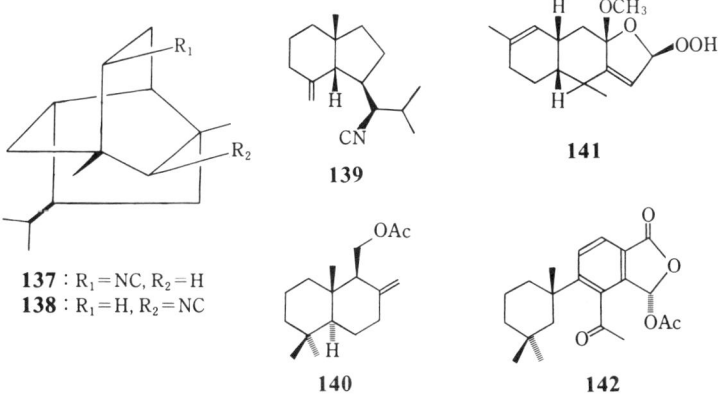

**137** : R₁=NC, R₂=H
**138** : R₁=H, R₂=NC

**139**

**140**

**141**

**142**

**143**　　　**144**　　　**145**

**146**　　　**147**　　　**148** : R＝H　　**150**
　　　　　　　　　　　　　　　　**149** : R＝OAc

**151**　　　**152**

하지만, 활성이 없는 에스테르 **150**(RCO-는 지방산의 잔기)나 먹이에서 유래한 터펜류는 소화선(消化腺)에 축적한다고 한다. 더욱이 **147**은 아프리카의 식물이 갖고 있는 곤충에 대한 섭이저해물질로서도 유명하다. 또 다른 갯민숭이류인 *Archidoris* spp.에 들어 있는 방어물질 **152**

**153**　　　**154**　　　**155**

R＋R＝$C_{25}H_{44}$

**그림 3·15** 죽은 산호 위에다 낳은 왕갯민숭달팽이류 *Hexabranchus marginatus*의 난괴 (卵塊)

**표 3·8** Kwajalein섬에서 채집한 왕갯민숭달팽이류 *Hexabranchus marginatus* 2개체 중 마크로라이드(macrolide)의 체내 분포(% 乾物量)

| 부위 | 검체번호 | 마크로라이드 | | | | | 합계 |
|---|---|---|---|---|---|---|---|
| | | 159 | 159 | 160 | 161 | 156 | |
| 외투(外套) | 1 | — | 0.700 | 0.007 | 0.033 | 0.016 | 0.756 |
| | 2 | — | 0.490 | — | 0.120 | 0.032 | 0.642 |
| 복족(腹足) | 1 | — | 0.026 | — | 0.008 | — | 0.034 |
| | 2 | — | 0.006 | — | 0.003 | — | 0.009 |
| 소화선＋성소(性巢) | 1 | — | 0.470 | — | 0.110 | 0.068 | 0.648 |
| | 2 | — | 0.190 | — | 0.032 | 0.005 | 0.227 |
| 기타 생식기관 | 1 | — | — | — | — | — | — |
| | 2 | — | — | — | — | — | — |
| 분비액 | 1 | — | 0.104 | — | 0.015 | 0.008 | 0.127 |
| | 2 | | 0.100 | 0.010 | 0.020 | 0.010 | 0.140 |
| 난괴 | | — | 1.710 | 0.100 | 0.160 | 0.680 | 2.650 |

[J. R. Paulik *et al.*, *J. Exp. Mar. Biol. Ecol.*, **119**, 103(Table I), 105(Table II)(1988)]

도 이 종의 체내에서 메바론산으로부터 합성한다.

또한 왕갯민숭달팽이(*Hexabranchus marginatus*)와 근연인 *Hexabra-*

*nchus sanguineus*는 그림 3·15와 같이 장미꽃과 같은 핑크색 또는 진홍색의 알덩어리[卵塊]를 바위나 죽은 산호 위에다 낳는데, 눈에 아주 잘 띄는데도 불구하고 잘 먹히지 않는다. 박테리아 따위도 방어하는 듯하다. 방어에 관여한다고 생각되는 물질은, 필자들이 이시가키시마(石垣島)의 가와헤이(川平)만에서 채집한 난괴(卵塊)로부터 찾아낸 kabiramide C (**156**)와 그 관련 화합물이다. 아주 최근에 남태평양의 Kwajalein섬과 파라오에서 채집한 해변해면류인 *Halichondria* sp.로부터 halichondramide (**158**), dihydrohalichondramide (**159**) 및 kabiramide B (**161**)과 C (**157**)를 검출하였다. 왕갯민숭달팽이는 이 해면을 먹기 때문에(화보 5 참조) 이들 마크로라이드는 해면에서부터 유래한다고 보아도 괜찮겠다. 그렇지만 왕갯민숭달팽이의 일부 조직을 놀래기과 어류인 *Thalassoma lunare*나 왼손집게류인 *Dardanus megistos*에게 주어도 먹으려 하지 않는다. 그래서 마크로라이드 함량을 조직별로 분석해 보았더니, 표 3·8과 같이 방어하는데 가장 중요한 외투막(등쪽)에 많다는 것을 알 수 있었다. 소화관과 생식선(生殖腺)에도 많이 들어 있지만 이는 방어물질이 먹이로부터 유래한다는 것을 보여주는 것이다. 더욱이 분비액 중에도 **159**가 많이 들어 있어 방어에 도움을 준다는 것을 증명하고 있다. 이들 마크로라이드를 난바다곤쟁이류와 섞어 놀래기류인 *Thalassoma lunare*에게 주었더니 0.01~0.02%(건물량 乾物量)로도 섭이를 저해했다고 한다. 이것은 지금까지 알려진 섭이저해 물질 가운데 가장 강력한 것이다.

③ 자포동물식성

도롱이갯민숭이류(Aeolidacea)는 히드라에서 돌산호에 이르는 각종의 자포동물을 잡아먹는다. 앞에서도 말했지만, 큰도롱이갯민숭이류인 *Glaucus atlanticus*처럼 아가미 돌기 앞쪽에, 먹은 자포동물의 자포를 자포 주머니(刺胞囊, cnidosac, 그림 3·16)라는 특수한 기관(器官)에

**156**

**161** : R=H
**157** : R=CH₃

**158** : X=

**159** : X=

**160** : X=

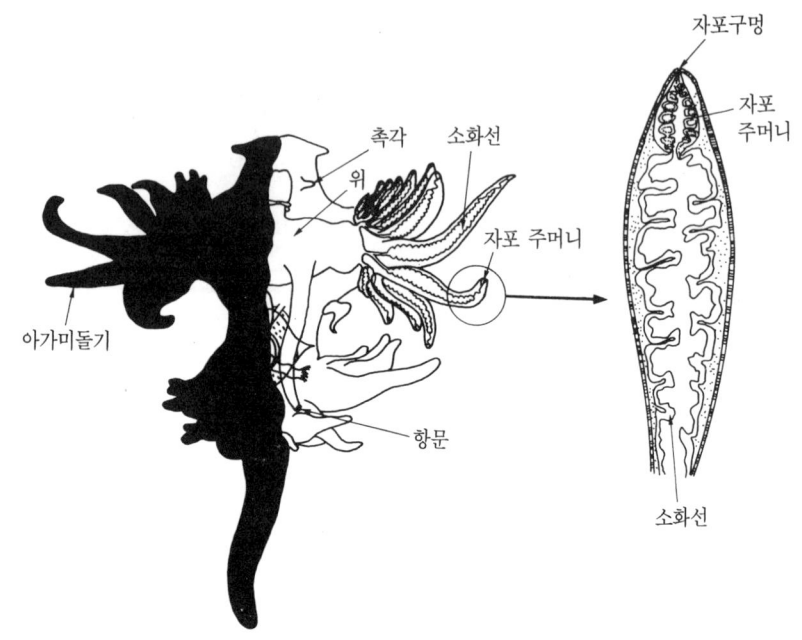

그림 3·16 파랑갯민숭달팽이의 소화기관과 자포 주머니(刺胞囊)
[T.E. Thompson, *Mar. Biol.*, **88**, 18, 19(1985)]

저장해 두었다가 방어에 효과적으로 쓰는 그룹이 있다. 이들은 공격을
받으면 아가미 돌기를 바짝 세우고 적이 맞도록 적을 향하여 자포 주머
니에서 자포를 쏘아 방어한다고 한다. 또한 *Phestilla melanobranchia*는
황금색의 해양목(Gorgonacea)에 속하는 *Tubastrea coccinea*를 먹고는
체색을 같은 색으로 위장한다. 이 색은 산호에 들어 있는 황색물질인 6-

**162**

**163**

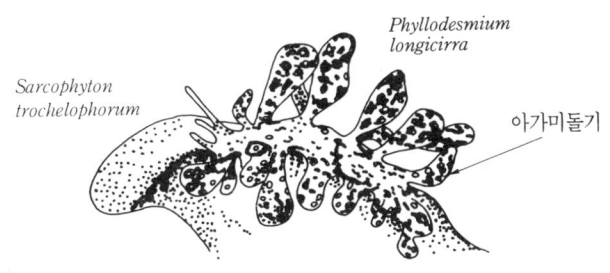

*Phyllodesmium longicirra*

*Sarcophyton trochelophorum*

아가미돌기

그림 3·17  갯민숭달팽이류인 *Phyllodesmium longicirra*와 버섯바다맨드라미 *Sarcophyton trochelophorum*. [J.C. Coll *et al.*, *Tetrahedron*, **41**, 1085(1985)]

bromoaplysinopsin (**162**)과 그 유사물질을 체표에 저장해 두었기 때문일 것이다. 그러나 그 점액 중에 방어물질이 분비되는지는 분명치 않다.

한편 대보초(Great Barrier Reef)에 사는 갯민숭이류인 *Phyllodesmium longicirra*(그림 3·17)는 자포 주머니가 없으며 버섯바다맨드라미류인 *Sarcophyton trochelophorum*만을 먹는데, 먹을 때는 몸의 색깔과 모양을 이 버섯바다맨드라미와 닮게 한다고 한다. 조사를 해보았더니 아가미 돌기에만 먹이생물로부터 유래하는 (＋)-thunbergol (**163**)과 비슷한 화합물이 2개 들어 있었다. 이들은 틀림없이 방어물질로 쓰일 것으로 생각된다. 한편 지중해의 *Hervia peregrina*를 비롯한 3종의 Flabellinidae과의 큰도롱이갯민숭이는 민컵히드라류인 *Eudendrium*속의 히드라를 먹고서 폴리히드록시스테롤을 피부에 축적한다고 하는데, 방어물질로 쓰이는지는 알 수 없다.

④ 이끼벌레(태형동물)식성

갯민숭달팽이류 중에서도 Polyceridae에 속하는 종류는 따뜻한 바다에 살며, 대부분 태형동물(苔形動物)인 이끼벌레를 먹고 산다. 이들은 색깔이 모두 선명하기 때문에 눈에 잘 띈다. 캘리포니아만에 사는 *Tambje adbere*와 *T. eliora*는 다발이끼벌레류(*Bugula*)와 근연인 *Sessibugula* *translucens*를 먹고 방어물질을 피부선(皮膚腺)에 축적해 두는데 매우 재미있는 행동을 한다. 활성물질은 tambjamine A-D (**164-167**)라는 이름의 비피롤이며, *T. abdere*와 *T. eliora*에는 각기 한 마리당 10mg과 2mg씩 들어 있다. 같은 해역에서 이들을 먹고 사는 대형 육식성 갯민 숭달팽이류인 *Roboastra tigris*는 *Tambje*가 만든 점액을 따라 먹이를 찾는다. *T. abdere*가 낸 점액에는 50cm 길이에서 tambjamine 혼합물이 17.7μg이나 되었다. *R. tigris*가 습격하면 *T. abdere*는 다량의 황색 점액을 내면서 공격을 피하는데, 이 점액에는 방어물질이 약 3mg 정도 들어 있었다고 한다. 그러나 크기가 작은 *T. eliora*는 방어물질이 별로 없기 때문에 *R. tigris*에 공격을 당해도 점액을 내기보다는 헤엄쳐서 도 망간다. 또한 tambjamine은 *Tambje*속의 갯민숭달팽이류를 유인하는 물질인 듯하며, 위에서 말한 이끼벌레를 담궈둔 물에는 유인되지만, 다 발이끼벌레인 *Bugula neritina*를 담궈둔 물에는 반응하지 않는다.

**164** : X=R=H
**165** : X=Br, R=H
**166** : X=H, R=CH₂CH(CH₃)₂
**167** : X=Br, R=CH₂CH(CH₃)₂

**168**

필자 등이 이즈반도(伊豆半島)에서 채집한 같은 과에 속하는 류큐갯 민숭달팽이의 일종인 *Nembrotha* sp.는 진한 녹색을 띠는 아름다운 갯 민숭달팽이다. 자극을 주면 피부에서 진한 청색의 점액을 대량 방출하 기에 조사해 보았더니, 이전에 필자 등이 푸른다발이끼벌레 *Bugula dentata*에서 찾아낸 테트라피롤 **168**과 똑같았다. 이 갯민숭달팽이의 소 화관 내용물이 대부분 다발이끼벌레의 껍질인 것 같았기에 아마도 푸른

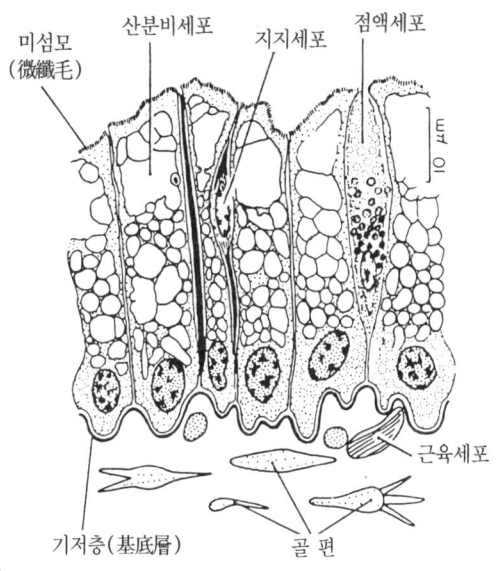

미섬모
(微纖毛)

산분비세포

지지세포

점액세포

근육세포

기저층(基底層)

골편

**그림 3·18** 후새류인 *Pleurobranchus peroni*의 산분비 조직(酸分泌組織)
[T.E. Thompson, *Comp. Biochem. Physiol.*, **74A**, 616(1983)]

다발이끼벌레를 먹고 그 색소를 피부에 축적한 것 같다. 그러나, 아직은
테트라피롤이 방어에 쓰이는지 어떤지는 분명하지 않다.

⑤ 멍게류식성 ·

두순목(頭楯目, Cephalaspidea)의 흰민칭이류(*Philine* spp.)와 배순
목(背楯目, Notaspidea)의 후새류인 *Berthellina* spp.와 *Pleurobra-*
*nchus* spp. 등은 멍게류를 먹고 황산을 피부에 있는 특수한 분비세포
(그림 3·18)에 저장해 두었다가, 공격을 받으면 pH 1인 강산성의 점
액을 분비하여 포식(捕食)을 면한다.

(3) 유폐류(有肺類, Pulmonata)

고랑딱개비류(*Siphonaria*)는 삿갓조개와 아주 비슷하다. 암초지대에
살면서 밀물 때에는 바위틈 사이에 깊숙이 숨어 박혀 있다가 조수가 빠

져 노출되는 썰물이 되면 구멍에서 나와 해조류나 미생물을 잡아먹는
다. 햇빛이 내리쬐어 덥거나 조수가 밀려오면 다시 바위틈 사이로 돌아
간다. 이 사이 활동할 때에 각종 포식자에게 노출된다. 불가사리, 어류,
육식성 권패류 따위에 의해 공격을 당하면 유백색(乳白色)의 점액을
대량 방출하여 이들을 물리친다. 호주산 *Siphonaria denticulata*로부터
는 어독성 물질인 denticulatin A (**169**)와 B (**170**)를 얻었다. 이들은
금붕어를 각각 30과 10 μg/ml에서 죽게 한다.

폴리프로피온산 유도체를 방어물질로 이용하는 것으로는 하와이 갯민
숭이붙이 *Onchidium verruculatum*에서 ilikonapyrone (**171**)이 알려져
있다. 한편 캘리포니아만 조간대에 살고 있는 엄지손톱 크기만한 또 다
른 종류의 갯민숭이붙이류인 *Onchidella binneyi*는 자극을 받으면 등쪽
에 있는 유두돌기(乳頭突起)로부터 유백색의 점액을 방출한다. 어류나
게는 이 점액이 들어 있는 해수를 아주 싫어한다. 이 활성물질은
onchidal (**172**)이며, 그 구조는 옥덩굴속 *Caulerpa*의 녹조류에도 들어
있는 1,4-디아세트옥시부타디엔 함유 터펜과 아주 비슷하다. 아마도 이
녹조류를 먹어 방어물질을 얻었을 것으로 생각된다.

**169** : R=β-CH₃
**170** : R=α-CH₃

**171**

**172**

### 3.2.5.2   두족강(頭足綱)

오징어나 문어가 놀라거나 성을 낼 때에 먹물을 토해낸다는 것은 잘 알려져 있다. 먹물은 먹물주머니[墨汁囊]라는 두족류(頭足類)에만 있는 기관(器官)에 들어 있다가 상황에 따라 배출한다. 처음에는 연막효과(煙幕效果) 이상의 효과가 없을 것으로 생각했었는데 전기생리학적으로 조사해 보았더니, 포식자인 곰치의 후각(嗅覺)을 마비시킨다는 것을 알게 되었다. 먹물의 주성분은 까만 색의 멜라닌이다. 멜라닌은 다음과 같은 경로를 거쳐 도파(DOPA)로부터 합성한다. 방출된 먹물에는 중간체(中間體)인 도파퀴논이나 도파크롬 따위의 올소퀴논류가 들어 있지만 물 속에서는 신속하게 중합(重合)되어 버린다. 올소퀴논류는 여러 종류의 동물들에게 "맛이 없거나", "싫은" 냄새여서 결과적으로는 기피반응을 일으키기 때문에 효력을 내는 것이라 생각된다.

그런데 이러한 두족류는 연체동물 중에서 가장 진화된 그룹이며, 유영력도 대단히 우수한데다가 위장도 잘 하는 것으로 유명하다.

도파          도파퀴논          도파크롬

멜라닌 ← 중합 — 인돌-5,6-퀴논

## 3.2.6 극피동물, 반색동물 및 원색동물

### 3.2.6.1 극피동물

이 동물군도 냉한대에서 열대에 걸쳐, 또 수천 미터의 심해에서 조간대에 이르기까지 널리 분포하고 있으며, 약 6000여 종 정도가 현존한다. 예리한 가시나 두껍고 딱딱한 외피(外皮)를 갖고 있거나, 혹은 자독(刺毒)을 가지는 종류가 포함되므로 화학방어와는 별로 인연이 먼 것처럼 생각되지만 각종 홍미 있는 물질을 사용하고 있다.

(1) 바다나리류(Crinoidea)

현존하고 있는 종류로는 주로 새의 깃털처럼 생긴 팔들이 자루를 가지고 해저에 부착하는 바다나리류이다(화보 7 참조). 바다 속에서는 바위나 산호 위에 붙어 있어 눈에 잘 띄며(그림 3·19), 물리적인 방어수단을 갖고 있지 않는데도 불구하고 어류의 소화관에서는 검출되지 않는다. 물 속에 잠수하여 들어가 관찰해 보아도 물고기들은 쳐다 보려고도 하지 않는다. 왜냐하면 바다나리에는, 예컨대 *Comatula perplexa*에 들어 있는 색소 **173**이나 **174**와 같은 안트라퀴논의 황산에스테르가 건중량(乾重量)으로 0.1~2%나 들어 있기 때문이다. 실제로 먹이에 섞어 각종 어류에 먹여보면 비슷한 농도에서 섭이(攝餌)를 저해한다. 그러나 2-히드록시안트라퀴논의 황산에스테르 (**175**)도 효과가 있었으나, 2-히드록시나프타렌의 황산에스테르는 효과가 없었다. 다음에도 언급하겠

**173**    **174**    **175**

그림 3·19  바다나리류에 속하는 꽃갯고사리 *Comanthia schlegeli*

지만 방향족(芳香族) 퀴논류는 일반적으로 섭이저해나 기피반응을 일으키게 하는 작용이 있는지도 모른다.

(2) 불가사리류(Asteroidea)

이들은 두터운 외피, 예리한 가시, 게다가 독가시로 자신을 방어하는 종류가 적시 않은 네도 불구하고 사포닌이라는 화학적인 무기를 갖고 있다. 더욱이 잡혀 먹기 쉬운 알이나 유생까지도 사포닌을 갖고 있어서 살아남기 위해 잘 적응하고 있다. 대보초(Great Barrier Reef)에서 산란하는 불가사리를 관찰한 보고에 따르면, 주위에 물고기가 많이 있었음에도 한 마리도 이들의 알을 쪼거나 하지 않았다고 한다. 그래서 알이나 유생을 분석해 보았더니 사포닌을 390~990ppm이나 포함하고 있었다. 또한 이들을 물고기에 먹였더니 입에 넣자마자 바로 토해 내는 것으로 보아 기피와 "맛없음"이 원인인 듯하다.

넓적가시불가사리로부터 얻은 사포닌 혼합물에 젤라틴을 첨가하여 몇몇 종류의 물고기에게 주면서 조사해 보았더니 약 0.1ppm의 농도에서 섭이저해효과가 있었지만 어종에 따라서 반응의 정도는 달랐다. 환형동물인 갯지렁이류도 싫어한다. 또한 넙적가시불가사리 *Acanthaster planci*의 주요 사포닌은 thornasteroside A (176)이다.

**176**

(3) 거미불가사리류(Ophiuroidea)

이들은 흔히 바위 밑이나 산호초 사이, 바위 틈새 따위에 숨어 있다가 밤에만 활동하지만, 팔흔들이거미불가사리(*Ophiocoma scolopendrina*)처럼 썰물이나 밀물일 때에 바위틈 사이에서 나와 섭이활동을 하는 종류도 있다. 자극을 받으면 스스로 절단하든가 산성의 강한 점액을 분비한다. *Ophiocomina nigra*가 외피의 분비선에서 방출하는 점액은 황산이 풍부한 점액다당(muco-polysaccharide)이며, pH는 1 이하나 된다. 또한 쓴맛이 있어 방어효과가 있다. 그리고 거미불가사리류는 나프트퀴논계의 색소를 갖기 때문에 섭이저해작용이 있을 수 있다고 생각된다.

(4) 성게류(Echinoidea)

성게류는 예리한 가시나 독가시로 자신을 지키지만, 비늘돔(*Calotomus japonicus*)은 그래도 이들을 잘 잡아 먹는다. 성게는 spinochrome A (177) 따위의 나프트퀴논계 색소의 황산에스테르를 갖고 있다. 이들 색소는 육상의 곤충에게 juglone (**178**)이 강한 섭이저해작용을 나타내는 것과 마찬가지 효과가 있을 것으로 생각되고 있다. 실제 우리나라에서도 조간대 암초지대에서 흔히 발견되는 바위게 *Pachygrapsus crassipes*를 사용한 섭이저해실험에서도 효과가 있었다고 한다.

**177**          **178**

(5) 해삼류(Holothuroidea)

해삼은 잡아먹히지 않기 위해 여러 가지 방법을 쓴다. 즉, ① 두터운 체벽, ② 독성, ③ "안좋은 맛", ④ 내장(內臟)의 방출과 스스로의 절단, ⑤ 야행성, ⑥ 헤엄치기(실제로 검정점해삼류인 *Parastichopus californicus*는 포식자인 불가사리를 만나면 헤엄쳐 도망친다고 한다), ⑦ 몸을 부풀림, ⑧ 자신의 몸을 숨김 등의 여러 수단 가운데 어느 것인가를 가지고 있다.

일반적으로 숨어서 살고 있는 종류는 독이 없으나, 모래 위에 뒹굴고 있는 것은(그림 3·20) 유독하다. 독은 holothurin이라는 사포닌이며, 여러 생물종에게 독성을 나타낸다. 체벽, 난소 및 퀴비에 기관(器官)에는 사포닌이 많다. 퀴비에는 열대산 해삼만이 가지고 있는 특유한 기관으로서 찌른다든지 하여 자극하면 항문에서 밖으로 튀어 나온다. 하얗고 점착성이 있는 끈이 서로 얽혀 있는 것처럼 보이는 조직이며, 한번 붙으면 여간해서 잘 떨어지지 않는다. 카리브해에 서식하는 해삼인 *Actinopyga agassizi*의 퀴비에 기관에는 24-dehydroechinoside A (**179**)와 holothurin A (**180**)이 2:1의 비율로 들어 있다고 한다.

해삼 사포닌은 어류에 대해서 유독한데다가 맛도 안 좋은 듯하다. 해

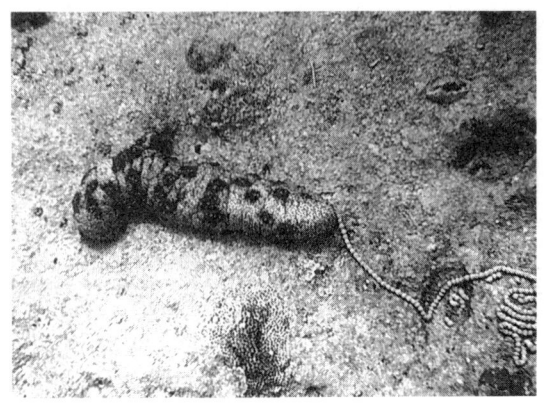

그림 3·20 무방비 상태로 옆으로 누워 있는 뱀눈해삼의 일종인 *Bohadschia graeffi*

산어 *Fundulus diaphanus*로 시험해 보았더니, 사포닌이 들어 있는 난소나 체벽은 잘 먹지 않았으나, 사포닌이 들어 있지 않은 위나 장(腸) 또는 근육은 잘 먹었다고 한다. 또한 북태평양에 사는 *Psolus chitonoides*는 내장과 촉수에는 사포닌이 많지만 체벽에는 적다고 한다. 눈이 부실만큼 빨간 촉수를 갖고 있다.

**179** : R =

**180** : R =

### 3.2.6.2 반색동물(半索動物, Hemichordata)

별벌레아재비로 대표되는 기는 벌레처럼 생긴 저서동물(底棲動物)이며, 100여 종이 알려져 있다. 별벌레아재비는 모래뻘 속에 U자형의 구멍을 파고 그 안에 산다. 갱도(坑道)의 벽은 점액으로 굳게 해놓았고, 항문쪽 구멍 위에는 배설물이 마치 조그만 마운드처럼 쌓여 있다. 점액이나 배설물로 끊임없이 **181**이나 **182** 등의 브롬페놀류를 분비한다. 예를 들면, 오키나와의 고하마섬(小浜島)의 *Ptychodera flava*는 1km²의 면적에 하루 480톤의 배설물을 내는데, 이 중에는 43kg의 페놀류를 비롯한 지용성 물질(脂溶性物質)이 들어 있다고 한다. 이들 물질은 미생물에게는 물론이고 청자고둥류 따위의 포식동물에 대해서도 방어효과가 있는 것 같다.

최근 하와이 마우이섬의 해저동굴에서 발견한 신종의 별벌레아재비인 *Ptychodera* sp.(화보 8 참조)는 **183** 및 2개의 유사 화합물을 갖고 있었다. 이들 물질은 틸라피아에게 $10\,\mu g/ml$에서 독성을 나타내기 때문에 방어물질일 가능성이 크다.

**181**            **182**            **183**

### 3.2.6.3 원색동물(原索動物, Protochordata)

피낭(被囊)이라는 셀루로오스와 비슷한 물질로 된 체벽을 가지는 동물군으로서 멍게(우렁쉥이)류가 가장 많다. 외견상으로는 우렁쉥이처럼 단체성(單體性)인 것과 보라판멍게류(*Botrylloides*)처럼 경성기질(硬性

基質)에 편평하게 부착하는 군체성(群體性)인 것으로 나눈다. 일반적으로 이들 위에 다른 고착생물이 부착하지 않으며, 포식의 대상도 되지 않는 것 같다.

유령멍게, 거북등안장멍게(*Cheylosoma*) 따위가 속하는 관새아목(管鰓亞目, Phlebobranchiata)과 *Eudistoma* 등 일부의 무관아목(無管亞目, Aplousobranchiata)의 멍게 종류에는 바나듐 세포(vanadocyte)라는 특수한 세포가 있다. 이 세포에는 바나듐과 황산이 들어 있어 각종 방어에 이용되는 것 같다. 즉, 대서양산 대추멍게류인 *Ascidia nigra*는 이름대로 검은 피낭을 갖는다. 이 피낭에 조그만 상처라도 나면 황산과 바나듐이 분비된다. 피낭 중에는 황산이 들어 있는 캡슐과 바나듐이 들어 있다. 바나듐의 함량은 건중량으로 1,000ppm이나 되어 많다. 바나듐은 히드라나 다른 멍게류 등에게 유독하며, 특히 산성용액 중에서는 활성이 높다. 또한 바나듐 세포는 상처난 곳에 모인다는 보고도 있다. *A. nigra*는 일단 체표가 검게 되면 사망률도 낮아지고 잡아 먹히지도 않는다. 대체로 바나듐 함량이 많은 우렁쉥이는 잘 잡아 먹히지도 않는다고 한다. 그리고 흰덩이멍게과(Didemnidae)의 종류는 바나듐도 바나듐 세포도 없지만 황산을 갖는 수가 있다.

회색곤봉멍게과(Polycitoridae), 만두멍게과(Polyclinidae)나 흰덩이멍게과(Didemnidae)에 속하는 군체성(群體性) 멍게류는 단체성(單體性) 멍게류보다 체벽이 연하여 포식이나 다른 고착생물의 침입을 받기 쉬운데도 불구하고 이들을 잘 피하고 있다. 군체성 멍게는 항균성이나 세포 독성이 있는 펩티드, 알칼로이드 따위를 갖고 있어 이들이 화학방어에 쓰이는지도 모른다. 특히 다른 고착생물이 부착하는 것을 막는다거나 살 터를 확보하는 데 효과적일 것이다. 사실 돌산호에 카리브해의 *Trididemnum solidum*의 균질액(均質液, homogenate)을 접촉시키면 산호가 많이 죽는다고 한다. *Aplidium*도 같은 현상을 나타내는데, 이들 중 1종은 게라닐히드로퀴논 (**184**)을 고농도(건물량의 7%)로 갖고 있다고 한다.

**184**

## 3.2.7 어류

빠르게 헤엄칠 수 있는 어류들도 각종 방어기구(防禦機構)를 갖추고 있다. 작은 어류들은 대부분 무리를 이루거나(무리짓기), 위장하거나 (위장), 몸 색깔을 은폐하거나(은폐색), 밤에 활동하거나(야행성), 비늘이나 가시가 발달되어 있거나 하여 자신을 방어한다. 예리한 가시를 갖고 있는 종류도 많지만, 이 가시에 독이 있는 종류도 있다. 느리게 헤엄치는 어류들이 독가시를 갖는 종류가 많다는 것은 어쩌면 자연의 이치에 맞는 것인지도 모른다. 한편, 습격당하면 피부에서 독을 방출하여 적으로부터 도망치는 물고기도 있는데, 이들 대부분은 동작이 비교적 느리고 눈에 잘 띄며 비늘은 전혀 없거나 있어도 발달하지 않는 종류가 많다. 이들 피부에는 통상적인 점액세포 외에 곤봉상 세포(club cell 또는 clavate cell)라고 하는 분비세포가 있어 방어물질을 축적하고 있다가 위급할 때에 방출한다.

독은 점액독(粘液毒) 또는 피부독(皮膚毒)이라 부른다. 어독성(魚毒性), 용혈성(溶血性), 계면활성(界面活性) 및 쓴맛이 있다. 아마도 물고기들에게는 독인 동시에 매우 "맛도 없을" 것이다. 그렇기 때문에 섭이저해작용이 있을 것이다. 또 이 물질은 그것을 방출하는 어류에도 유독해서 독에 오래 노출되면 방출한 어류 자신도 당한다. 그래서 독은

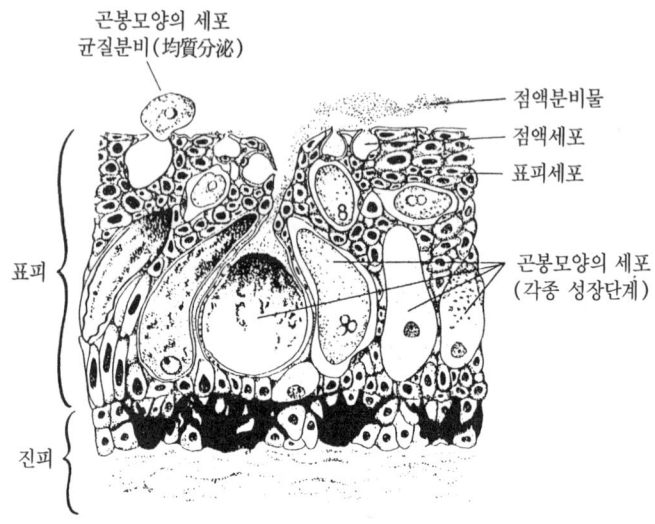

**그림 3·21** 거북복의 방어물질 분비세포 [B. Halstead, *Poisonous and Venomous Marine Animals of the World*, p.894, Darwin Press(1978)]

해수중에서 빠르게 활성이 떨어진다.

### 3.2.7.1 거북복

따뜻한 바다에 널리 분포하는 어류로서, 이름대로 외골격이 매우 단단하다. 헤엄치는 속도도 느리고 물 속에서는 눈에 잘 띈다. 자극을 주면 피부에서 유백색의 점액을 낸다. 점액은 앞에서도 말한 곤봉 모양을 한 특수한 세포(그림 3·21)에서 나오는데, 이것은 거북복 자신을 포함한 많은 동물들에게 독성이 있다. 해수중에서는 급격히 활성을 잃는다. 하와이산 거북복 *Ostracion lentiginosus*에서 분리한 pahutoxin (**185**) 이라는 일종의 콜린에스테르가 주요 성분이다. 어독성과 용혈성도 있고, 말미잘이나 해파리의 촉수의 감수성(感受性)을 없애는 작용이 있어 이들의 포식도 피할 수 있다.

Pahutoxin의 활성은 계면활성 때문인데, 여러 가지 합성한 동족체 (同族體)의 활성을 비교해 보았더니, 지방(脂肪) 고리가 짧을수록 활성이 떨어진다는 것을 알게 되었다. $C_{12}$의 동족체 활성은 아주 낮았다. 이런 현상은 알킬황산나트륨에서도 마찬가지이며, 고리길이가 $C_{12}$, $C_{14}$, $C_{16}$으로 길어짐에 따라 어독성도 매우 커진다.

$$\underset{\underset{R\quad\;\; O}{\qquad\;|\qquad\|}}{\wedge\wedge\wedge\wedge\wedge\wedge\wedge}O\diagup\diagdown N^+(CH_3)_3$$

**185** : R=OCOCH$_3$
**186** : R=OCOCH$_2$CH$_3$
**187** : R=H

일본산 거북복 *O. immaculatus*(화보 9 참조)의 점액도 어독성이 있으며, pahutoxin 외에 homopahutoxin (**186**)도 들어 있다. 그리고 카리브해의 *Lactophrys triquiter*는 팔미트산(palmitic acid)의 콜린에스테르 (**187**)가 방어물질이다.

### 3.2.7.2 바리, 학치 및 망둑어류

바리류(농어목)와 근연인 Grammistidae에 속하는 어류는 자극을 받으면 다량의 점액을 분비하여 해수에 거품이 생기기 때문에 거품물고기 (soapfish)라고 부른다. 여기에 속하는 *Grammistes sexlineatus*, 검정띠돔 *Diploprion bifasciatus*, 황줄바리 *Aulacocephalus temmincki* 및 또 다른 바리 종류인 *Pogonoperca punctata*가 일본 연안에 살고 있는데, 이들 모두는 눈에 잘 띄며 헤엄도 빠르게 치지 않는다. 육식성 어류에게 이들의 살점을 주면 한 번쯤은 입에 넣지만 바로 토해 내고 두 번 다시 입에 넣으려 하지 않는다고 한다.

이들 어류들은 grammistin이라고 하는 소수성(疏水性) 아미노산이 많은 펩티드 부분과 이것에 결합한 3급이나 4급 아민이 있는 지용성 부분으로 이루어진, 분자량이 수천 정도인 특이한 물질을 분비세포에 갖고 있다. Grammistin에는 어독성, 용혈성, 계면활성은 있지만 항균성은 없고, 물고기의 종류에 따라서도 분자량 등이 서로 다르다. 또한 검정띠돔과 황줄바리의 점액에는 분자량이 작은 동일한 지용성 어독 성분이 들어 있다. 화학구조는 아직 분명치 않다.

Grammistidae과에 속하는 어류들 이외에 grammistin과 같은 피부독을 가진 것으로는 일부 망둑어류와 학치과 어류가 있다. 이 망둑어 종류는 *Acropora* 따위의 나뭇가지돌산호류 사이에 살고 있으므로 달리 화학방어가 필요치 않다고 생각되지만, 그래도 괴롭히면 점액을 대량 방출해서 물고기를 죽게 한다. 비늘은 거의 없다. 한편 이것과 아주 비슷한 또 다른 종류의 망둑어류는 비늘이 잘 발달되어 있지만 독은 없다. 피부독이 있는 일부 망둑어류가 곁에 있음으로써 나비고기 따위가 쫓아오지 않기 때문에 나뭇가지돌산호에게도 유리할 것이다.

학치과의 어류는 *Lepadichthys frenatus*처럼 바위 밑에 숨는 것, *Diademichthys lineatus*처럼 흰줄긴극성게(*Diadema*)의 가시 사이에 붙어 사는 것 등이 있는데 이들도 상기한 일부 망둑어류와 마찬가지로 화학방어와는 인연이 없을 것 같다. 이들 학치과 어류를 그물 가두리에 가둬두면 점액을 대량 방출한다. 오래 넣어두면 자신이 낸 점액 때문에 자신이 당한다. 점액독이 있는 다른 물고기들과 마찬가지로 피부에는 특수한 분비세포가 있다.

Grammistin 계통의 독은 pahutoxin과 마찬가지로 해수중에서는 급히 활성을 잃는다. 이것은 자신이 내놓은 독이 자신에게도 유독하기 때문에 살아남기 위한 지혜인 것 같다.

### 3.2.7.3 서대류

가자미목의 어류는 모래 속으로 숨거나 교묘히 위장하여 포식자를 피한다. 그러나 이것도 상어에게는 잘 통하지 않는다. 왜냐하면 상어는 코

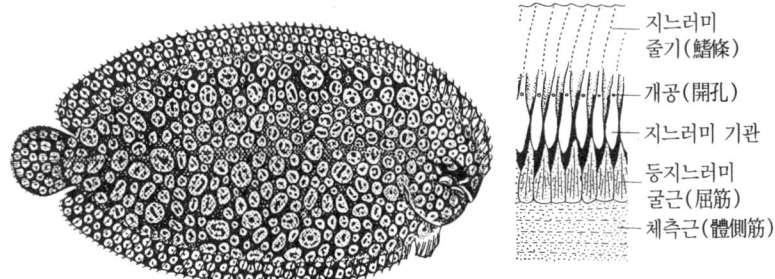

지느러미
줄기(鰭條)

개공(開孔)

지느러미 기관

등지느러미
굴근(屈筋)

체측근(體側筋)

그림 3·22  서대류(*Pardachirus marmoratus*)와 분비선(分泌腺)  [Y. Okada, *Fauna Japonica Soleina*, Tokyo Electric Engineering College Press(1963)]

끝에 감각세포가 모여 있는 로렌치니 기관이 있어 미약한 전파를 감지할 수 있기 때문에 모래 속에 묻혀 있는 먹이생물을 잘 발견할 수 있기 때문이다. 말하자면 가자미목 어류의 천적(天敵)인 셈이다.

홍해에 사는 서대류인 Moses sole *Pardachirus marmoratus*는 상어를 격퇴하는 것으로 유명하다. 이 물고기를 상어의 입에 넣어주어도 먹으려 않고 오히려 도망쳤다는 관찰례도 있다. 서대류는 전혀 상처가 없었다고 한다. 이 물고기의 등쪽 아가미[背鰓]와 꼬리쪽 아가미[尾鰓]에 있는 가시 밑동에는 주머니 모양의 독선(毒腺)이 있다. 독선은 지느러미 밑동에서 열려 있어서 자극을 받으면 이곳에서 우유 같은 점액을 낸다. 이것이 상어를 격퇴한다.

점액 중에는 mosesin-1 (**188**) 따위의 스테로이드 배당체(配糖體)와 pardaxin이라고 하는 분자량이 3,500 정도인 2종의 펩티드가 들어 있다. 모두 어독성, 용혈성, 계면활성이 있다. 일본의 야에(八重)산 해역에 사는 서대류인 *P. pavoninus*도 독선이 있으며 자극하면 점액을 낸다(그림 3·22). 스테로이드 배당체인 pavoninin-1 (**189**)과 그 유사화합물 및 pardaxin P-1 (**190**)~P-3라는 펩티드가 들어 있다. Par-

**188**　　　　　　　**189**

daxin는 친수성(親水性)과 소수성(疏水性)[21] 아미노산이 잘 배치하고
있어 세제(洗劑)와 같은 배열을 이루고 있다. 벌 독인 melittin과 아주
비슷하다.

5
Gly-Phe-Phe-Ala-Leu〔Phe〕-Ile-Pro-Lys-Ile-Ile-Ser-Ser-Pro-
14
Leu(Ile)-Phe-Lys-Thr-Leu-Leu-Ser-Ala-Val-Gly-Ser-Ala-

Leu-Ser- Ser-Ser-Gly-Glu(Gly)-Gln-Glu

( )안은 P-2의 변이, 〔 〕안은 P-3의 변이

　아무튼 스테로이드 배당체와 pardaxin의 활성은 계면활성 작용에 의
한다고 해도 지나친 말은 아니다. 상어에 대해서도 마찬가지이며, 계면
활성이 있는 해삼류의 holothurin이나 세제도 기피작용이 강하다. 아직
까지는 상어 예방에 가장 효과가 있는 것은 SDS(sodium dodecyl sul-
fate)라는 계면활성제이다. 그리고 pavoninin의 송사리에 대한 어독성
은 $LD_{50}$ 8.5 $\mu$g/m$l$이다. Pardaxin의 어독성도 비슷한 정도이다.

---

21) 친수성(親水性)이라면 물 분자와 결합하여 물 속에서 안정된 상태로 되는, 즉 물에 녹기 쉬
　　운 성질을 말하며, 반면 소수성(疏水性)은 물 분자와의 친화력이 적은, 즉 물을 빨아들이지
　　않는 성질을 말한다.

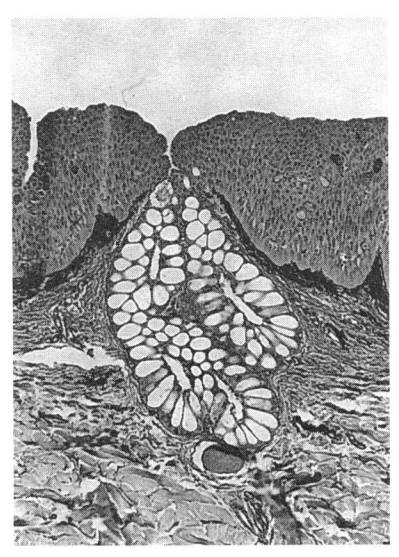

**그림 3·23**  검복(*Takifugu porphyreus*)의 복어독(tetrodotoxin) 분비세포
 (鈴木讓 씨 촬영)

### 3.2.7.4  복어

복어가 테트로도톡신(TTX, **191**)을 갖는 것은 이미 오래 전부터 알려져 있으나, 이 독을 방어에 사용하는 듯하다는 것을 최근에 알게 되었다. 점액세포와는 다른 분비세포가 있다는 점, 그리고 복어를 육식성 물고기에 먹여 보면 바로 토해 버린다는 점 따위에서 이전부터 추측하고 있었다. 최근 졸복 *Takifugu pardalis* 등의 껍질에도 독이 있는 복어에는 TTX 세포(그림 3·23)라는 분비세포가 있고, 이것이 모여 특수한 선조직(腺組織)을 이루고 있다는 것이 밝혀졌다. 자극을 주면 이곳에서 독을 낸다고 한다. 껍질에 독이 없는 까치복 *T. xanthopterus*이나 자주복 *T. rubripes*은 독을 내지 않는다. 까치복에는 분비세포가 없으나 자주복에는 미발달한 상태이지만 있다고 한다. 그리고 독을 내기

위해서 몸을 부풀릴 필요는 없다.

테트로도톡신(TTX)은 어독성이 있어 $0.4\,\mu g/ml$의 저농도에서 송사리를 죽게 한다.

**191**

### 3.2.7.5 기타

가시에 단백성 가시독이 있는데도 피부에 분비세포를 가지는 것이 생각 밖으로 많다. 쑤기미과(Synanceiidae, stonefishes)에 속하는 *Synanceia trachynis*, 아라비아만에 사는 바다메기과(Ariidae)의 *Arius thalassinus*, 일본뿐 아니라 우리나라에서도 나는 쏠종개 *Plotosus lineatus* 따위가 그런 예이다. 분비하는 성분은 분명치 않다. 다만 서태평양의 toadfish[22]라는 *Opsanus tau*의 독은 밝혀져 있다. 이 물고기는 가슴지느러미의 앞뒤로 액와선(腋窩腺)과 흉선(胸腺)이라는 분비선이 있는데, 이들은 체표로 통해 열려 있다. 강하게 자극하면 어독성이 있는 점액을 낸다. 3-옥타논 (**192**)이 주성분이며, $1\,\mu g/ml$에서 송사리를 죽게 한다.

**192**

---

22) 여기에서 말하는 *O. tau*는 Betrachoidiformes(=Haplodoci)목의 Family Betrachoididae 에 속하는 어류로 아직까지 우리나라에서는 이와 근연인 종류도 발견된 바 없다.

# 3.3 경보물질

위험이 닥친 것을 동료들에게 알리기 위해 소리 따위의 경계음을 내거나, 어떤 움직임을 보이거나 몸의 색깔이나 형태를 변화시키는 등의 물리적·습성적인 방법을 쓴다는 것은 이미 잘 알려져 있다. 게다가 화학신호(化學信號), 즉 특유한 화학물질을 내서 위험을 알리기도 한다. 이러한 방법은 곤충의 세계에서는 흔히 볼 수 있는데, 바다생물에서도 제법 많은 것 같다. 특히 무리를 이루는 동물에서 이런 행동이 잘 발달하고 있다. 예를 들어 무리 가운데 한 마리가 공격을 당하여 상처를 입었을 경우, 상처로부터 "어떤 신호물질(信號物質)"(이것을 경보물질이라고 한다)이 분비되고 이것을 알아차린 다른 동료들이 일제히 도망가는 현상이 잘 알려져 있다. 이와 같은 관찰례는 많이 있지만 아직까지 이러한 경보물질의 본체(本體)를 알고 있는 것은 얼마되지 않는다.

한편 권패류처럼 이동하면서 점액질의 "길[道] 표식"을 내는 종류들은 위험해지면 "길 표식" 안에 경보물질을 섞어서 분비함으로써 동료들에게 그 앞으로 가지 말도록 알리는 수도 있다. 이런 경우도 한 예만을 제외하고는 활성물질이 밝혀지지 않았다.

## 3.3.1 말미잘

해변말미살과(Actiniidae)에 속하는 꽃해변말미잘류(*Anthopleura* spp.)는 비교적 집단을 이루면서 바위에 달라붙어 산다. 캘리포니아 연

$$(CH_3)_3N^+ - CH_2 - CH(OH) - CH(OH) - COOH \quad Cl^-$$

**193**

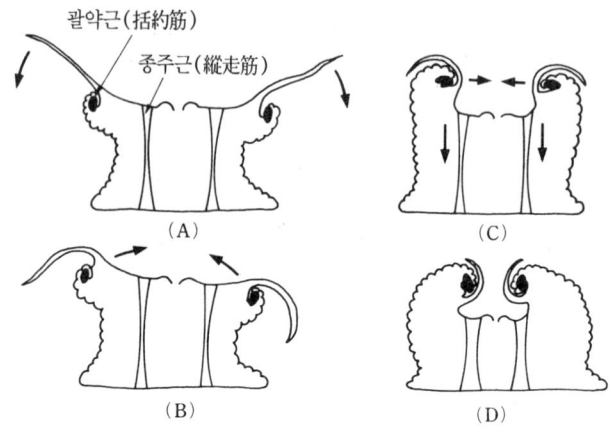

**그림 3·24** 꽃해변말미잘류인 *Anthopleura elegantissima*의 방어 반응(防禦反應)
[N.R. Howe, *J. Comp. Physiol.*, **107**, 67(1976)]

안에 많은 *A. elegantissima*도 마찬가지로 조수(潮水)의 흐름의 상류에 있는 개체에게 상처를 내면 하류에 있는 개체들이 방어반응을 보인다. 즉 그림 3·24와 같이, (A) 우선 촉수를 심하게 움직여서 족반(足盤) 쪽으로 쓰러뜨린다, (B) 괄약근(括約筋)을 위로 향하게 하면서 안쪽으로 움직인다, (C) 다시 종주근(縦走筋)을 움츠려서 구반(口盤)을 끌어 내리면서 괄약근을 수축시켜 촉수와 구반을 닫는다, (D) 마지막으로 전체를 수축시킨다. 이렇게 해서 방어자세를 보인다.

상처에서 나오는 물질은 anthopleurin (**193**)이라는 4급 암모늄 염기이며, $3.5 \times 10^{-10}$M의 저농도에서 말미잘에게 위와 같은 반응을 일으킨다. 이 물질의 수용기(受容器, receptor)는 말미잘의 촉수에 있다. 그리고 anthopleurin의 활성을 *Anthopleura*속 3종을 포함한 11종의 말미잘에서 조사해 보았더니, *A. elegantissima*와 *A. xanthogrammica*만이 반응했다고 한다. 후자의 반응의 세기는 전자의 80% 정도였다.

말미잘에서는 또 하나 재미있는 현상이 알려져 있다. 갯민숭달팽이의

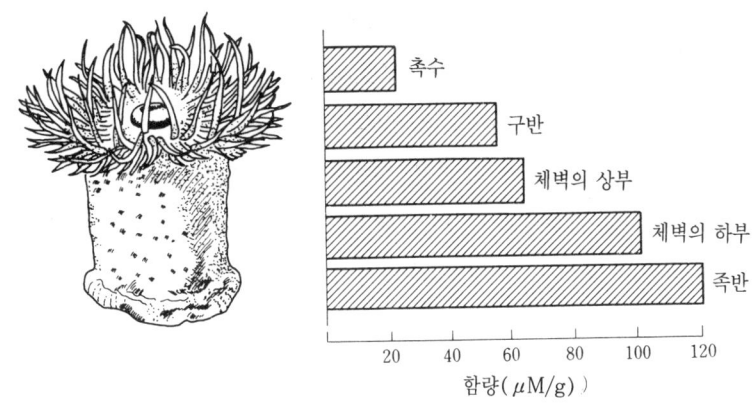

그림 3·25  말미잘의 부위(部位)에 따른 anthopleurin 함량의 차이

이야기이다. 큰도롱이갯민숭이 *Aeolida papillosa*는 이 말미잘을 먹고 아가미 돌기에 anthopleurin을 축적해 둔다. 갯민숭이가 접근하면 아가미 돌기에서 내는 경보물질 때문에 말미잘은 움츠린다. 움츠리면 그림 3·25처럼 anthopleurin의 농도가 가장 높은 족반 주변이 노출된다. 한편 갯민숭이는 anthopleurin의 농도가 낮은 촉수나 구반(口盤)을 좋아하므로 anthopleurin이 일종의 섭이저해물질로서 기능하는 듯하다. 이러한 관찰 결과를 보면 갯민숭이는 주요한 포식자로부터 방어할 수 있는 "사전" 경보라고도 말할 수 있겠다. 한편 실험실에서 큰도롱이갯민숭이에게 말미잘을 먹였더니 아가미 돌기 1g당 100 $\mu$M의 anthopleurin을 축적했는데, 먹이를 주지 않았더니 하루에 10 $\mu$M씩 감소했지만 5일이 지난 후에도 충분히 경보반응을 보였다.

### 3.3.2  후새류

흰민칭이류와 근연종인 *Navanax inermis*는 캘리포니아 연안에 사는 육식성 후새류이며 체장은 15cm 정도 된다. 이 종류는 점액 다당(多

糖)의 점액을 분비하여 "길 표식"을 한다. 이것은 먹이나 같은 종류의 동료들을 찾는 데 쓰는 것 같다. *Navanax*를 귀찮게 하면 황색물질을 점액 속에 분비한다. "길 표식"을 더듬어 온 동료가 이 물질을 마주치면 몸을 움츠리고 90도 이상 몸을 비꼬며 오던 길로 되돌아간다. 이러한 효과는 수시간 동안 지속된다. 활성물질은 navenone A-C (**194-196**)라는 폴리엔이며 $10^{-5}$M로 유효하다. Navenone은 항문 가까이에 있는 황색선(黃色腺)에서 분비한다. 한 마리에 3~5mg 정도 들어 있다.

**194**

**195** : R=H
**196** : R=OH

그리고 이 물질들은 빛으로 분해되는데, 햇빛 아래에서는 약 1시간 정도가 지나면 반감(半減)해 버린다. 이것은 먹이에서 유래하는 것이 아니고 *Navanax*의 몸안에서 만들어지는 듯하다. Navenone이 방어에 쓰이는 것은 틀림없으나, 단순한 경보에 이용되는지 아니면 배고픈 *Navanax*를 피하기 위해서 쓰이는지가 확실치 않다. *Navanax*는 *Navanax*를 잡아먹는다고 한다.

## 3.3.3 어류 및 기타

작은 고기들은 무리를 이루는 것이 많다. von Frisch는 유럽산 연준모치류인 *Phoxinus laevis*가 있는 물고기 떼에 상처가 난 같은 종류의 물고기를 넣었더니 다른 동료들이 매우 놀라는 것을 관찰하였다. 그리고 이런 반응이 상처 부위에서 나오는 물질 때문이라는 것을 확인하고 문제가 되는 물질을 "Schreckstoff"(경보물질)이라고 하였다. 그 후 이 물질은 피부가 찢어지면 표피에 있는 "곤봉모양의 경보물질 세포(alarm substance cell)"에서 나오는 것을 밝혔다. 경보반응과 경보물질세포는 압치목(Gonorynchiformes), 잉어목(Cypriniformes) 및 메기목(Siluriformes)의 어류에서도 쉽게 볼 수 있다. 그러나 전기뱀장어과의 어류에는 이러한 현상이 없다. 또 송사리목에도 있는 듯하나, 아직 최종적인 결론은 나지 않았지만 종내(種內)에서 정보전달에 이용하는 것은 틀림없다.

연준모치 *P. phoxinus*의 경보물질은 비늘에 들어 있는 프테린의 일종인 이소키산토프테린 (**197**)인 것 같다.

$$\text{H}_2\text{N} \quad \text{OH} \quad \text{OH}$$

**197**

이 밖에도 산호초에 사는 흰줄긴극성게(*Diadema setosum*) 따위의 성게에서도 경보물질이 확인되었다. 흰줄긴극성게는 무리를 이루어 사는데, 그 중 한 마리만 찔러도 다른 성게가 가시를 열심히 움직이면서 술렁술렁 걷기 시작한다. 상처난 성게가 들어 있었던 해수나 성게를 부순 액(液)에는 더욱 강하게 반응한다. 성게의 종류에 따라 종내(種內)에서만 반응하는 경우, 어떤 종류의 성게에도 반응하는 경우, 또는 많은 종에 반응을 일으키는 경우 등 경보물질에 대한 반응도 제각기 다르다. 아직 이들 신호의 본체는 판명되지 않았다.


## 3.4  포식자 인식 및 도피반응을 야기하는 물질

특정의 포식자가 내는 고유한 "냄새"를 감지하고 재빨리 도망감으로서 위험을 피하는 현상도 흔히 볼 수 있다. 아직까지는 포식자가 불가사리, 육식성 권패류 및 갑각류에 한정되고 있다. 신호를 받는 동물은 자포동물에서 극피동물에 이르기까지 많다.

## 3.4.1 육식성 권패류

초식성 권패류인 *Melagraphia aethiops*는 포식자인 어류 *Haustellum haustellum*을 만나면 마구 도망친다. 이 반응은 포식자의 아가미밑샘[鰓下腺]에서 분비하는 콜린에스테르의 일종인 urocanylcholine(murexine) (198) 때문에 생긴다는 것이 증명되었다. 콜린에스테르는 육식성 권패류에 널리 분포하므로, 콜린에스테르를 갖는 대부분의 권패류는 도피반응을 일으킨다. 예를 들어 198은 뿔소라류 *Murex* spp., *Tritonalia erinacea*, 육식성 권패류 *Urosalpinx cinereus*, 대수리와 근연의 *Thais lapillus* 따위에서, senecioylcholine (199)는 *T. floridana*에서, acrylylcholine (200)는 유럽산 물레고둥 *Buccinum undatum*에서 각각 발견되었다. 이들은 모두 도피반응을 일으키는 것 같다. 이들도 상어의 기피물질과 마찬가지로 계면활성이 있다. 계면활성제(界面活性劑)는 해산동물의 감각(感覺)에 매우 악영향을 미치는 듯하므로 세제오염(洗劑汚

198

199

200

染)은 특히 주의해야만 한다. 해양동물의 행동 패턴을 크게 바꿔 버릴 염려가 있기 때문이다.

## 3.4.2  불가사리

불가사리는 욕심이 많아 산호에서 극피동물에 이르기까지 각종 동물을 잡아 먹는다. 그렇기 때문에 먹이가 되는 동물들은 포식자인 불가사리가 가까이 오거나 닿기만 하면 곧바로 도망친다. 그러나 모든 불가사리에게 이런 반응을 보이지는 않는다. 즉, 사는 곳이 서로 달라 자주 만나지 않는 종류에는 반응하지 않는 수가 많다. 또한 불가사리류는 현대목(顯帶目, Phanerozonia), 유극목(有棘目, Spinulosa)과 차극목(叉棘目, Forcipulata)으로 분류되는데, 서로 섭이행동이 다르기 때문인지 목(目)마다 특이한 반응을 보이는 것 같다. 예를 들면 삿갓조개류인 *Acmaea scutum*이나 *Diodora aspera*는 이웃 일본뿐 아니라 우리나라를 대표하는 아무르불가사리 *Asterias amurensis*가 속한 차극목의 불가사리에만 반응한다. 한편 해삼 *Parastichopus californicus*은 차극목 불가사리에게는 별로 반응하지 않지만 다른 2목의 불가사리에게는 강한 반응을 보인다. 새치성게류인 *Strongylocentrotus droebachiensis*도 마찬가지 반응 행동을 나타낸다.

### 3.4.2.1  사포닌

이매패인 비단가리비의 일종인 *Chlamys opercularis* 따위는 어떤 목(目)의 불가사리에도 반응하지만 차극목의 불가사리에는 특히 민감하다. 육식성인 물레고둥류(*Buccinum*)도 불가사리에게 강한 반응을 보인다. 그 중에서도 대서양의 *Marthasterias glacialis*와 *Asterias rubens*에 대해서는 패류들의 반응이 강하다. 이 반응은 불가사리의 표피(表皮)에

**201**

서 나오는 사포닌 때문에 생긴다. 특히 관족(管足)에는 사포닌 함량이 많다. 사포닌의 종류와 조성은 불가사리의 종류에 따라 다른데, 먹이생 물들은 이러한 차이를 식별해 낼 수 있는 것 같다. *M. glacialis*에서 가 장 강한 활성 성분은 현재 marthasteroside B (**201**, 이전에는 glyco-side M₂)라는 사포닌이며, 이 밖에도 당(糖)과 아글리콘 부분이 약간 다른 것도 몇 종류 있다. Marthasteroside B는 $0.2 \sim 0.4 \times 10^{-3} \mu$M로 유럽산 물레고둥 *B. undatum*에 도피반응을 일으킨다. 물레고둥은 우선 5초 이내에 근육을 수축시키고, 몸을 심하게 떨며 뒤틀다가 도망친다. 이런 반응도 사포닌의 계면활성 때문이다. Triton X 등과 같은 계면제 (界面劑)도 같은 정도의 농도에서 위와 같은 반응을 일으킨다. 삿갓조 개나 비단가리비 따위의 이매패류도 marthasteroside에는 심한 반응을 보인다. 특히 유럽 해역에서 흔하게 보이는 삿갓조개류인 *Patella vulgata*는 사포닌과 닿으면 발을 경직시켜 버섯모양의 자세를 하다가 줄행랑을 친다. 비단가리비는 도망치려고 우왕좌왕했다. 한편 총알고둥 류 *Littorina* spp.는 *M. glacialis*에 반응하지 않는데, 계면활성제에도 반응하지 않는다는 것이 흥미롭다.

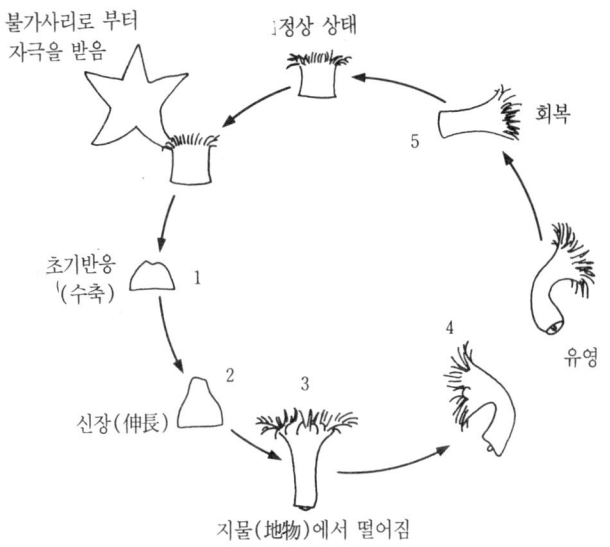

불가사리로 부터
자극을 받음

정상 상태

5

회복

초기반응
(수축)

1

2

3

4

유영

신장(伸長)

지물(地物)에서 떨어짐

그림 3·26   불가사리와 부딪힌 말미잘의 도피반응
[E.A. Robson, *J. Exp. Biol.*, **38**, 344(1961)]

한편 나뭇가지돌산호류의 일종인 *Pocillopora elegans*에서 공생하는
딱총새우 *Alpheus lottini*와 산호게 *Trapezia* sp.는 천적인 넓적가시불
가사리 *A. planci*가 가까이 오면 공격하여 물리친다. 그러나 산호를 먹
지 않는 불가사리인 *Oreaster*에게는 반응하지 않는다. 이것도 넓적가시
불가사리가 갖고 있는 사포닌을 알아차린 행동인 것 같다. 이들 갑각류
는 상기한 불가사리들이 가지는 사포닌의 조성의 차이까지도 알아내는
것처럼 보인다.

### 3.4.2.2  아미노산

예부터 북태평양의 말미잘 *Stomphia coccinea*는 현대목(顯帶目)의
불가사리 *Dermasterias imbricata*와 접촉하면 그림 3·26처럼 붙어 있
던 바위에서 족반을 떼고 회초리처럼 몸을 비틀면서 헤엄쳐 도망간다고

알려져 있었다. 이런 반응은 말미잘인 *Tealia* sp.에서도 마찬가지로 볼수 있다. *S. coccinea*는 *D. imbricata* 외에도 *Hippasterias spinosa*나 *H. phrygiana*에도 같은 반응을 나타내며, *Tealia*는 *D. imbricata*나 *Patiria miniata*에 반응한다.

*D. imbricata*에서 얻은 활성물질은 아미노산의 일종인 imbricatine (**202**)였다. 이 물질을 1mg/m*l*의 농도로 해수에 1~2방울 떨어뜨리면 말미잘은 바위로부터 떨어져 헤엄쳐 도망간다고 한다. 그러나 다른 불가사리에도 같은 물질이 들어 있는지는 분명치 않다.

**202**

### 3.4.2.3 기타

불가사리도 포식자인 다른 불가사리에 반응해서 도망친다. *A. rubens*는 *Crossaster papposus*나 *Solaster endeca*와 마주치면 도망간다. 종류에 따라 도망가는 속도가 다르다고 한다. 관족에서 내는 점액이 활성물질이라고 하지만 어쩌면 사포닌인지도 모르겠다.

### 3.4.3 기타

새치성게류인 *Strongylocentrotus droebachiensis*는 포식자인 아메리카

바다가재 *Homarus americanus*나 은행게류인 *Cancer irroratus*의 "냄새"를 맡고 도피행동을 한다. 즉, 이들 갑각류가 들어 있던 해수를 수조에 부으면 곧바로 가시를 마구 움직이면서 도망간다고 한다. 그러나 어떤 물질이 관여하는지는 분명치 않다.

## 3.5  무리짓기에 관여하는 물질 및 기타

대부분의 해산동물은 떼를 지어 포식자의 눈을 속이고 살아가는 습성이 있다. 쏠종개의 "쏠종개 방울", 정어리, 연준모치, 흰줄긴극성게 등 헤아릴 수 없이 많다. 이들은 집합(集合) 페로몬과 같은 것을 분비하여 떼를 짓는 듯하다. 그러나 그런 물질은 아직까지도 밝혀지지 않았다.

그림 3·27  쏠종개(*Plotosus lineatus*)

# 4. 종족을 유지하기 위한 화학

## 4.1 서론

생물은 종족을 유지하기 위해 갖가지 대책을 마련하고 있다. 더 많은 자손을 남겨야 한다는 것은 말할 필요도 없다. 그러려면 수정(受精)할 수 있는 기회를 더 많이 가져야만 한다. 동물이건 식물이건 간에 이성 (異性)을 인식하여 서로 더 매력 있게 보이려 하는 것은 자연의 섭리이다. 수컷은 암컷을, 암컷은 수컷을 가까이 하려고 모든 노력을 다한다. 시각(視覺), 청각(聽覺)은 물론이고 후각(嗅覺)마저 동원한다. 소위 성 페로몬이라는 물질이 후각과 관련이 있다. 특히 시각이나 청각이 별로 발달하지 못한 하등생물(下等生物)에서 성 페로몬의 역할은 매우 중요하다. 그러나 수서생물(水棲生物)의 성 페로몬에 관한 지식이 어느 정도 축적되어가고는 있지만, 해조류의 배우자 유인물질, 갑각류나 어류의 성 페로몬에 관해서는 거의 알고 있지 못하다. 알이 부화하여 유생이 되고 성체로 되기까지의 기간은 쉽게 포식의 대상이 되기 때문에 가장 살아 남기 어려운 시기여서 종(種)의 보존에도 가장 중요한 때이다. 특히 고착생물이나 동작이 느린 동물은 더욱 그렇다. 그렇기 때문에 가급적이면 잡혀 먹히지 않고 변태 후에도 먹이가 부족하지 않은 장소를 골라 착생해야만 한다. 착생(着生)하는 데에는 여러 가지 요인이 관여하고 있는데, 기질(基質)의 화학적 요인, 즉 화학신호(化學信號)도 중요한 역할을 한다. 위에서 말한 수정, 산란, 유생의 생존 등은 수권(水圈)의 생태계를 이해하는데 매우 중요할 뿐 아니라, 수산양식(水産養殖)은 물론 예부터 문제가 되어 온 부착생물(附着生物)의 방지 대책에도 응용할 수 있어 더 많은 지식의 축적이 있어야 할 것이다. 그러나 아직까지는 물질수준에 이르기까지 그 현상을 밝혀낸 것은 매우 드물다. 앞으로 이러한 연구가 많이 이루어져야 하겠다.

## 4.2  성 페로몬

성 페로몬의 존재는 많은 생물종(生物種)에서 확인되고 있으나 그 본체에 관해서 알고 있는 것은 매우 드물다. 종묘생산(種苗生産) 등 수산양식에 응용할 수 있는 가능성이 얼마든지 있지만 생각 밖으로 연구결과가 많지 않은 것은 유감이다. 이 장은 해조류, 갑각류, 그리고 어류의 성 페로몬을 중심으로 설명한다.

### 4.2.1  해조류

식물에도 성 페로몬이 존재하며, 물곰팡이류인 *Allomyces*에서 맨 처음으로 그 본체가 밝혀졌다. 이 곰팡이는 그림 4·1과 같은 생활사(life cycle)를 가지는데, 유성생식 때에 암컷[雌性] 배우자가 sirenin 1이라

1                                2

**그림 4·1**  물곰팡이류인 *Allomyces*의 생활사

는 세스키터펜을 분비해서 수컷[雄性] 배우자를 유인한다. 그 후 서독의 Müller와 Jaenicke 학파가 갈조류의 배우자 유인물질을 밝혔다. 이 상하게도 페로몬의 정체는 모두 물에 녹지 않는 탄화수소(炭化水素)였다. 이들을 설명하기에 앞서 먼저 녹조류의 성 페로몬을 간단히 설명한다.

### 4.2.1.1 녹조류

(1) 볼복스류

비가 개인 다음에 웅덩이 등에서 생겨나는 볼복스류(*Volvox* spp.)는 유성생식에 의해 두꺼운 막으로 보호되는 수정란(受精卵)을 만들어 휴면(休眠)한다. 이 수정란은 건조에 매우 강하다. 이런 물 웅덩이는 오래가지 않기 때문에 볼복스가 그들의 개체수를 유지하기 위해서는 아주 단기간에 때를 잘 맞춰서 폭발적으로 유성생식을 할 필요가 있다. 그 조절은 화학물질이 하는 것 같다. 즉, 무성생식과 유성생식의 전환을 화학신호로 조절하고 있다.

이런 사례가 맨 처음 밝혀진 것은 남아프리카에서 발견된 *V. capensis*

에서다. 이 종은 암수한몸[雌雄同體]이고 하나의 구상군체(球狀群體: 한 개체가 분열에 의해 생긴 딸 개체가 여러 개 모여 만든 구형의 군체) 속에 알과 정자를 함께 만든다. 개체(군체)의 밀도가 높아지면 유성배우자(有性配偶者) 유기물질(誘起物質)을 방출하는데, 그러면 유성배우자의 수가 증가하기 때문에 수정할 수 있는 기회가 많아지고 접합체(接合體)의 수도 증가해서 개체수를 유지할 수 있다. 활성물질은 구상군체의 세포간질(細胞間質) 성분인 당단백질이 분해되어 생겨난 L-글루탐산 (2)이다. 이 아미노산은 빛의 존재하에서는 68nM이라는 낮은 농도에서도 유성배우자를 유기(誘起)할 수 있다.

대개는 무성군체(無性群體) 한 개가 5,000개체에 이르기까지는 무성생식을 반복하지만 그 이상이 되면 유성생식으로 바뀌어 $10^4$개체 이상의 접합자를 만들 수 있다. 그러나 D-글루탐산은 이런 활성이 없다. 어떻게 이런 현상이 생기게 되는지는 확실하지 않다. 앞서 말한 저분자(低分子) 페로몬과는 달리 *V. aureus*, *V. carteri* 등의 페로몬은 고분자(高分子), 즉 단백질이 페로몬으로 되어 있다. 이들 녹조류는 암수딴몸[雌雄異體]이며 암컷은 무성적으로 계속 늘어난다. 수컷도 마찬가지이나 정기적으로 모든 개체가 한꺼번에 유성(有性)으로 된다. 잘 관찰해 보면, 자연발생적으로 2만 개체에 1개체의 비율로 유성이 된다. 1개체라도 유성인 수컷 구상군체가 있으면 다른 군체는 모두 유성이 된다. 유성의 수컷 개체가 분비하는 물질은 암컷을 유성으로 만들 수도 있다. 유성의 수컷을 배양하면 배양액 중에 페로몬을 분비한다. *V. carteri*의 활성물질은 분자량이 27,500~30,000인 당단백질이며, 글루코오스, 갈락토오스, 키시로오스, 아라비노오스 및 아미노당 등이 45%나 들어 있다. 최근들어 cDNA의 아미노산 배열(아미노산 208 잔기)이 인슐린 B고리와 비슷한 부분을 갖는다는 재미있는 보고가 있었다. $3 \times 10^{-16}$M의 농도로 모든 개체를 유성으로 바꾸는 효과가 있었다고 한다.

또한 *V. aureus*에서는 $5 \times 10^{-15}$M로 50%의 개체를 유성으로 하는 분자량 20만인 단백질이 얻어졌다.

### (2) 기타

*Oedogonium cardiacum*은 실모양[絲狀]의 담수산 녹조류인데, 유성 생식에 있어서 정자는 생란기(生卵器)로 유인된다. 생란기에서 페로몬이 나오는데, 배양액에서 얻은 활성물질의 분자량은 500~1,500이었고, 황색 색소였다. 물에는 아주 잘 녹지만 열이나 산, 그리고 알칼리에는 매우 불안정하였다. 이 밖에 담수산 녹조류인 *Desmidium*류, 규조류인 *Rhabdonema*, 편모조류인 *Dinobryon*나 *Vaucheria*에서도 성 페로몬이 있다는 것이 확인되고는 있지만 자세한 것은 밝혀지지 않았다.

#### 4.2.1.2 갈조류

갈조류에도 성 페로몬이 있다는 것은 1854년 프랑스의 Thuret가 뜸부기과의 *Fucus*속 해조류의 유성생식에서 알[卵]이 정자를 유인하는 것을 관찰한 것이 맨 처음이었다. 그 후 솜털, 채찍말, 다시마속의 해조류에서도 같은 현상이 관찰되었다(화보 10 참조). 그러나 알이 분비하는 성 페로몬의 양이 아주 적었기 때문에 그것을 해명하기 위해서는 분석 기술이 더 많이 발전할 때까지 기다려야만 했다.

### (1) 정자 유인물질

#### ① 참솜털

맨 처음으로 밝혀진 페로몬은 조간대에 있는 바위나 해조류에 붙어 사는 크기가 2~10cm 되는 참솜털 *Ectocarpus siliculosus*에서 얻은 ectocarpene (**3**)이었다.

1967년 Müller 등은 배우체(配偶體) 1kg으로부터 92mg의 페로몬을 순수하게 뽑아내 화학구조를 결정했다. 그러던 중, 그림 4·2와 같

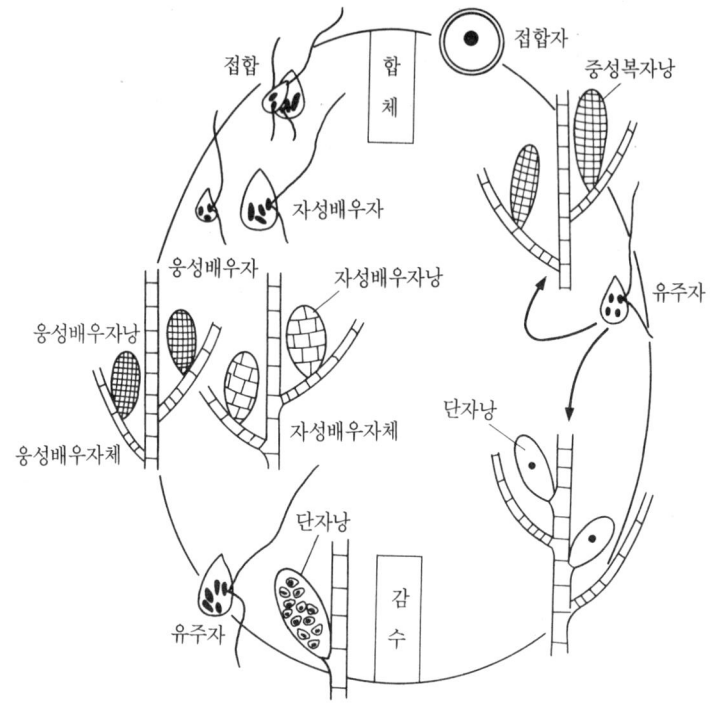

그림 4·2  참솜털(*Ectocarpus siliculosus*)의 생활사
[広瀬弘幸, 藻類學總說, p.375, 內田老鶴圃新社(1959)]

은 참솜털의 생활사 중 유성생식시 발생하는 자성(雌性) 배우체를 대
량배양(배양접시를 15,000개나 썼다) 하였더니 배우체가 내는 향기(냄
새)와 활성이 위의 페로몬과 같다는 것을 알게 되었다. 그래서 배우체
의 현탁액에 공기를 통하게 하여 나오는 휘발성 물질을 저온(低溫)에
서 포집(捕集, trap)하였다. 이렇게 얻은 물질에서 활성이 있었기 때문
에 가스크로마토그래피(GC, Gas Chromatography)로 정제하여 그 구
조를 밝혔는데, 활성의 본체는 (+)-(*S*)-6-(1*Z*-butenyl)-1, 4-
cycloheptadiene (3)이었다. 물에 녹지 않는 탄화수소가 활성물질이었
다는 것은 놀라운 일이다. 또한 이 물질은 $10^{-8}$M에서 정자를 유인한다

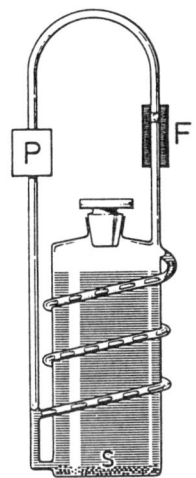

그림 4·3　페로몬을 추출하는 장치
P : 펌프, F : 흡착 필터(1.5mg 활성탄 포함)
S : 알 또는 배우체
[I. Maier and D. G. Müller, *Biol. Bull.*, **170**,155 (1986)]

고 한다.

### ② *Fucus*속

푸쿠스속의 *Fucus serratus*의 경우도 암수딴몸이며, 알이 분비하는
페로몬은 fucoserratene (**9**)이라는 $C_8$인 탄화수소였다. 1kg의 알(2×
$10^9$개)로부터 페로몬은 겨우 0.35mg만 얻어졌다. $10^{-7}$M로 효과가 있
었다. 한편 일본산 푸쿠스류인 *F. evanescens*는 암수한몸이지만, 페로
몬은 같은 물질로 되어 있었다. 즉, 가지하라(梶原) 등은 6월 상순에
홋카이도에서 채집한 성숙한 푸쿠스(*Fucus*)의 생식기 주머니(그림 4·
2에서 배우자낭에 상당함)를 직접 유기용매로 추출한 후 정제하여 순수
한 fucoserratene을 $4×10^{-5}$%의 수율(收率)로 얻었다.

### ③ 기타

최근에는 추출방법도 많이 개량되어 그림 4·3과 같은 폐쇄계(閉鎖

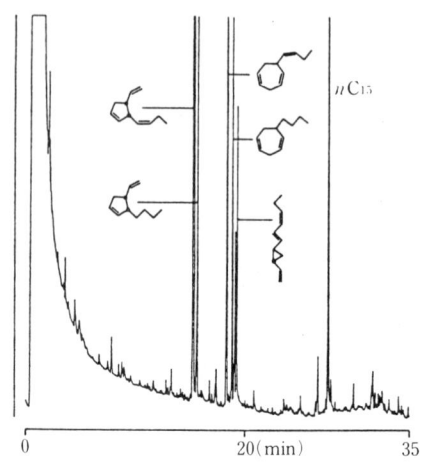

**그림 4·4** 끈말류인 *Chorda tomentosa*의 알 분비물의 가스크로마토그램
[I. Maier and D. G. Müller., *Biol. Bull.*, **170**, 156(1986)]

系)의 추출 장치를 이용한다. 알이나 배우체의 현탁액이 들어 있는 그
릇에 공기를 순환시켜서 페로몬을 활성탄으로 흡착하여 포집한다. 흡착
한 물질은 용매로 씻어 GC나 가스크로마토그래피-매스스펙트로메트리

3  4  5  6

7  8  9  10

11  12

표 4·1  갈조류의 성 페로몬

| 페로몬(물질번호) | 종명 |
| --- | --- |
| ectocarpene(3) | *Ectocarpus siliculosus*(참솜털) |
| | *E. fasciculatus*(솜털속) |
| | *Sphacelaria rigidula*(갯쇠털속) |
| | *Adenocystis utricularis* |
| desmarestene(4) | *Desmarestia aculeata*(산말속) |
| | *D. viridis*(쇠꼬리산말) |
| | *Cladostephus spongiosus* |
| dictyopterene C′(5) | *Dictyota dichotoma*(참그물바탕발) |
| lamoxirene(6) | 다시마과, 미역과, 참그물바탕말 등 29종 |
| multifidene(7) | *Cutleria multifida*(채찍말속) |
| | *Chorda tomentosa*(끈말속) |
| viridiene(8) | *Syringoderma phinneyi* |
| fucoserratene(9) | *Fucus serratus*(뜸부기과) |
| | *F. vesiculosus*(   〃   ) |
| | *F. spiralis*(   〃   ) |
| finavarrene(10) | *Ascophyllum nodosum* |
| | *Dictyosiphon foeniculaceus* |
| cystophorene(11) | *Cystophora siliquosa* |
| hormosirene(12) | *Hormosira banksii* |
| | *Xiphophora chondrophylla* |
| | *X. gladiata* |
| | *Durvillaea potatorum* |
| | *D. antarctica* |
| | *D. willana* |
| | *Scytosiphon lomentaria*(고리매) |
| | *Colpomenia peregrina*(불레기말 속) |

[I. Maier and D. G. Müller, *Biol. Bull.*, **170**, 152(1986)]

(GC-MS, Gas Chromatography-Mass Spectrometry)로 분석한다. 그림 4·4는 갈조류인 끈말(*Chorda filum*)과 근연인 *Chorda tomentosa*의 알이 분비하는 물질의 GC 분석 결과이다. 알이 여러 가지 물질을 낸다는 것을 알 수 있다. 그러나 정자를 유인하는 것은 알 1개당 $10^{-10}$g

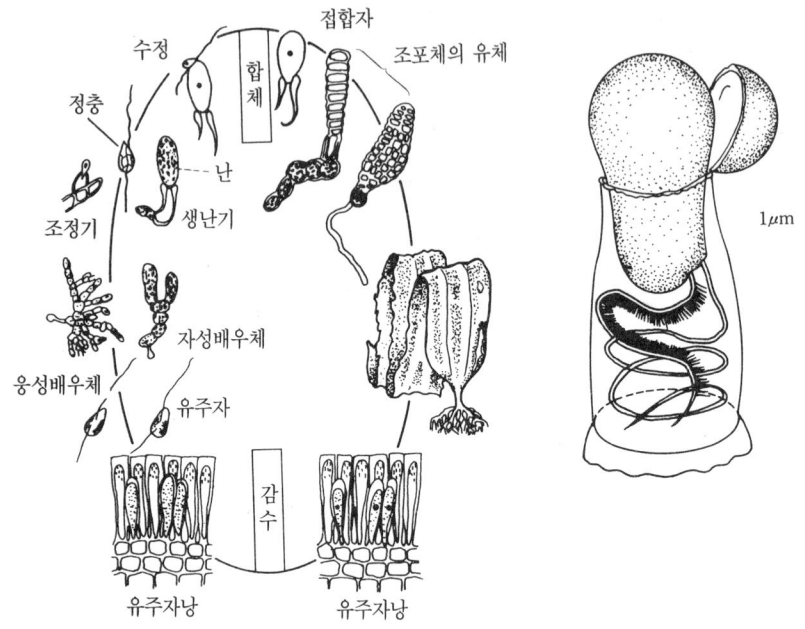

그림 4·5  다시마류인 *Laminaria*의 생활사(왼쪽)와 정자 방출(오른쪽)
[広瀬弘幸, 藻類學總說, p.396, 內田老鶴圃新社(1959) ; I. Maier and D. G. Müller.,
*Biol. Bull.*, **170**, 145 (1986)]

정도 들어 있는 multifidene (7) 때문이다.

지금까지 밝혀진 갈조류의 성 페로몬은 10종류인데, 이들 모두가 휘
발성이 있는 $C_8$이거나 $C_{11}$의 불포화 탄화수소인 것이 흥미롭다(표 4·
1). 이 밖에도 14목 40종의 갈조류에서 성 페로몬이 밝혀졌다.

(2) 정자방출과 유인물질

다시마목(Laminariales), 산말목(Desmarestiales)과 털비말목(Spo-
rochnales)의 해조류에서는 같은 페로몬이 조정기(造精器)의 폭발적
개열(開裂)(그림 4·5)과 정자의 방출, 그 다음 이어서 정자의 유인을
일으킨다. 산말속의 *Desmarestia aculeata*와 *D. viridis*에는 desmare-

stene (**4**)이, 끈말속 *C. tomentosa*에서는 (＋)-multifidene (**7**)이, 그리고 다시마속 *Laminaria digitata*와 기타 다시마목에 속하는 몇몇 종류에서는 알 1개에 $2\sim6\times10^{-11}$g 들어 있는 lamoxirene (**6**)이 앞서와 같은 활성이 있다. 이들 모두 $10^{-10}\sim10^{-12}$M에서 유효하다. 특히, *C. tomentosa*가 가장 저농도에서 활성을 나타내며, 20초 동안에 600개의 페로몬 분자가 조정기(造精器)의 세포 표면에 부딪치기만 해도 정자가 방출한다고 한다.

(3) 활성

Müller 등은 활성을 조사하기 위해, 폴리스틸렌으로 만든 배양접시 (petri dish) 위에 바셀린으로 고정한 스테인레스 링(stainless ring, 지름 12mm) 안에 화학적으로 불활성 용매인 불화탄화수소(FC-78 등)에 녹인 페로몬을 3방울($0.1\mu l\times3$) 떨어뜨린 다음 해수와 정자를 넣어 관찰하는 bioassay법을 채택하였다. 정자는 배우자낭(配偶者囊)을 빛으로 처리하여 모은다. 가지하라(梶原) 등은 스페로실 비즈(spherosyl beads)에 페로몬을 흡착시켜서 정자의 반응을 관찰하는 방법을 쓴다.

갈조류의 페로몬은 대개 $10^{-11}\sim10^{-9}$M로 유효하다. 이제까지는 고리매 *Scytosiphon lomentaria*의 hormosirene (**12**)이 가장 강하게 작용하며, $6.1\times10^{-13}$M로 정자를 유인한다. 아마도 페로몬 1분자로도 정자를 반응시킬 수 있을 것이다.

정자는 페로몬의 농도 구배에 반응해서 자성(雌性) 배우자를 찾아와 정자의 앞쪽에 나 있는 편모를 난막(卵膜) 속으로 삽입한다. 이 반응은 매우 종 특이적(種特異的)인 반응이어서 종간(種間)의 교잡을 막을 수 있다. 앞서 말했듯이 자성 배우자는 동시에 서로 다른 몇 가지 물질을 분비한다. 그렇지만 이들 물질은 용해성(溶解性)이나 전자분포(電子分布) 등의 물리적인 성질이 아주 비슷하기는 하지만 실제 효과가 있는 것은 단 한 종류뿐이다. 게다가 페로몬은 가장 많이 분비된다고도 말할

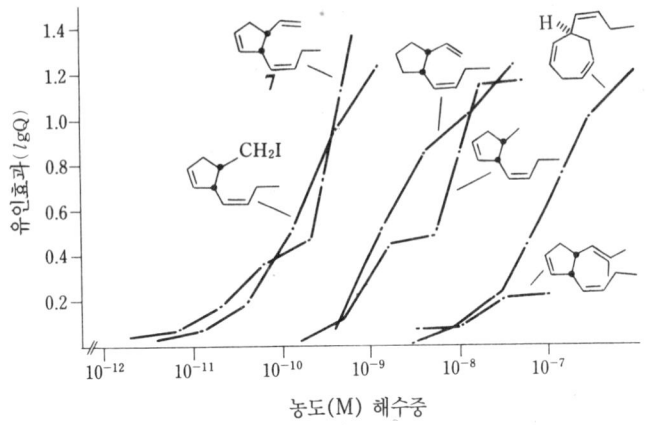

**그림 4·6** (+)-multifidene (7)과 동연체(同緣體)인 채찍말 *Cutleria multifida*의 정자유인(精子誘引) 효과. [I. Maier and D. G. Müller, *Biol. Bull.*, **170**, 161 (1986)]

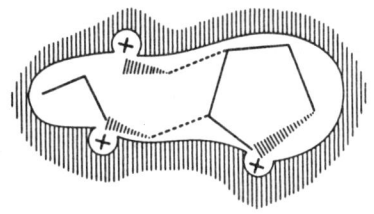

**그림 4·7** (+)-multifidene의 수용체(receptor). +는 수용체 분자의 친전자부분(親電子部分)을 나타낸다. [I. Maier and D. G. Müller, *Biol. Bull.*, **170**, 167 (1986)]

수 없기에, 각 페로몬은 정자의 세포질막(細胞質膜)에 있는 어떤 특이한 리셉터와 결합하여 활성을 나타내는 것으로 여겨진다.

예를 들어 채찍말속의 *Cutleria multifida*가 성사를 유인하는 효과를 (+)-multifidene (7)를 비롯한 이와 비슷한 물질을 대상으로 정량적으로 조사해 보았더니 그림 4·6에서와 같이 요오드화합물말고는 천연 페로몬에 버금갈 만한 것은 없었다. 즉 입체 화학적 특성을 인식하고 있음이 분명하므로, 그림 4·7에서 제시한 리셉터가 있을 것으로 생각

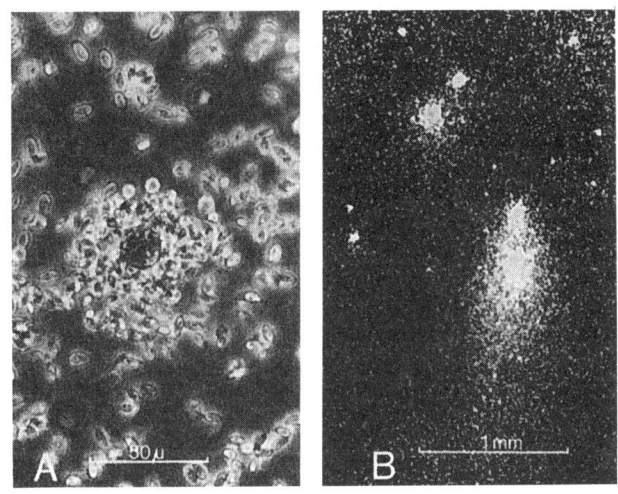

**그림 4·8**   채찍말 *Cutleria multifida*의 알(卵)에 유인된 참솜털의 정자(A), 참솜털의 알에 유인된 채찍말의 정자(B). [D. G. Müller, *Z. Pflanzenphysiol.*, **80**, 128 (1976)]

할 수 있다. 다른 종류에서도 같은 결과들이 얻어지고 있다.

또한 그림 4·6으로 알 수 있듯이, 효력이 다르기는 하지만 성 페로 몬의 유인성(誘引性)에는 종간의 교차(交叉)가 있다. 이는 (+)-mul-tifidene (7)과 (+)-ectocarpene (3)의 예와 같이 분자상 $\pi$전자의 분포가 아주 비슷하기 때문이다. 다른 페로몬에서도 마찬가지다. 따라 서 참솜털의 자성 배우자에도 채찍말(*C. multifida*)의 정자가 유인된다 (그림 4·8). 또 다시마나 미역과(Alariaceae)의 *Alaria crassifolia*의 알 분비물 중에는 ectocarpene이 들어 있기 때문에 참솜털의 정자를 유 인할 수 있다. 이 밖에도 많은 종에서 교차(交叉)를 볼 수 있는데, 교 잡(交雜)이 일어나지 않는 것은 앞서 말한 난세포막의 종 특이성 외에, 생식 시기나 분포의 차이 또는 다시마목의 해조류처럼 알을 밤에 방출 하기 때문이다.

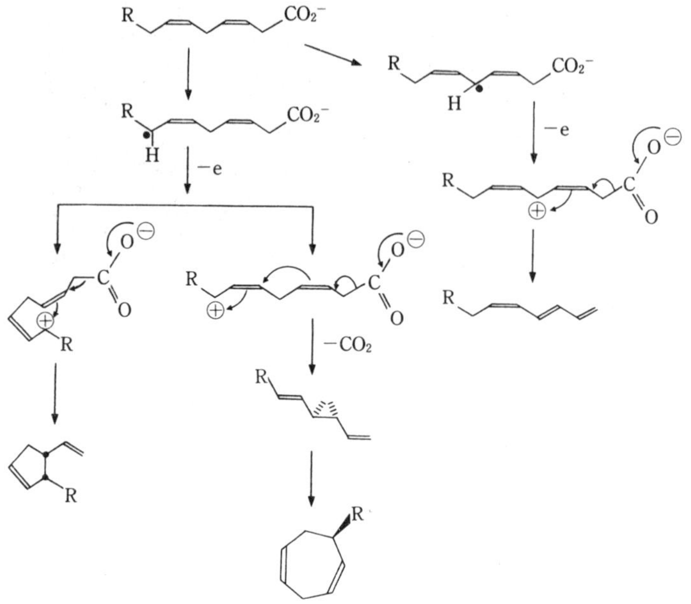

**그림 4·9** 갈조류 페로몬의 생합성 경로

(4) 생합성(生合成)

갈조류의 페로몬은 지방산에서 만들어진다는 것이 흡수실험 등으로 거의 확인되었다. 즉 그림 4·9처럼 지방산의 1, 4-펜타디에닐 부분에서 수소가 빠져나가고, 이어서 탈탄산(脫炭酸), 이중결합의 이동 등이 생기는 경로를 추측할 수 있다.

## 4.2.2 무척추동물

수권에 서식하는 무척추동물에도 성 페로몬이 있다는 것은 갑각류를 제외하고서는 놀랄 만큼 거의 모르고 있다. 겨우 자포동물인 히드라와 해파리, 참갯지렁이과(Nereidae)와 염주발갯지렁이과(Syllidae)의 다모류, 연체동물인 삿갓조개나 돌조개류(*Arca*)에서 보고된 것에 불과하다. 갑각류를 포함해서 페로몬의 정체가 명확하게 밝혀진 예는 하나뿐이다.

### 4.2.2.1 히드라와 해파리

1950년 탄(團)은 세겹꽃해파리 *Spirocodon saltatrix*의 알 주위에 정자가 모이는 것을 보고 성 페로몬이 있을 것이라 짐작하였지만, 그로부터 십 수년이 지나 Müller가 이 문제를 본격적으로 다루기까지는 별다른 관심을 끌지 못했다. Müller는 32종류나 되는 히드라충류와 사발(鉢)해파리목에 속하는 자포동물의 알을 함수(含水) 에탄올로 추출해서 정자에 대한 각 추출액의 반응을 조사하여, 종 특이적인 유인효과가 있음을 확인하였다. 또 752가지나 종간(種間) 교차반응을 조사했지만 교차(交叉)가 있었던 것은 불과 17가지뿐이어서 천연(天然)에서는 교잡이 생기지 않는 메커니즘이 있을 것으로 추측하였다.

정자 유인물질의 분자의 크기를 겔 여과로 조사하였더니 아목(亞目)별로 분자량에 약간의 차이가 있었다. 즉, 꽃해파리아목(Anthomedusae)의 페로몬의 분자량은 5,000 이상이고, 연해파리아목(Leptomedusae)의 것은 1,000 이하이고, 담수해파리아목(Limnomedusae)과 경해파리아목(Trachymedusae)은 5,000 이상이었다. 이들은 모두가 열에 안정한 펩티드인 듯하다.

### 4.2.2.2 갯지렁이류

환형동물의 참갯지렁이과의 다모류 중에는 생식행동이 특이하게 떼를 이뤄 헤엄치는 "생식군영(生殖群泳)"을 하는 것이 많다. 남태평양의 팔롤로(palolo)가 가장 유명하다. 대부분 어떤 특정의 시기와 시간이 되면 배우자를 가진 특수 형태인 "에피토크(epitoke, 生殖變形體)[23]"로 변해 수면을 향해 떼를 지어 일제히 헤엄치면서 정자와 난자를 방출한다. 곱사참갯지렁이 *Platynereis dumerilli*는 초승달 다음 첫주에 떼를 지어 헤엄치는데, 이때 암·수가 모두 페로몬을 분비한다. 이것을 알아차리고 갯지렁이들은 "혼인 춤"을 추며, 이어서 정자와 난자를 방출한다. 전기생리학적인 방법으로 조사해 보았더니 페로몬은 갯지렁이의 옆다리(側脚, parapodium)의 촉수(觸鬚)에 있는 수용기(receptor)와 결합해서 위와 같이 행동한다는 것을 알게 되었다.

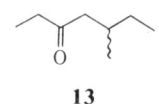

**13**

페로몬은 체강액(體腔液) 속에 들어 있다. 체강액을 GC(Gas Chromatography)로 분석한 결과 휘발성 물질이 많았고, 그 중 3종에서 페

---

23) 이러한 현상을 생식변형(生殖變形, epitoky)이라 한다. 이것은 특히 환형동물의 다모류 중에서도 참갯지렁이 등 유영성 다모류(Polychaeta Errantia)에서 나타나는 현상이며 해저에 살던 갯지렁이가 성숙기가 되어 생식선이 발달하면서 몸의 전반부의 체절과 후반부의 그것과 외관이 크게 변하여 유영하기에 적합하도록 형태적으로 변하는 것을 말한다. 성숙체절(成熟體節, fertile segment)에서는 ① 옆다리(parapodia), 즉 측각이 커지면서 거기에 편평하고 엽상(葉狀)인 돌기가 잘 발달하고, ② 엽상의 돌기상에 미세한 강모(剛毛, capillary setae)가 발달하여 보행에 적합했던 측각이 유영용으로 된다. ③ 머리 부분의 눈이 현저하게 커진다. ④ 미절(尾節)에 특수한 감각유두(感覺乳頭, sensory papillae)가 생긴다. 예전에 이것은 *Nereis*속과는 다른 것으로 생각하여 *Heteronereis*라는 학명(學名)으로 명명되었으나 후에 생활사가 밝혀지면서 이 시기의 것을 Heteronereis기, Heteronreid phase 또는 epitokous phase라 하고 반면 이에 대하여 미성숙 시기의 것을 Nereis기, Nereid phase, atokous phase 등으로 부른다. Heteronereis기의 개체는 암수 모두가 해수 표면에 떼를 지어 유영하며 유영 중에 성숙 체절과 미성숙체절이 떨어져 나가면서(schizogamy) 체벽이 파괴되어 생식물질이 방출되고 수정이 이루어진다. 그런데 이때 성숙체절은 붕괴되어 죽고 남아 있는 미성숙 체절은 재생(再生)에 의해 완전한 개체로 되기도 한다. 우리나라에서도 두토막눈썹참갯지렁이의 생식군영을 개인적으로 서해안의 가로림만에서, 참갯지렁이(*Neanthes japonica*) 떼를 한강의 하구역에서 관찰한 바 있으며, 일본에서는 실참갯지렁이(*Tylorrhynchus heterochaetus*)가 10~11월의 초승달이나 보름이 지난 후 3~4일 사이의 밤 만조시, 일몰 후 1~2 시간 사이에 군영하면서 성숙체절이 잘려나가는 것이 보고된 바 있다.

로몬 활성이 있었다. 그들의 반응은 성 특이적(性特異的)이어서 암컷의
페로몬은 수컷에게만 유효하였고, 반대로 수컷의 페로몬은 암컷에게만
활성을 나타내었다. 그 중 하나는 놀랍게도 암컷이나 수컷 모두가 5-메
틸-3-헵타논 (**13**)으로 같은 물질이었다. 그러나 유감스럽게도 다른 두
페로몬은 아직 동정(同定)되지 않았다. 시중에서 팔고 있는 라세미체
(racemic modification)는 암수 모두에게 효과가 있었기에 광학활성체
(光學活性體)를 합성해서 조사해 보았다. $R$-($-$)-체(體)는 암컷이 분
비하며 수컷에게만 효과가 있었고, 역치(threshold value)는 $3 \times 10^{-12}$
M였다. 한편, $S$-($+$)-체는 수컷이 분비하며 암컷을 유인한다. 그 함량
은 수컷 한 마리당 약 1ng이고, 암컷은 0.34ng 가량 갖고 있을 것으로
추정하고 있다. 여하튼 입체화학(立體化學)을 식별한다는 것이 놀랍기
만 하다. 그리고 이것은 해양동물에서는 처음으로 성 페로몬을 밝힌 예
였다.

큰 수조를 사용하여 자세히 관찰해 보면 막 떼를 지어 헤엄치기 시작
한 갯지렁이는 서로 가까이 헤엄치면서 점차로 둥근 원을 그린다. 차츰
원을 작게 하면서 헤엄치는 속도가 빨라져 마지막에 가서는 정자와 난
자를 방출한다. 그리고는 해수는 뿌연 구름처럼 흐려진다. 수컷은 방정
(放精)한 후에도 계속 헤엄치지만 암컷은 죽어서 밑으로 가라앉는다.
수조에 페로몬을 넣어주면 바로 작은 원을 그리면서 헤엄친다. 또한 합
성품(合成品)은 참갯지렁이와 근연인 *Nereis succinea*에게 고농도에서
효과가 있었다.

체강액에는 2,4-디메틸-3-헥사논이나 6-메틸-2-헵타논 따위의 비슷
한 물질도 들어 있는데, 페로몬 활성은 없다. 그리고 4-메틸-3-헵타논
은 개미 *Pogonomyrmex badius*의 경보물질이다.

### 4.2.2.3 갑각류

갑각류의 성 페로몬에 관한 연구는 산업적으로도 중요하여 오래 전부터 연구하고는 있지만 아직도 그 정체를 밝히지 못하고 있다. 이처럼 연구 성과가 늦은 까닭은 성 페로몬에 의해 유발되는 새우나 게 등의 행동, 예를 들면 헤엄치는 속도의 변화, 헤엄치는 방향의 전환, 헤엄치는 방향성, 구애행동(求愛行動)이나 교미(交尾)를 정확하게 판단하기 어렵기 때문이다. 특히, 구애행동과 교미를 수반하지 않는 경우는 잘못 해석할 수 있기 때문에 주의해야 한다.

(1) 새우류

아메리카바다가재 *Homarus americanus*의 암컷이 성 페로몬을 방출하는 것 같다는 것은 이미 1960년대 초반에 알게 되었지만 그 본체를 밝히는 작업은 매우 늦어지고 있다. 이것은 앞서 말했듯이 새우의 행동을 정확하게 파악할 수 없기 때문이라고 생각한다. 하지만 교미를 하기까지의 행동은 대단히 재미있기에 소개하겠다.

탈피 과정의 전기단계, 즉 탈피전기(脫皮前期)에 있는 암컷은 좋아하는 수컷이 "숨어사는 집"을 찾아가 성 페로몬을 뇨(尿)와 함께 섞어 방출하고, 이것을 느낀 수컷은 다리를 높이 들어 특징적인 구애행동을 나타내 보인다. 탈피하기 하루~수일 전에 암컷은 수컷의 "숨어 사는 집"에 들어가 함께 동거하기 시작한다. 이 동안에 수컷은 배다리[腹肢]를 세차게 움직여서 다른 암컷에게 신호(signal)를 계속 보내어 다른 암컷을 유인한다. 교미는 탈피 30분 후에 이루어진다. 그 후 바로 다른 암컷이 접근하여 함께 살기 시작한다. 이처럼 암수 모두가 성 페로몬을 방출하는 것은 틀림없는 것 같으나, 페로몬의 성질에 관해서는 전혀 아는 바가 없다. 다만 탈피 호르몬(ecdysone)이 아닌 것만은 확실하다.

실험실에서는 그림 4·10과 같은 장치를 이용하여 성 페로몬을 검정

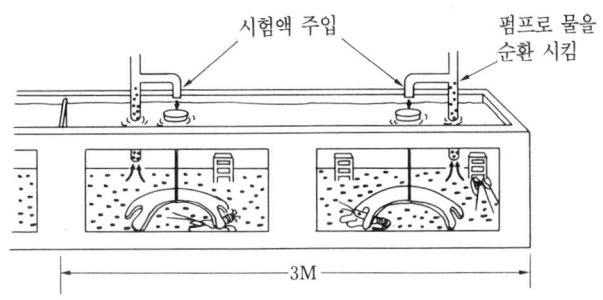

**그림 4·10**  바다가재(*Homarus gammarus*)의 성 페로몬을 검정(檢定)하는 장치.
[J. Atema and D. F. Cowan, *J. Chem. Ecol.*, **12**, 68 (1986)]

한다. 즉, 사이폰(siphon)으로 탈피전기에 있는 암컷의 뇨(尿)를 넣어
주면 수컷은 "숨어 사는 집"에서 나와 페로몬을 주입한 "숨어 사는
집"으로 들어가서 구애행동을 취한다(왼쪽).

한편 아메리카가재 *Procambarus clarkii* 수컷은 다른 암컷이나 수컷
이 들어 있었던 물에 다르게 반응하는데, 동성(同性)의 게가 들어 있던
물에는 집게발을 쳐들고 공격적인 포즈를 취하지만 암컷이 들어 있던
물에는 섭이행동(攝餌行動)이나 집게발을 들며 꼬리를 안으로 감추어
구애행동을 한다. 시각(視覺)은 상관없는 것 같고, 작은 촉각(小觸角)
을 잘라 버리면 반응을 일으키지 않는다고 한다. 어느 경우나 페로몬은
열(熱)에 안정한 분자량 500 이하인 올리고당(糖)일 것으로 추정하고
있다.

(2) 게류

1966년 Ryan이 점박이꽃게의 일종인 *Portunus sanguinolentus*를
가지고 한 실험이 갑각류 성 페로몬의 존재를 실증한 최초의 연구였다.
즉, 수컷은 탈피전기에 있는 암컷이 있으면 진한 빨간색을 띤 집게발을
옆으로 벌려 유영지(遊泳肢)를 등딱지보다 높이 쳐들면서 더욱 몸을

뻗는다. 이렇게 구애행동을 보인 다음 암컷을 껴안는다. 이런 일련의 행동은 탈피전기나 탈피기간 중에 있는 암컷을 사육하고 있는 수조의 물을 주입(注入)해 주어도 일어난다. 페로몬은 뇨와 함께 분비되는데 짝이 생기면 암컷은 더 이상 분비하지 않는다. 같은 현상이 꽃게과에 속하는 *Carcinus maenas*와 *Micropipus holsatus*에서도 관찰되었다.

한편 바위게인 *Pachygrapsus crassipes*, 은행게류인 *Cancer antennarius*와 *C. anthonyi*에서도 탈피전기에 있는 암컷은 수컷을 유인한다. 예를 들면 바위게 수컷이 들어 있는 수조에 탈피전기에 있는 암컷을 넣어주면 수컷은 두흉부(頭胸部)를 일으키고 앞쪽에 있는 3쌍의 걷는다리[步脚]로 발돋움하며 4번째 걷는다리를 수평으로 뒤로 뻗는다. 집게발을 앞으로 내밀고 방어자세를 취한다. 그리고서는 수컷이든 암컷이든 상관없이 처음 마주친 것을 붙잡고 쓰러뜨려 껴안으려 한다. 이것은 탈피전기에 나타나는 구애행동이다. 암컷이 탈피 중일 때는 발을 높이 쳐들어 상처나기 쉬운 피부를 보호하려고 한다. 탈피가 끝나면 바로 교미한다. 은행게도 거의 같은 행동을 보인다.

활성물질은 이온 교환수지나 활성탄에 흡착되지 않지만, 해수를 이소프로판올과 에테르의 혼합액으로 처리해서 추출한다. 여러 가지로 검토한 결과 갑각류의 탈피 호르몬인 crustecdysone(＝ecdysterone) **(14)** 과 성질이 유사했기에, 이 스테로이드($10^{-5}$M)를 바위게에게 시험해 보았더니 특징적인 반응(숨어 사는 집에서 나와 교미하기 전의 포즈를 취하고, 수컷을 붙잡으려고 한다)을 7초 정도 보였다. 수컷은 어두우면 잘 반응하기 때문에 암실에서 실험하였다. 바위게에서 역치(閾値)는 $10^{-13}$M, *C. antennarius*와 *C. anthonyi*는 각각 $10^{-10}$과 $10^{-8}$M이었다. 따라서 페로몬은 crustecdysone이나 그 대사산물일 것으로 여겨진다. 이때 *C. antennarius*의 수컷은 바위게 탈피전기에 있는 암컷에게, 그리고 또 다른 은행게류인 *C. magister*의 수컷은 탈피전기에 있는 *Cancer* *productus* 암컷에게 각각 반응했다. 이것은 게의 성 페로몬에는 종 특이성(種特異性)이 있다고 한 Ryan의 주장과는 다르다. 이에 대해 *Carcinus maenas*의 수컷은 crustecdysone $10^{-7}$M에도 반응하지 않았다는 보고가 있다. 또, 탈피전기에 있는 대서양산 꽃게류 *Callinectes sapidus*의 암컷의 뇨(尿)를 HPLC로 정제하여 얻은 순수한 페로몬은 crustecdysone과 관련이 없음이 밝혀졌다. 이와 함께 $5 \times 10^{-5}$와 $5 \times 10^{-6}$M의 탈피 호르몬도 시험해 보았지만 아무런 반응도 없었다고 한다. 따라서 ecdysterone=호르몬의 학설에는 아직 많은 의문이 남아 있다고 하겠다.

**14**

(3) 기타

탈피전기에 있는 단각류(端脚類)인 *Microdentopus gryllofalpa*의 암컷은 수컷을 유인한다. 페로몬은 극성(極性)이 큰 염기성 물질일 것으로 추정되고 있다. 한편 탈피후기에 있는 부유성 요각류(橈脚類, Copepoda) 칼라누스속(*Calanus* spp.)의 암컷이 들어 있던 사육수(飼育水)도 수컷을 유인한다고 한다.

## 4.2.3 어류

성 페로몬이 어류에도 있을 것이라는 연구 결과는 많다. 일부 예외

(담수산 열대어류인 swordtail characin이라고 하는 *Corynopoma riisei*
이나 베도라치과 청베도라치속의 *Blennius pavo*)가 있기는 하지만 성
페로몬은 대체로 생식소(生殖巢)에서 방출된다. 다만 뇨에 섞여서 나오
는지 생식수관(生殖輸菅)을 통해서 나오는지는 분명치 않다. 여기에서
는 어느 정도 그 본체가 밝혀진 것만을 설명한다.

### 4.2.3.1 스테로이드와 그 글루크론산 포합체(抱合體)[24)]

원구류의 다묵장어과에 속하는 칠성장어와 비슷한 *Petromyzon mari-*
*nus*는 각종 어류에 기생하여 어업에 피해를 입히기 때문에, 캐나다의
대서양 연안에서는 그 구제대책에 대한 연구가 한창이다. 성숙한 물고
기는 뇨와 함께 페로몬을 방출하여 성(性)이 다른 물고기를 유인하는
데, 동성(同性)에서는 오히려 기피한다. 미성숙한 개체끼리는 아무 반
응도 일으키지 않는다고 한다. 수컷의 뇨는 $25 \mu l/l$의 농도로 암컷을 유
인한다. 뇨 중에는 $5 \times 10^{-9}$M의 테스토스테론 (**15**)이 들어 있으며, 10
$^{-11} \sim 10^{-10}$M에서도 암컷을 유인할 수 있지만 실제로는 더 낮은 농도에
서도 효과가 있는 "진짜 페로몬"이 들어 있는 것 같다.

망둑어 *Gobius jozo*의 수컷은 정소(精巢)에서 만든 에티오코라노론
의 글루크론산 포합체 (**16**)를 분비하여 암컷을 유인하고 때로는 산란
시키기도 한다. 또 배란(排卵)한 담수산 열대어인 제부라 *Brachydanio*
*rerio*의 암컷이 내는 에스트라디올과 테스토스테론의 글루크론산 포합
체 (**17, 18**)로 수컷은 유인되지만, 암컷은 전혀 반응을 보이지 않았다
는 보고가 있다.

한편, 배란한 무지개송어 *Salmo gairdneri*는 페로몬을 생식강(生殖
腔)에서 분비하는데, 이를 감지한 수컷은 몸을 심하게 떨어 구애행동을

---

24) 포합체(抱合體, conjugate) : 생체 안에서 활성물질이 불활성물질로 변화되는 반응에 의해서
   만들어진 물질을 말하며, 대부분 소변으로 배설되는 경우가 많다.

취한다. 배란 전의 암컷은 이러한 반응을 일으키지 않는다. 알을 닦은 세액(洗液)과 생식강액(生殖腔液)은 효과가 있다. 이 경우도 스테로이드의 글루크론산 포합체가 페로몬인 듯하다. 참미꾸리 *Misgurnus anguillicaudatus*에서도 같은 결과를 얻을 수 있다.

**15** : R=H
**18** : R=

**16**

**17**

### 4.2.3.2  금붕어 *Carassius auratus*

배란(排卵)한 암컷을 성숙한 수컷이 들어 있는 곳에 넣어주면 수컷은 암컷을 서너 시간 동안이나 쫓아다닌다. 이러한 추미행동(追尾行動) 중에 수컷은 산란할 때처럼 암컷의 산란공(産卵孔)을 자주 머리로 치거나 배 옆을 밀거나 한다. 그러나 산란을 끝낸 암컷을 넣으면 이런 반응은 일어나지 않는다. 페로몬은 생식공(生殖孔)에서 나온다.

위의 행동에는 세 가지 페로몬이 관여하는 듯하다. 우선 17β-에스트라디올의 대사산물이나 또는 그 관련물질이 방출됨으로써 이를 알아차린 수컷이 암컷이 있음을 깨닫는다.

이어서 17α, 20β-디히드록시-4-프레그넨-3-온 (**19**)이 생식공에서 분비되면 이를 느낀 수컷의 정액량(精液量)이 증가한다. 동시에 혈중(血中)의 생식선자극 호르몬인 고나도트로핀(gonadotropin)의 양도 늘어난다. 이 반응은 다른 스테로이드 호르몬으로는 일어나지 않으며, 후각(嗅覺) 신경다발[神經束]을 잘라 버린 금붕어에도 반응을 보이지 않는다. $10^{-10}$M의 스테로이드로도 정자의 양은 증가하는데, 전기생리학적 방법으로 조사하였더니 $10^{-13}$M로도 금붕어의 후각상피(嗅覺上皮)가 반응을 보였다고 한다. 이 페로몬은 난성숙(卵成熟)의 마지막 단계에서 나온다.

끝으로 쫓아다니면서 머리로 치는 행동을 하게 하는 물질이 분비된다. 이 페로몬은 프로스타그란딘 $F_2\alpha$ (**20**)를 배란하지 않은 암컷에 주사하면 분비하므로 프로스타그란딘 $F_2\alpha$의 대사산물일 것으로 생각되고 있다. 그리고 시각이나 촉각도 교미하는 데는 중요한 역할을 한다.

**19**        **20**

### 4.2.3.3 기타

빙어 *Hyomesus olidus*의 생식행동은 그림 4·11과 같다. 암컷은 수컷을 생식공(生殖孔)으로 유인한다. 페로몬은 생식공에서 나오며 생식행동이 원활하게 진행되도록 한다. 산란은 야간에 하므로 잘 보이지 않아도 되어 시각은 중요하지 않으며 오히려 페로몬의 역할이 크다. 실제, 생식강액에서 정제한 페로몬을 물에 넣어 보면 수컷은 암컷이 없어도 있는 것으로 알고 뒤쫓아 다니는 행동을 보인다. 수컷도 암컷과 똑같은 페로몬을 분비하는데, 이것도 단백질과 유사한 물질이다.

한편, 배란한 은어 *Plecoglossus altivelis*를 수조에 넣으면 수조 속의 수컷은 2, 3분 후에 암컷을 쫓아다니기 시작하며, 몸을 활모양으로 하

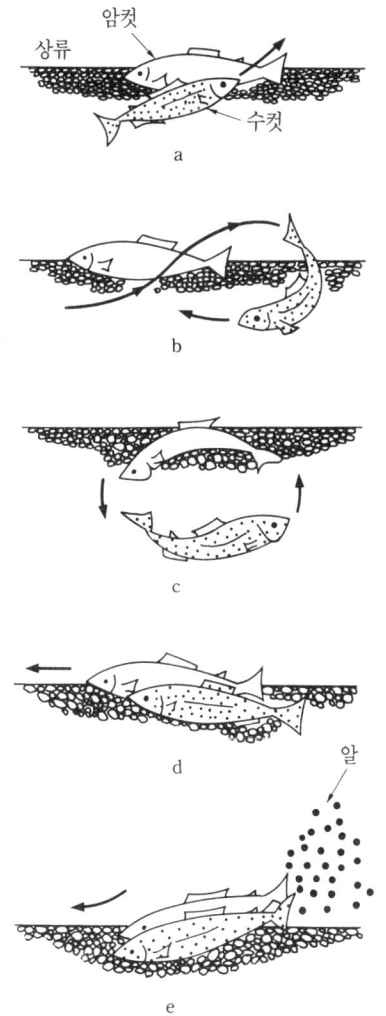

그림 4·11  빙어(*Hyomesus olidus*)의 산란행동(화살표는 유영방향을 나타냄)
[岡田鳳二 外, 道立水産孵化場業績, **33**, 94 (1978)]

여 모든 비늘을 쫙 뻗고 암컷의 몸 밑이나 앞에서 몸을 심하게 떠는 구애행동을 취한다. 이때 복부(腹部)에 오렌지색의 띠가 생긴다. 수컷 한 마리가 암컷과 나란히 헤엄치면서 때때로 가슴지느러미를 암컷의 가슴지느러미에 질러 넣고 수조 바닥에 짓누르려 한다. 그러다가 암수 모두가 다 모래 속으로 잠입하여 산란한다. 암컷을 넣은 후 몇 시간 안에 산란했다고 한다. 이런 일련의 행동에 페로몬이 관여하고 있으며 생식공에서 분비된다.

배란한 알을 닦은 세액(洗液)에서 페로몬을 정제(精製)하였더니 지용성(脂溶性)의 염기성 물질이었다. 은어의 수컷의 호흡수(呼吸數)가 상승함을 지표로 하여 페로몬의 활성을 검정해 보면 $10^{-2}$pg/$l$에서 유효한 결과를 얻을 수 있었다.

이 밖에도 베도라치류인 *Hypsoblennius* spp.나 *Blennius pavo*, 청어 *Clupea harengus pallasi*, 메기 *Ictalurus* spp. 따위에도 성 페로몬이 있지만 자세한 것은 밝혀지지 않았다.


# 4.3 착생과 변태를 위한 화학

대부분의 무척추동물의 유생은 부화 후 부유생활을 하다가 적당한 시기가 되면 유영속도를 늦추고 바닥으로 내려가 기어 돌아다닌다. 그러다가 좋은 장소를 만나면 착생(着生)[25]하고 마음에 들지 않으면 더 조건이 나은 장소를 찾아다닌다. 착생해서는 바로 변태(變態)한다. 일반

---

25) 여기에서의 착생(着生)의 개념은 정착(定着, settlement)이라는 뜻으로 조개나 게, 또는 새우 등의 저서동물이 산란, 발생, 부화한 후 2~4주 동안의 부유유생 시기를 마치고 해저의 바닥으로 내려가 정착하는 이른바 착저(着底) 행동을 말한다. 이러한 정착 또는 착저가 성공적으로 끝나면 저서동물의 개체군 또는 군집(群集)에로의 가입(加入, recruitment)이 이루어지게 되는 셈이다.

적으로 착생과 변태를 명확하게 구별할 수는 없으나 착생은 일종의 행동이며 여러 번 반복할 수 있으나, 변태는 불가역적인 발생현상(發生現象)이기 때문에 일생에 한 번밖에 일어나지 않는다. 이러한 두 가지 행위는 개체의 생존에 있어서 대단히 중요한 과정이다.

착생과 변태를 조절하는 요인으로는 ① 유전적 형질, ② 유생의 연령, ③ 유생의 영양상태, ④ 착생하는 기질의 물리적 및 화학적 성질 따위를 들 수 있다. 많은 동물종(動物種)에서 "화학 신호"의 역할이 중요하다고 생각되고 있으며, 착생과 변태를 일으키는 물질이 있는 듯하지만 그 정체가 해명된 것은 매우 드물다.

또한 선박의 밑바닥이나 발전소의 냉각 파이프, 양식 가두리, 정치망 따위에 붙어사는 따개비, 이끼벌레(태형동물) 또는 멍게나 미더덕 등의 부착생물의 착생을 방제하기 위해 오래 전부터 많은 연구와 노력을 경주해 왔다. 특히 이러한 부착생물을 방제하기 위해 사용한 유기주석(Sn)의 독성이 최근 사회적으로 문제가 되고 있어 이것을 대신할 수 있는 효과적인 방제 방법을 개발해야만 한다. 착생과 변태에 관련되는 물질과 그 메커니즘을 해명할 수 있게 되면 이러한 부착생물[26]의 방제대책도 세울 수 있을 것이다.

## 4.3.1 자포동물

대부분의 자포동물은 초기 생활사 중에서 플라눌라(planula)라는 유

---

26) 이러한 부착생물을 특히 오손생물(汚損生物, fouling organisms)이라고 한다. 부착생물(附着生物, sessile organisms 또는 attached organisms)이라고 하면 일반적으로는 자연상태에서 어떤 경성기질(硬性基質) 위에 부착 또는 고착하여 서식하는 모든 생물을 총칭하는 용어로서, 말하자면 오손생물을 포함하는 개념이다. 그러니까 오손생물은 부착생물 중에서도 특히 인간 활동이 확대되어 수중에 설치한 여러 가지 인공 구조물이나 선박 등의 외벽에 부착함으로써 우리 인류에게 손해를 끼친다는 의미를 포함하고 있으며, 따라서 수산양식이나 임해공업, 수중토목, 선박운항 등의 분야에서는 매우 중대한 문제로 대두되어 왔다.

생시기(幼生時期)를 거친다. 이 유생은 섬모로 헤엄치거나 기어다니며 돌아다닌다. 대부분의 유생은 착생할 기질(基質)을 고른다. 착생하면 변태를 시작하며 마지막에는 폴립을 형성한다.

히드라충류는 해조류나 조개 껍질, 바위와 같은 각종의 경성기질에 착생하므로 좋은 연구 대상이 된다. 곤봉히드라와 근연인 *Coryne uchidai*는 조그마한 히드라충인데 모자반류에 부착해 있는 것을 곧잘 볼 수 있다. 그 중에서도 꽈배기모자반 *Sargassum tortile*( = *S. siliquastrum*)을 좋아한다. 배양접시(petri dish)에 유생을 넣고 여기에 꽈배기모자반의 추출액을 넣으면 유생은 접시바닥에 착생하여 변태를 시작한다(표 4·2). 아무것도 넣지 않은 접시 속의 유생도 착생하지만 추출액을 넣은 쪽이 훨씬 빨리 착생한다.

**21**           **22**           **23**

이러한 생물 시험을 지표(指標)로 하여 꽈배기모자반 중의 활성물질을 검색하였더니, 활성 획분에 δ-tocotrienol (**21**)과 그 에폭시드 (**22, 23**)가 들어 있다는 것을 알게 되었다. 합성품을 시험하였더니 두 종류의 에폭시드에 같은 정도의 활성을 확인하였다(표 4·2). 그러나 재미있는 것은 장시간 시험액에 담가두면 변태는 폴립형성의 초기단계에서 멎이 버리고, 더 방치하면 퇴회하여 죽어 버린다. 그런데 도중에 신선한 해수로 옮겨주면 하루만에 성숙한 폴립으로까지 자란다. 이것은 에폭시드가 독성도 함께 가지고 있음을 의미하는데 실제 꽈배기모자반에서는 어떨지 흥미롭다. 아마도 유생이 접촉하는 에폭시드는 아주 낮은 농도일 것이므로 이와 같은 일은 생기지 않을 것이다.

표 4·2  에폭시드의 착생과 변태의 활성 정도*

| 변태의 정도 | 처리후 시간(hr) | | | | | | | | | | | | | | | | | |
| 농도 | 12~24 | | | | | | 48 | | | | | | 72 | | | | | |
| | m | Cl | S | A | B | p | m | Cl | S | A | B | p | m | Cl | S | A | B | p |
| 22 { 30mg/ml | | 3 | 7 | | | | | | 5 | | 5 | | | | | | | 5 | 5 |
| { 8mg/ml | | 3 | 4 | 3 | | | | | 2 | | 5 | 1 | 2 | | | | | 7 | 3 |
| 대조구 | | 5 | 5 | | | | | 5 | 5 | | | | | | 2 | 3 | 5 | | |
| 23 30mg/ml | | 5 | 2 | 3 | | | | | | | 1 | 4 | | 5 | | | | 4 | 6 |
| 대조구 | 4 | 2 | 2 | | | | 4 | 2 | 4 | | | | 3 | 1 | 5 | 1 | | | |

* 해수를 20ml 넣은 petri dish에 유생을 10마리 넣고, 여러 농도의 에탄올 용액을 한방울 떨어
뜨렸을 때 변태한 유생의 숫자를 조사하였다. 23의 경우는 여과지에 한 방울 떨어뜨린 뒤 건조
한 것을 시험액에 넣었다. [加藤忠弘, 化學總說, **25**, 60, 61 (1979)]

축히드라류인 *Hydractinia echinata*는 집게가 사는 고둥의 껍데기 위
에 붙어 산다. 플라눌라 유생의 착생은 패각에 gram 음성균들이 번식
해서 생기는 얇은 막(膜, film)에 의해 일어난다. 재미있는 것은 이들
조개껍질을 산이나 알칼리로 씻거나 열처리하면 착생하지 못한다. 그러
나 집게가 들어 있으면 착생한다는 것이 매우 흥미롭다. 박테리아를 현
탁시킨 해수에 유생을 넣으면 착생은 하지 않고 폴립까지 변태를 한다.
활성물질은 불안정한 지용성 물질인 듯하다. 또 Li⁺이온은 유생이 가지
는 섬모의 움직임을 멈추게 하고 변태를 일으킨다. 한편, 오바인은 변태
를 저해하므로 Na⁺이온이 막투과(膜透過) 작용에 어떤 역할을 하고
있을지도 모르겠다.

또한 바다조름류인 *Ptilosarcus gurneyi*의 플라눌라 유생은 성체가
서식하는 주위의 모래로도 착생과 변태를 한다.

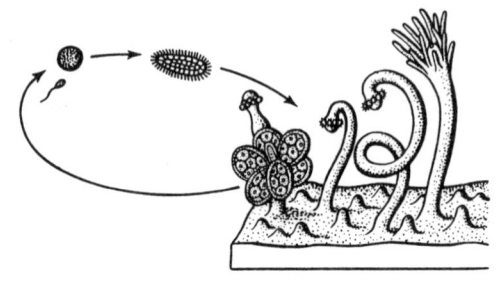

**그림 4·12** 고둥류의 껍데기에 부착, 서식하는 소형 히드라류인 *Hydractinia*의 생활사.
[V. Pearse *et al.*, *Living Invertebrates*, p. 145, Blackwell/Boxwood Press (1987)]

## 4.3.2 환형동물

### 4.3.2.1 다모류(多毛類)

서관(棲管)을 만들고 그 속에서 사는 다모류는 군생(群生)하는 것이 많다. 트로코포아(담륜자, trochophore) 유생은 성체가 무리를 이루어 사는 주변에 착생한다. 서관과 주변에 있는 모래가 착생과 변태를 일으키는 수가 많다. 캘리포니아 연안에서 조그만 산 모양의 집 마운드를 곧잘 만드는 *Phramatopoma californica*(화보 11 참조)에 대해서는 서로 다른 두 가지 결과가 보고되고 있다.

우선 유생은 동일한 종류의 서관 앞끝 부분에서만 착생과 변태가 일어나며, 조그만 유리알(glass beads)로 된 서관에서 회수한 유리 알갱이로도 거동이 똑같았다고 한다. 유생은 서관이나 유리 알갱이와 닿지 않으면 착생하지 않는다. 활성물질은 퀴논으로 가교(架橋)된 단백질인 듯하다. 실제로 DOPA 관련화합물은 변태를 일으킨다. 둥근울타리갯지렁이류인 *Sabellaria alveolata*에서도 같은 결과가 보고되었다.

한편, 미국의 스크립스(Scripps) 해양연구소의 한 연구 그룹은 서관 덩어리로부터 착생과 변태를 일으키게 하는 지용성 물질을 추출하는 데 성공했다. 해수를 가득히 채운 배양접시에 추출물을 묻힌 모래를 넣고 이것에 착생하는 유생의 수를 지표로 해서 활성물질을 스크리닝하였다. 활성은 지방산의 혼합물에서만 확인되었으므로 각각의 지방산에 대해 활성을 조사했는데 $C_{16:1}$, $C_{18:2}$, $C_{20:4}$ 및 $C_{20:5}$에서 활성이 확인되었다 (그림 4·13). 그리고 $C_{16:1}$의 경우는 cis체(體)만이 활성이 있고 trans 체(體)는 전혀 활성이 없었다. 한편 높은 농도의 $C_{20:4}$와 $C_{20:5}$는 독성이 있어서 비정상적인 변태를 일으켰다.

이 경우에도 용액은 착생도 변태도 일으키지 않았으며, 모래와 접촉해야만 일어난다. 유생의 촉각인 감각섬모(感覺纖毛)가 리셉터인 듯하다.

조그만 석회질의 서관에 서식하는 다모류인 동그라미석회관갯지렁이 류 *Janua brasiliensis*는 *Pseudomonas marina*의 얇은 막(film)을 붙인 슬라이드 글라스에 착생해서 변태한다. 다른 세균이나 규조류로는 생기지 않는다. 활성물질은 당단백질이거나 점액 다당(多糖)일 것으로 생각되고 있다. 그리고 착생할 때에 렉틴을 분비해서 기질에 부착하는 것으로 생각된다. 한편 유기물이 많고 유화수소를 발생하는 뻘[底泥]을 좋아해서 사는 다모류인 버들갯지렁이 *Capitella* sp.의 유생은 0.1~1.0mM 의 유화수소로도 착생과 변태를 일으킨다고 한다. 유독물질이 이러한 역할을 한다는 것은 놀라운 일이다.

### 4.3.2.2  개불류[27]

개불 종류도 모래뻘[砂泥]이나 바위틈 사이에 살며, 유생은 성체들이

---

27) 의충동물(Echiurida)은 발생 및 형태학적으로는 환형동물에 유사하나 적어도 외관상으로 볼 때 체절성(metamerism)이 없기 때문에 최근에는 독립된 문(門, phylum)으로 취급하고 있다. 여기에 언급하고 있는 *U. caupo*는 우리나라의 남해안 내만의 조하대 뻘바닥에 갱도를 파고 서식하며 식용으로 널리 이용되는 개불인 *Urechis unicinctus*와 매우 비슷한 종류이다.

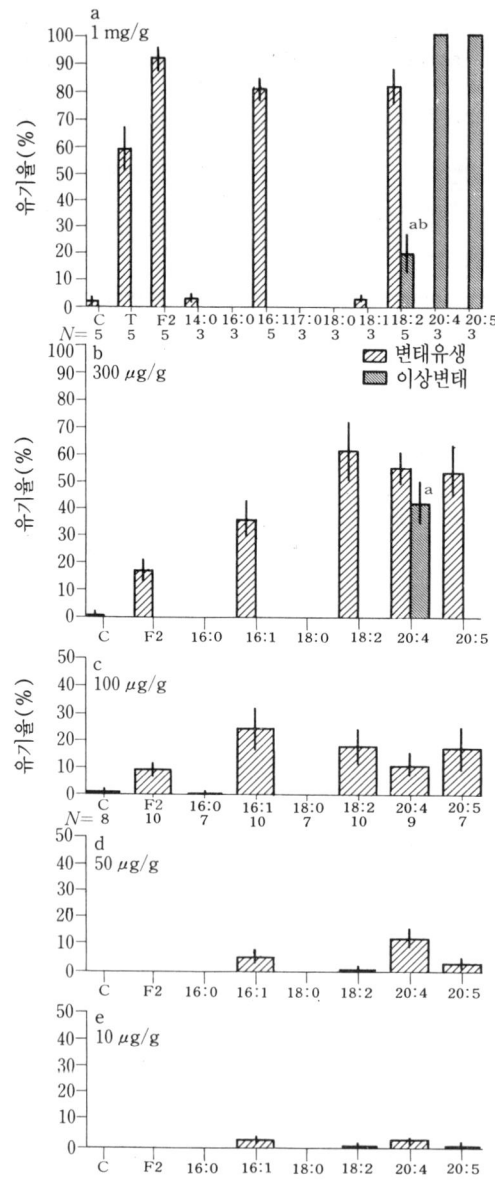

그림 4·13  지방산의 착생·변태 유기작용(誘起作用)(C, 대조구 ; T, 서관(接쑵)의 모
래 ; F2, 정제한 활성물질).[J. R. Pawlik, *Mar. Biol.*, **91**, 64 (1986)]

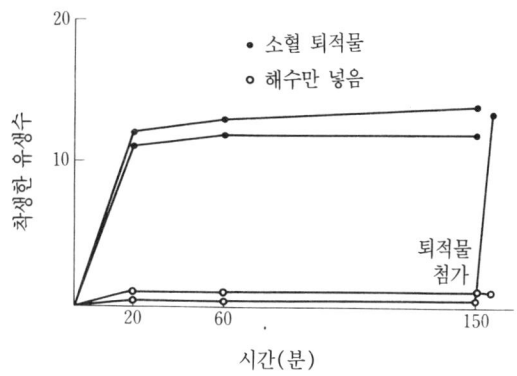

**그림 4·14** 개불 종류인 *Urechis caupo*의 소혈 퇴적물(巢穴堆積物)에 의한 착생의 정도. [A. L. Suer and D. W. Phillip, *J. Exp. Mar. Boil. Ecol.*, **67**, 247(1983)]

사는 주위에 착생하는 것이 많다. 대표적인 것으로는 개불과 근연인
*Urechis caupo*를 들 수 있는데, 캘리포니아 연안의 내만과 하구쪽 부드
러운 사니질 퇴적물 속에서 산다. 유생은 떼를 지어 성충(成蟲)의 주위
에 착생한다. 성충이 분비하는 물질이 착생을 일으킨다(그림 4·14).
성충의 소혈(巢穴)에서 떨어진 장소의 뻘이나 다른 종류의 개불이 내
는 분비물은 효과가 없다. 착생을 일으키는 물질은 해수에 녹는데 이것
을 덱스트란 알갱이(beads)에 묻혀 실험해 보았더니 효과가 있었다. 다
만 용액으로는 활성이 없었고, 유생이 알갱이와 접촉해야만 한다. 분자
량이 3,500~14,000 사이에 있는 단백질인 듯하다.

　개불류 중에서 보넬리아 *Bonellia viridis*의 발생은 매우 재미있다. 앞
장에서도 약간 설명했지만 이 동물은 암수의 크기가 아주 다르다. 수컷
은 체장이 1~3mm밖에 되지 않고[28] 암컷의 자궁 속에서 산다. 알은
바위틈 사이에 낳는다. 부화한 유생은 섬모를 이용해서 기어다니다가
3, 4일 정도 지나면 녹색의 담륜자(trochophore) 유생으로 된다. 이 유

---

28) 왜웅(倭雄, dwarf male)이라고 하는 것이다.

표 4·3  Bonnellin의 성분화 활성

| 농도 | ♀ | ♂ | (♂) | ♀ | 미분화 |
|------|------|------|------|------|------|
| 1ppm | 64.6 | 19.1 | 12.1 | 3.0 | 1.0 |
| 0.5ppm | 61.1 | 32.6 | 3.2 | 2.1 | 1.0 |
| 0.2ppm | 77.3 | 6.2 | 8.2 | 7.2 | 1.1 |
| 0.01ppm | 44.6 | 20.7 | 23.8 | 8.7 | 2.2 |
| 암컷의 성충 | 1.0 | 1.0 | 98.0 | 0 | 0 |
| 해수 | 89.5 | 3.2 | 5.3 | 1.0 | 1.0 |

[L. Agius *et al.*, *Pure Appl. Chem*, **51**, 1861(1979)]

생은 성적(性的)으로는 아직 미분화한 상태이지만 암컷의 성충의 입주머니(吻, proboscis)에 착생하려고 한다. 입주머니에 달라붙어 점액에 접촉되면 성장을 멈추고 수컷으로 분화(分化)한다. 그리고 입주머니에 붙지 못한 것들은 그대로 밑으로 가라앉아 성장을 계속해서 대형의 암컷(몸통길이 5cm)으로 된다. 착생은 수정 후 3일~3, 4주 안에 완료한다.

성의 분화는 유생이 입주머니에 접촉한 시간에 따라 수컷뿐 아니라 수컷(雄性) 성질이 강한 간성(間性, intersex)이나 또는 암컷(雌性) 성질이 강한 간성도 생길 수 있다(그림 4·15). 분화한 유생이 입주머니를 떠나면 입주머니에 흰색의 점이 남기 때문에, 암컷의 분비물 중에는 유생을 수컷으로 만드는 "성 결정인자"가 존재하며, 더욱이 이것은 녹색색소와 관계가 있다고 이미 1930년대에 예측한 바 있다. 그 후 많은 연구자들이 이 물질을 밝히려 하였으나 불안정한 성질 때문에 성공하지 못했다. 그러던 중 1970년대 말경 분석 기술의 진보에 힘입어 bonellin (**24**)이 활성의 본체로 밝혀졌다. 이와 함께 4종의 아미노산 포합체 (**25~28**)도 밝혀졌는데 이 색소들은 입주머니뿐 아니라 체벽과 내장에도 들어 있다.

Bonellin의 효과는 암컷의 성충에는 이르지 못하지만 수컷화 작용[雄

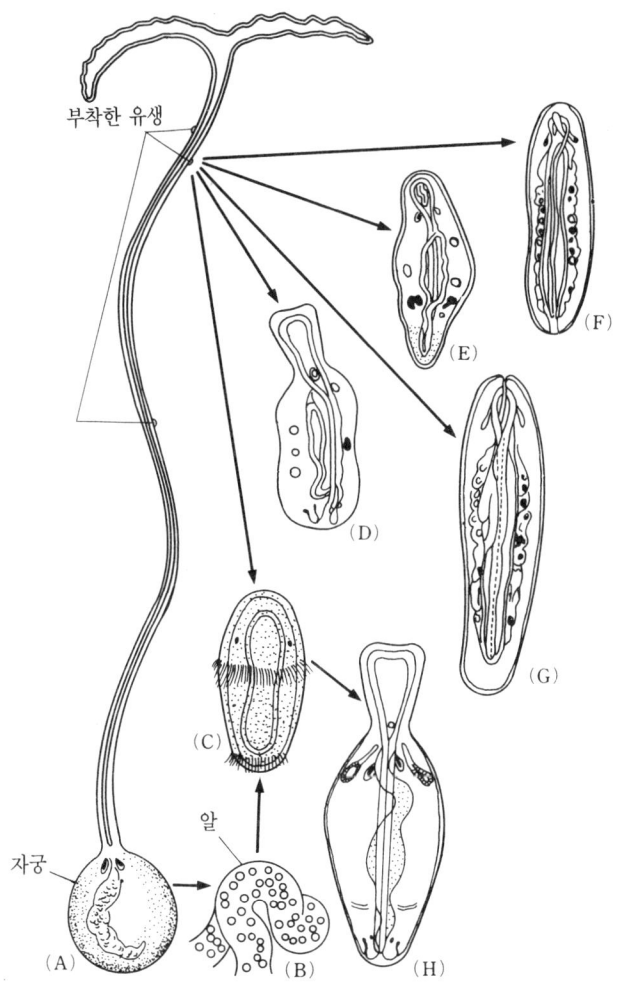

**그림 4·15**  보넬리아 *B. viridis* 유생의 성 분화.
(A) 완전한 암컷, (B) 알주머니(卵囊) 속의 알, (C) 성적으로 미분화된 유생, (D) 암
컷 성질의 간성(間性), (E) 중간 성질의 간성(間性), (F) 수컷  성질의 간성, (G) 완
전한 수컷, (H) 완전한 암컷의 유충(幼蟲)
[內田 亨 外, 動物系統分類學, p.261, 中山書店 (1967)]

24 : R=OH
25 : R=N-valyl
26 : R=N-isoleucyl
27 : R=N-leucyl
28 : R=N-alloisoleucyl

性化作用]이 있다는 것은 분명하다(표 4·3). 그리고 아미노산 포합체의 작용도 수컷화 활성[雄性化活性]에 기여할 가능성도 있고, 또 다른 활성물질이 있을 수도 있다.

그리고 환형동물은 아니지만 성구동물(星口動物, Sipunculida)인 미사키골편지아 *Golfingia misakiana*는 산호초 틈새에 사는 동물인데, 그 담륜자(trochophore) 유생은 성충이 들어 있던 해수와 천연 기질(산호초 조각)에 반응하여 착생하며 그 후 변태하기 시작한다. 착생과 변태를 마친 후에 자신의 몸을 숨길 기질이 없으면 착생하지 않는다. 활성은 분자량 500 이하인 열(熱)에 불안정한 물질이다. 성충(成蟲)이 분비하는 것 같다.

### 4.3.3  연체동물

#### 4.3.3.1  후새류

후새류는 종에 따라서 먹이가 다른데(앞장 참조), 그들의 유생은 먹이생물 위에나 그 주변에 착생하는 것이 많다. 도롱이갯민숭이류인 *Phestilla sibogae*는 구멍돌산호류인 *Porites compressa*를 먹이로 한다. 자연에서 피면자(veliger) 유생은 산호의 머리 아래쪽에 착생한다. 착생하면 등에 지고 있던 껍데기를 벗어 버리고 유체(幼體)로 변태한다. 유생은 산호의 사육수(飼育水)나 추출액에 반응하여 착생한다. 반응을 일으키는 물질은 분자량 500 이하인 안정된 물질이다. 또한 0.1% 숙신산(succinic acid) 콜린에스테르 염산염 (**29**) 용액은 70~90％의 유생에게 착생과 변태를 유발시킨다. 콜린염산염, 카테콜아민, 에탄올아민도 똑같은 활성이 있다. 다만 천연 상태의 유기물질(誘起物質)은 극히 단시간(24시간 이내) 내에 변태를 일으키지만, 이들은 3일 이상이나 걸린다. 그 메커니즘은 밝혀지지 않았다.

**29**

### 4.3.3.2 굴

굴의 피면자(veliger) 유생도 군생(群生)을 하며, 어미 굴 주위에 착생・변태한다. 참굴 *Crassotrea gigas*과 미국산 버지니아굴 *C. virginica*의 유생은 gram 음성균이 만든 얇은 막(膜, film)에 착생한다. 이 박테리아가 만드는 흑색색소인 멜라닌(분자량 12,000~120,000)과 그 전구체(前驅體)인 L-DOPA (**30**)가 활성이 있다. 유생은 $2.5 \times 10^{-5}$M 의 L-DOPA와 5~10분 정도 접촉하여도 발을 뻗은 채 헤엄쳐 다니다가 기질에 착생하고는 기어다닌다. 그러다가 기질에 고착(固着)한다 (그림 4・16). 그러나 그 중에서도 약간은 DOPA 산화물의 영향으로 기어다니는 것을 멈추고 착생하지 않고 변태한다고 한다.

같은 농도의 (－)-아드레날린 (**31**)이나 (－)-노르아드레날린 (**32**) 에 노출시키면 유생은 밑으로 가라앉아 변태하기 시작한다. 그러나 특

**30**　　　　　**31**　　　　　**32**

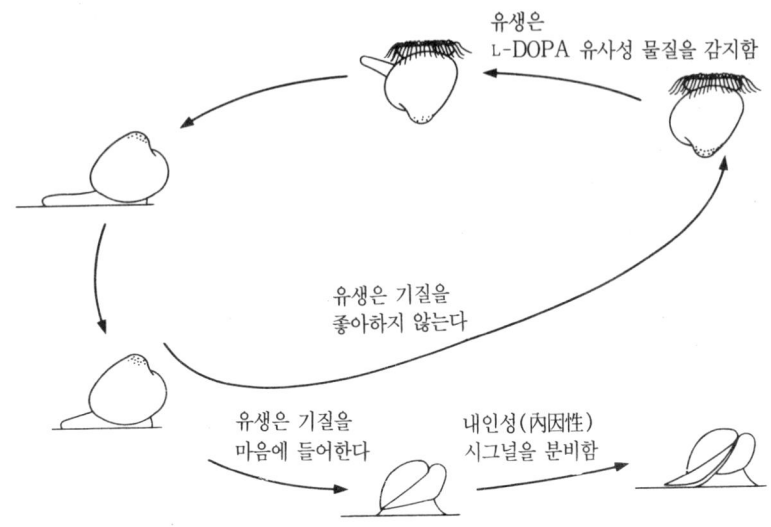

유생은
L-DOPA 유사성 물질을 감지함

유생은 기질을
좋아하지 않는다

유생은 기질을
마음에 들어한다

내인성(內因性)
시그널을 분비함

**그림 4 · 16** 참굴의 착생과 변태
[S. L. Coon, D. B. Bonar, R. M. Weiner, *J. Exp. Mar. Biol. Ecol.*, **94**, 219 (1985)]

징적 착생행동인 기어다닌다든지 고착 따위의 행동은 일어나지 않는다. 따라서 그림 4·16과 같이 2단계의 반응을 생각할 수 있겠다. 즉 L-DOPA(실제로는 더 낮은 농도에서도 효과가 있는 유사물질)를 알아차린 유생은 착생하기 시작한다. 만약 기질(基質)이 마음에 들지 않으면 다시 헤엄쳐 떠나고, 마음에 들면 달라붙어 고착하고 내인성(內因性) 시그널(아드레날린과 같은 신경전달물질이나 호르몬)을 내어 변태를 일으킨다. 한편 D-DOPA, GABA, 티록신 따위는 활성이 없다.

유럽신 넓적굴 *Ostrea edulis*의 유생은 어미 굴의 해수 추출물에 반응하여 착생한다. 근연인 *O. lutaria*의 추출물에도 반응하지만, 참굴이나 담치류의 해수 추출물에는 효과가 없다. 반응을 일으키는 물질은 열에 안정한 단백질이다. 유생은 기질에 발라진 물질과 접촉하지 않으면 착생하지 않는다.

### 4.3.3.3  전복

캘리포니아 연안에 서식하는 전복인 *Haliotis rufescens*의 유생은 민산호말아과(Melobesioideae)에  속하는  *Lithothamnium*(잔가시쩍속), *Lithophyllum*(흑돌잎속), *Hidenbrandia*[29] 따위의 고착성 홍조류(紅藻類)에 착생하기를 좋아한다. 그러나 고착성의 홍조류라도 굵은마디말 (*Pachyarthron cretaceum*)처럼 가지모양을 한 것은 좋아하지 않는다. 가능성이 있는 유기생물(誘起生物)에 대해 수정 후 6일이 된 유생이 착생하는지를 조사하였더니, 위에 말한 해조류와 그 추출물이 착생에 효과적이라는 것을 알 수 있었다(표 4·4). 유생은 섬모에 의한 유영을 멈추고 유리용기의 바닥에 부착하여 미끄러지듯이 기어다니면서 섭이행동(攝餌行動)을 보였다.

더욱이 이들 해조류에 고농도($\sim 10^{-2}$M)로 들어 있는 $\gamma$-아미노낙산 (GABA, **33**)은 $10^{-6}$M의 농도로 유생을 2시간 이내에 98%나 착생시키는 활성이 있었다. GABA와 골격(骨格)이 비슷한 $\gamma$-히드록시낙산 (**34**), $\delta$-아미노-n-발레르산 (**35**), $\varepsilon$-아미노-$n$-카프론산 (**36**)이나 L-글루탐산은 효과가 있으며, 또한 gabacurine (**37**) ($\sim 10^{-6}$M로 50%

**33**      **34**      **35**      **36**

**37**      **38**

29) 분홍딱지과(Hildenbrandtiaceae)의 분홍딱지속(*Hildenbrandtia*)을 잘못 기재한 것임.

표 4·4  전복의 일종 *Haliotis rufescens* 유생에 대한 착생 유기활성(誘起活性)

| 검체 | 착생한 유생(%) |
|---|---|
| 해수 | 0 |
| *Lithothamnium* sp.(잔가시쩍류) <br> *Lithophyllum* sp.(혹돌잎) | 98 |
| *Bossiella* sp. | 4 |
| 규조류, 박테리아, 미세조류 | 0 |
| *Macrocystis pyrifera* | 0 |
| *Lithothamnium* 추출물 | 2 |
| 위와 같음, 부글부글 끓임 | 6 |
| 위와 같음, 단백질 분해효소 처리 후, 부글부글 끓임 | 23 |
| $\gamma$-amino butyric acid | ≥99 |
| $\alpha$-amino butyric acid, $\beta$-amino butyric acid | 0 |
| $n$-butyl amine, $n$-butanol, $n$-valeric acid | 0 |
| succinic acid | 0 |
| $\gamma$-hydroxy butyric acid | 58 |
| $\delta$-amino-$n$-valeric acid | 89 |
| $\varepsilon$-amino-$n$-capronic acid | 74 |
| L-glutamic acid | 12 |
| D-glutamic acid | 0 |
| L-glutamine | 0 |
| L-aspartic acid | 0 |
| 다른 신경 전달물질 | 0 |

[D. E. Morse *et al.*, *Science*, **205**, 408 (1979)]

의 유생을 착생하게 함)과 phycoerythrin(phycoerythrobilin, **38**) ($\sim$ $10^{-6}$M)도 활성이 컸다. 그러나 이들과 오래 접촉하면 유생에게 유독하다.

GABA는 해조류가 분비하지 않기 때문에, 유생이 해조 표면에 접촉하기 위해서는 오히려 phycoerythrin이 자연환경에서는 효과적으로 작용하고 있다고 생각된다. 아주 최근에 이 색소 단백질 이외에 다른 표면물질이 착생과 변태에 관련되어 있다는 것을 알게 되었다. *Haliotis rufescens*의 유생은 앞서 말한 고착성 홍조류말고는 착생하지 않지만

(그러니까 다른 홍조류나 갈조류 또는 녹조류에는 착생하지 않는다),
참김(*Porphyra tenera*), 남조류 따위의 추출물에는 반응하여 착생한다.
조사해 보니 남조류인 꼬인말류 *Spirulina platensis*, 참김류인 *Porphyra* sp.와 민산호말류에 속하는 잔가시쩍류 *Lithothamnium californicum*
에 들어 있는 분자량이 640~1,250인 펩티드가 유생에게 착생과 변태
를 일으킨다는 것을 알게 되었다. 이처럼 유생이 착생하는 데는 상당히
복잡한 요인이 관여하고 있는 것으로 생각된다.

또 GABA로 일어나는 착생과 변태는 리셉터를 통해서 cAMP, $Ca^{2+}$
과 당단백질과 같은 2차 메신저가 한몫하여 행동과 형태의 변화로 전달
되었기 때문일 것이다. $K^+$ 이온이 증가해도 착생이 일어나지만 이 착
생은 직접 흥분성 막이 탈분극(脫分極)하기 때문이다. 더욱이 GABA
나 phycoerythrin 활성은 L-리신 따위의 L-$\alpha$, $\omega$-디아미노산에 의해
증진(增進)되는 것도 보고되었다.

### 4.3.4  절지동물

따개비나 거북손과 같은 고착성 절지동물이 주요 연구 대상이 되고
있다. 특히 따개비는 배의 밑바닥이나 냉각수의 배수관, 정치망(定置
網) 등에 부착하여 큰 피해를 주고 있어 부착방지를 위한 연구가 오래
전부터 활발하게 이루어져 왔다.

따개비의 키프리스(cypris) 유생은 어미 따개비 주변에서 좋은 장소
를 찾아서 착생한다(기질의 물리적 성질이 주요 요인이다, 그림 4·
17). 착생해서는 곧바로 변태한다(그림 4·18). 대서양산 따개비 *Balanus balanoides*의 유생은 어미 따개비의 추출물(抽出物)에 반응하여 떼
를 지어 착생한다. 활성물질은 단백질과 비슷한 성질을 보이는데, 끓여
도 활성이 없어지지 않기 때문에 퀴논으로 가교(架橋)된 단백질일 것

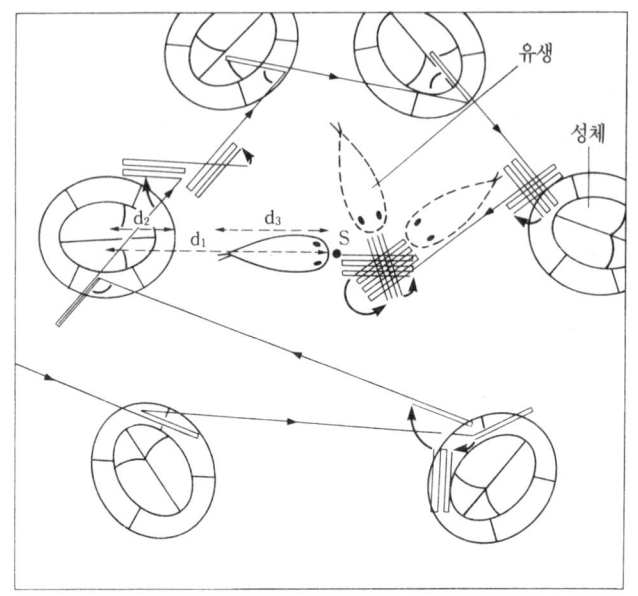

그림 **4·17** 따개비류 *B. balanoides* 유생의 착생행동
[D. J. Crisp, *J. Exp. Biol.*, **38**, 436 (1961)]

그림 **4·18** 주걱따개비 *B. amphitrite*의 착생과 변태
[V. Pearse *et al.*, *Living Invertebrates*, p. 503, Blackwell/Boxwood Press (1987)]

으로 생각되고 있다. 이것은 절지동물인 큐티쿨라 추출물에도 널리 분
포하는 arthropodin이라는 물질과 아주 비슷한데 1947년에 명명되었
다. 최근들어 활성물질은 분자량 18,000과 5~6,000의 서브유니트로
된 복수의 색소 단백질(담즙색소 단백질과 비슷한)이거나 수축 단백질
인 액틴(actin)과 유사하다는 보고도 있어 본체의 해명이 늦어지고 있

표 4·5  각종 생물 추출물에 의한 따개비 *B. balanoides* 유생의 착생

| 생물종 | 착생한 유생의 수 | | |
|---|---|---|---|
| | 해수 | 추출액 | *B.balanoides* 추출액 (대조구) |
| 해조류 | | | |
| *Phaeodactylum tricornutum* | 1 | 2 | 121 |
| *Navicula salinicola*(규조류) | 1 | 9 | 133 |
| *Ulva lactuca*(갈파래류) | 1 | 4 | 50 |
| *Fucus serratus*(푸쿠스 속) | 1 | 0 | 8 |
| *Corallina officinalis*(참산호말) | 1 | 12 | 50 |
| 해면동물 | | | |
| *Ophlitaspongia seriata* | 6 | 72 | 119 |
| *Halichondria panicea*(회색해변해면) | 6 | 43 | 119 |
| 자포동물 | | | |
| *Metridium senile*(말미잘류) | 1 | 2 | 25 |
| 환형동물 | | | |
| *Arenicola marina*(검은갯지렁이과) | 3 | 4 | 93 |
| 절지동물 | | | |
| *Artemia salina*(부라인슈림프) | 0 | 13 | 19 |
| *Lepas nilli*(민조개삿갓류) | 1 | 62 | 84 |
| *Chthamalus stellatus*(조무래기따개비류) | 0 | 72 | 109 |
| *Balanus balanus*(따개비류) | 2 | 101 | 104 |
| *Eliminius modestus*(따개비류) | 2 | 90 | 118 |
| *Carcinus maenas*(꽃게류) | 11 | 59 | 133 |
| *Blaberus* sp.(바퀴벌레, 곤충) | 0 | 50 | 85 |
| 연체동물 | | | |
| *Nucella lapillus*(대수리류) | 0 | 9 | 37 |
| *Mytilus edulis*(진주담치) | 1 | 3 | 102 |
| *Ostrea edulis*(넓적굴) | 0 | 2 | 17 |
| 극피동물 | | | |
| *Asterias rubens*(불가사리) | 3 | 3 | 93 |
| 어류 | | | |
| *Anguilla anguilla*(뱀장어류) | 1 | 9 | 47 |
| *Blennius pholis*(베도라치류) | 8 | 269 | 354 |

[D. J. Crisp and P. S. Meadows, *Proc. Roy. Soc. B*, **156**, 509(1962)]

다. 보다 더 계통적으로 연구할 필요가 있다.

슬레이트 판에 추출물을 발라 해수 중에 가라앉힌 다음 추출물을 바른 부위에 착생하는 키프리스 유생의 수를 세어 활성이 있고 없음을 판정하는 방법으로 착생실험을 하였다. 용액으로는 착생도 변태도 일어나지 않는다. 표 4·5에서와 같이 각종 생물의 추출물이 착생을 일으키지만, 베도라치류인 *Blennius pholis*가 강한 활성을 보인다는 것이 놀랍다. 한편 *B. balanoides*의 "arthropodin"은 활성이 매우 강하여 슬레이트 판에 몇 분자만 발라도 효과가 있었다.

또한 키프리스 유생은 착생할 때에 촉각(그림 4·18)에서 점착(粘着) 단백질을 분비한다. 실험실에서 관찰한 바에 따르면 슬라이드 위에 남아 있던 이 단백질의 흔적은 수주간 동안 계속 남아 있었다고 한다. 이 흔적은 다음 유생이 착생하는 것을 촉진하여 군생 착생(群生着生)에 기여한다.

그런데 해안으로 분출(噴出)된 어떤 오일세일(oilshale)은 *B. bala-noides* 유생의 착생을 유발시킨다. 활성물질은 니켈이나 바나듐이 들어 있는 금속 폴피린이며, 슬레이트 판에 $0.5g/m^2$만 발라도 착생을 일으킨다. 따라서 해양에서의 석유 유출은 직접적인 환경파괴를 야기할 뿐만 아니라 장기적으로 생태계를 교란시킬 위험이 있으므로 주의를 요한다.

39

40

41

한편, *B. galeatus*의 유생을 곤충의 유약(幼若) 호르몬 (**39**)과 그 모의물질(模擬物質)인 ZR-512 (**40**)과 ZR-515 (**41**)의 해수용액에 넣었더니 ZR-512는 10ppb로 유생을 변태시켰다. 유약 호르몬의 활성은 ZR-512의 1,000분의 1 정도였고, ZR-515는 전혀 활성이 없었다. 또 미리 유약 호르몬으로 약간 처리하면 ZR-512 활성은 발현하지 않는다. 또한 이들 물질은 착생을 일으키지 않는다. 이처럼 변태에는 여러 가지 요인이 관계하는 듯하다.

## 4.3.5 극피동물

대부분의 플루테우스(pluteus) 유생은 어미(성체)가 서식하는 주위에 착생한다. 북서태평양 무늬연잎성게과에 속하는 *Dendraster excentricus*의 유생은 해수에서 착생하고 변태하기까지는 대체로 4~6주간이 걸리지만, 어미가 살고 있는(수백 개체/m²의 밀도로 군생하는) 곳의 모래를 넣어주면 24시간 이내에 82% 이상이나 변태를 마쳤다고 한다. 무늬연잎성게가 살지 않는 곳의 모래로는 불과 2.5%밖에 변태하지 않았다. 활성물질은 모래와 연잎성게(생식소가 가장 강하다)에서 추출되었다. 겔여과와 HPLC로 정제하여 분자량 980인 펩티드를 얻을 수 있었다. 이 물질은 $10\mu g/ml$의 농도에서 유생은 거의 100%, 그리고 $1\mu g/ml$에서는 50%가 변태하였다. 3~5분 내에 변태하기 시작하며 저서유체(底棲幼體)가 되는 데에 45분이 걸렸다고 한다.

또한 *D. excentricus* 유생의 천적(天敵)은 갑각류에 속하는 주걱벌레붙이류(Tanaidacea)인 *Leptochelia dubia*인데, 그러나 어미 주변에 착생하기 때문에 이들 천적으로부터의 포식을 피할 수가 있다(그림 4·19). 자연의 슬기와 지혜는 언제나 놀랍다.

한편 관극성게류인 *Lytechinus pictus*는 폴리스틸렌으로 만든 배양접

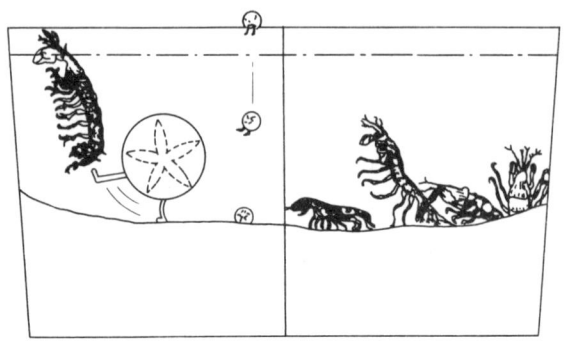

**그림 4 · 19**  무늬연잎성게류인 *Dendraster excentricus* 성체에 의한 유생의 보호
[R. C. Highsmith, *Ecology*, **63**, 334 (1982)]

시에서 키운 박테리아의 얇은 막(film)에 반응하여 착생과 변태를 한다. 기질(基質)의 성질이나 필름의 존재와는 상관없이 유생이 착생하는 것은 박테리아 추출물의 용액 때문에 생긴다. 분자량 5,000 이하인 유기물질(誘起物質)이 존재한다고 한다.

## 4.4  기타

이 밖에도 종족(種族)의 보존에 관련되는 물질로서는, 우선 방란(放卵)과 방정(放精)을 일으키는 물질을 들 수 있다. 프로스타그란딘이나 그 관련물질 등 대부분은 내인성 물질(內因性物質)이 컨트롤하지만, 그 중에는 외부 물질의 자극에 의해 방란하거나 방정하는 것도 있다. 예를 들면 홑파래, 갈파래, 파래 등의 녹조류 추출물이 참굴의 방정을 일으킨다는 것이 이미 1930년대에 보고되었다. 그러나 그 후 이와 관련한 연구가 없고, 다만 캘리포니아담치 *Mytilus californianus*가 단세포 조류인 *Pseudoisochrysis paradoxa*의 배양액(培養液)에 자극되어 방란한다는 보고가 있을 뿐이다.

갑각류에서는 일반적으로 유생 방출을 정확한 시간에 하는데 월령, 하루 중에서도 특정한 시간, 조석의 간만 등의 요인에 영향을 받는 것이 많다. 그런데 게류인 *Rhithropnopeus harrisii*에서는 부화(孵化)와 유생 방출이 동시에 일어난다. 배를 위아래로 심하게 움직여서 방출하지만, 이 행동은 유생의 사육수(飼育水)나 알 추출액으로도 일어나므로 알이 부화할 때에 내는 물질이 관여한다고 여기고 있다. 유생을 방출한 게가 들어 있던 사육수로부터 활성물질을 추출할 수 있다. 이것을 정제하였더니 아르기닌이 많았으며(~50%), 분자량이 500 이하인 펩티드를 몇 종류 얻을 수 있었다. 수조에 이 물질을 넣으면 게는 걷는다리[步脚]로 일어나 알덩어리[卵塊]를 찾는 몸짓과 함께 배를 위아래로 리드미컬하게 움직인다. 그리고 고농도의 글리신과 아르기닌의 혼합액도 이런 행동을 일으켰다.

# 5. 공생과 회귀를 위한 화학

## 5.1 말미잘과 흰동가리의 공생

### 5.1.1 생활사와 행동 패턴

생물이 어떤 행동을 보이는 데는 복잡하고도 많은 메커니즘에 의한 결과라는 것은 두말 할 필요도 없지만 화학물질이 직접적인 행동해발인자(行動解發因子, releasor)가 되는 경우가 많다. 생물들은 어떤 화학물질에 대해 서로 다른 행동 패턴을 보이기 때문에 행동으로 나타나는 모든 응답은 내적·외적인 자극에 대해 수용체(受容體, receptor)가 보이는 반응이기도 하다. 수용체의 반응은 신경-근육 또는 신경-내분비가 관여하는 일련의 반응으로 이루어지는데, 생물의 행동 패턴에는 유전적 요소, 기억(과거의 자극), 체액 중의 화학물질과 그 농도 등과 같은 많은 요소가 관계한다. 대체로 대부분의 행동은 호르몬의 영향을 받지만, 어떤 행동에서는 행동의 결과로서 내분비계(內分泌系)가 변화하는 경우도 있다.

이종간(異種間)의 생물이 서로 관계를 맺는 외부공생(外部共生)과 같은 행동패턴은 계통발생(系統發生)이라는 면에서 보면 종의 존속을 위한 전략으로 매우 중요한 행동이라 할 수 있다. 따라서 환경이 바뀌어서 생기는 수동적인 것이라기보다는 오히려 환경의 변화를 미리 짐작한 적극적인 대응이며, 교묘한 프로그램으로 하드웨어인 메커니즘이 제어된 본능적인 행동이라고 할 수 있다. 공생관계(共生關係)가 성립하려면 우선 공생상대(호스트 host/게스트 guest)를 인식할 수 있어야만 한다. 필자들은 화학적인 연구를 통해 숙주(宿主)인 말미잘이 내는 화학물질이 기숙자(寄宿者)인 흰동가리에게 공생행동(共生行動)을 일으키게 한다는 것을 밝혔다. 우선 공생관계에 있는 생물이 서로 나누고 있는 은혜(恩惠)부터 소개하겠다(화보 16, 17 참조).

숙주인 말미잘류는 자포동물(Cnidaria)의 화충류(花蟲類, Anthozoa)에 속하며, 촉수(觸手)가 물결치는 대로 흩날리는 모습은 마치 '바다의 아네모네(sea anemones)'라고 불리기에 손색이 없지만, 이 촉수에는 단백성 독액(蛋白性毒液)을 쏘아 내는 자포(刺胞)가 있어 무서운 존재이기도 하다. 그러나 흰동가리류는 피부에서 내는 점액 성분(粘液成分)으로 체표(體表)가 두껍게 덮여 있어서 말미잘의 촉수 안으로 숨을 수 있기 때문에 외적으로부터 몸을 보호할 수가 있다. 흰동가리를 쫓아온 포식자(捕食者)는 말미잘의 촉수에 마비되어 말미잘의 먹이가된다. 흰동가리류의 체표 점액막(體表粘液膜)은 다른 산호초 어류에 비해 3∼4배나 두껍다. 점액막은 점액 다당(多糖)으로 되어 있어 체표를 유기용매(有機溶媒)로 닦으면 자포에 대한 내성(耐性)이 상실되지만 곧 보호막을 재생(再生)하여 내성을 회복한다.

한편, 기숙자인 흰동가리류(자리돔과)는 체장이 15cm 이하인 작은 물고기인데 인도양과 서부 태평양의 열대 및 아열대 해역에 많이 분포한다. 공생관계가 있는 흰동가리류는 약 26종, 말미잘은 약 10종 정도가 알려져 있으나 대체로 특정의 숙주에 특정의 기숙자가 정해져 있다. 서로 다른 종류의 물고기가 같은 종류의 말미잘류를 숙주로 하는 경우는 있지만 서로 다른 물고기가 같은 개체의 숙주를 공유하는 법은 없다. 흰동가리는 세력권[30] 의식이 강하여 말미잘을 잡아 먹는 나비고기 따위가 접근하지 못하도록 한다. 흰동가리를 제거하였더니 숙주인 말미 잘이 24시간 내에 잡아 먹힌 사례도 있다. 또한 흰동가리는 숙주의 먹 이 찌꺼기를 청소해 주어 폴립 안에 살고 있는 갈충조류(褐蟲藻類)가 광합성을 활발히 할 수 있도록 하여 숙주의 건강 유지에도 공헌한다. 어미 물고기는 말미잘 아래 부분에 낳은 알을 보호하기 위해 말미잘을 자주 건드려 촉수를 뻗게 해서 산소를 보내기도 하고 덮개로 이용하기 도 한다. 알을 돌보는 것은 수컷이 해야 하는 역할이며 암컷은 주로 세 력권 지키기[31]를 맡고 있어 그 커다란 몸을 이용해 침입자를 막는다. 숙주의 촉수 덕택에 병해(病害)나 포식자로부터 보호받는다. 공생관계 에 있는 생물은 서로 살아가는 데 없어서는 안되는 존재이다. 부화한 치어는 바로 부유생활로 들어가는데 이 시기의 치어에는 말미잘에 대한 내성(耐性)이 없고 또 관심도 없다. 약 10일간의 부유생활을 마칠 무

---

30) 모든 생물은 각기 일정한 공간을 차지하고 산다. 특히 동물은 먹이와 짝을 찾기 위하여 일정 한 범위를 가지고 돌아다니는데 이러한 범위를 행동권(行動圈)이라 한다. 그 속에서도 동물 의 개체나 쌍, 무리, 단위 집단 등의 다른 개체(대개의 경우 같은 종류)의 단위 집단과 지역 을 분할하여 살고 있다가 외부자로부터 침입을 받을 경우에 어떤 행동으로 과시나 위협 또는 공격으로 이들을 물리치는데 이처럼 좀더 제한된 범위를 세력권(勢力圈 또는 領土, territo-ry)이라고 부른다. 척추동물이나 곤충의 일부에서 많이 볼 수 있으며, 먹이사슬에서 상위의 포식자가 없는 대형 육식동물에서 이러한 세력권을 형성하는 경우가 많다. H.E. Howard (1920) 이래로 특히 번식기 새들에 대해 상세히 조사되었는데, 수컷이 우선 세력권을 확보 하고 나서 암컷을 불러들여 집을 짓고 알을 낳아 새끼를 기르기 위한 먹이도 모두 이 세력권 내에서 확보하는 것이 전형적인 형태이다. 새의 경우 번식기가 끝나면 세력권을 해체하는 것 이 보통이지만 그렇지 않은 경우도 있다. 이러한 세력권 확보의 의의에 관해서는 여러 가지 학설이 있으나, 개체군의 자원(resources)의 획득과 분배에 관련하여 이루어지는 개체군의 자기제어기구(自己制御機構, 密度調節)라는 것이 일반적이다. 일단 세력권이 성립되면 이를 형성한 개체는 동종(同種)의 다른 개체에 대하여 우위(優位)가 되는데 이것을 선주효과(先住效果)라 한다.

31) 흔히 자기 세력권 또는 영토를 수비하고 방어하는 행동을 territory behavior라고 한다. 수 비 행동으로는 작은 새들처럼 자기 영역의 정해진 곳에서 영토 선언(territory song)을 하는 경우도 있고, 영양(antelope)이나 다른 포유류처럼 특정 장소에 발향선(發香腺)의 분비물을 묻히거나, 분(糞)이나 소변을 묻혀 후각(嗅覺)을 이용한 표식(標識)으로 수비를 하기도 한 다. 후자는 그 개체가 그 곳에 없어도 유효하다는 점에 주목할 필요가 있다.

표 5·1  말미잘과 흰동가리류의 공생(일본의 근해역)

| | A.ocellaris | A. perideraion | A. clarkii | A. frenatus | A. sandracinos | A. polymnus |
|---|---|---|---|---|---|---|
| Stoichactis kenti | ○ | | ○ | | | |
| S. haddoni | | | ○ | | ○ | ○ |
| Radianthus kuekenthali | | ○ | ○ | | | |
| R. macrodactylus | ○ | ○ | | | | |
| Phymanthus sp. | | | ○ | | | |
| Physobrachia ramsayi | | | | ○ | | |

렵이 되면 몸 길이도 1cm 정도로 커지고 몸에 무늬도 나타나며 체표는
보호 점액이 두텁게 덮이게 되어 말미잘과 살 준비를 갖추게 된다. 해
저 바닥으로 이동한 치어가 숙주를 발견하면 바로 그 보호를 받으면서
저서생활을 하기 시작한다. 살기 위해 공생해야 하는 이런 생물 사이에
서 특정의 종(種)을 인식하기 위해서는 어떤 기구(機構)가 작용할까?

표 5·1에는 일본 근해에 서식하는 흰동가리 6종과 이것들과 공생하
는 말미잘을 나타내었다. 말미잘의 학명이 바뀐 부분에 대해서는 본문
을 참조하기 바란다.

## 5.1.2  공생과 화학물질

흰동가리류와 말미잘의 공생에는 "순응행동(順應行動 또는 馴致行動,
acclimation)"이 필요하다는 것이 정설(1958)인데, 말미잘에 대한 방
어기구를 순응행동의 과정 중에 서서히 갖춰진다고 생각했었다. 실제로
오랫동안 숙주로부터 격리된 성어(成魚)는 조심스럽게 자주 숙주와 접
촉하면서 순응해 가는 행동을 보인다. 그러나 숙주를 본 적도 없는 치
어는 어떻게 대응할까?라는 의문을 풀기 위해 미야카와(宮川)는 말미
잘의 자포에 대한 흰동가리류의 내성(耐性)을 조사했다. 부화 직후 몸

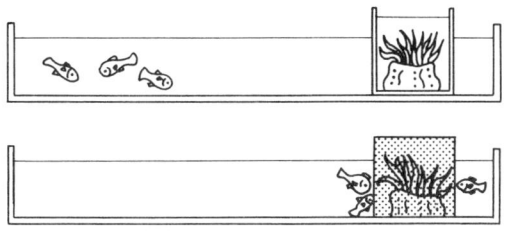

**그림 5·1** 숙주(宿主)인 말미잘과 만난 적이 없는 흰동가리류의 치어는 숙주가 분비하는 화학물질을 인식한다. 거즈로 덮은 숙주종(宿主種)의 말미잘에는 흥미를 나타내지만 유리로 사이를 떼어 놓으면 관심을 보이지 않는다.

에 무늬가 생길 때까지 치어는 말미잘과 떨어져 부유 생활을 한다. 이 시기의 치어를 공생 상대인 말미잘과 강제로 접촉시키면 말미잘이 쏜 자포로 치어는 즉시 죽게 된다. 그러나 부화 후 10일 정도 지나 해저생활로 들어갈 무렵에는 자포는 더 이상 흉기가 되지 않아 공생관계를 할 수 있다. 앞에서도 언급한 바와 같이 체표를 덮는 점액성 물질로 물리적인 보호를 받는 것이야 말로 공생관계를 하기 위해 게스트(guest) 쪽이 갖추어야 할 첫째 조건이다. 조건을 갖춘 치어는 숙주가 될 말미잘에게 흥미를 보이는 행동을 시작한다. 이 무렵의 치어는 숙주가 될 상대 말미잘을 가제로 덮어 보이지 않도록 하여도 계속 흥미를 보이고 주변에 모여 키스하는 듯한 행동을 한다. 그러나 말미잘을 유리 실린더에 가두어 두면 전혀 흥미를 보이지 않는다(그림 5·1). 또한 흰동가리는 공생상대가 아닌 다른 종류의 말미잘에 대해서는 어떤 상태에서도 전혀 흥미를 나타내지 않는다. 이러한 결과로부터 흰동가리가 숙주를 식별하는 것은 숙주가 분비하는 화학물질 때문이지 시각(視覺)이나 학습(學習)에 의하는 것이 아님이 밝혀졌다(1980). 그러나 화학물질을 인식할 수 있는 수용체는 부화 직후 아주 짧은 특정 시기에 형성되어 기억되는 것인지 아니면 유전적으로 분화한 기능 세포적(機能細胞的)인 것인지는 아직 밝혀지지 않고 있다.

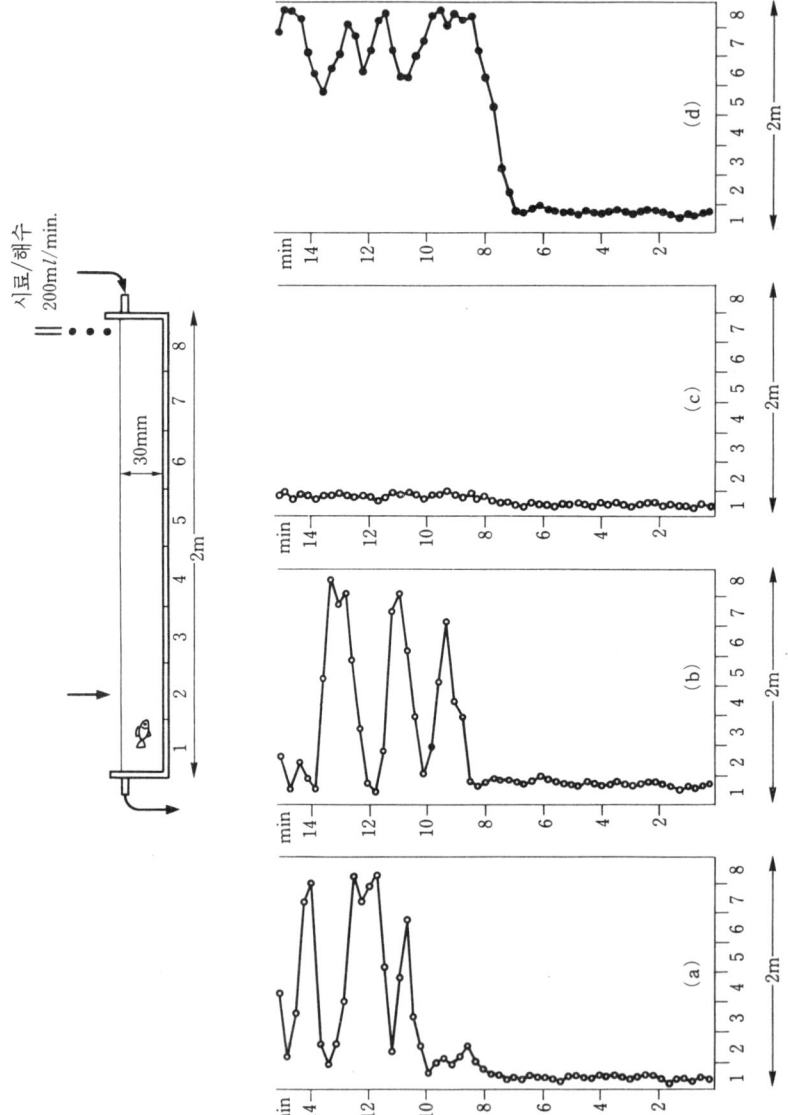

## 5.1.2.1 생물검정법

공생관계를 맺게 해주는 호르몬(symbiosis-inducing pheromone : synomone), 즉 시노몬은 공생생물 상호간에 전달되는 정보물질인데, 앞의 예에서는 숙주인 말미잘이 분비하는 화학물질을 기숙자인 흰동가리가 식별하였다. 그러나 자연계의 생태계는 매우 복잡한데, 특히 바다 생물끼리는 기생(寄生), 공생(共生), 착생(着生), 먹이연쇄 등과 같은 각종 요소가 서로 얽혀 있기 때문에 정보물질의 진정한 생산자를 알아낸다는 것이 곤란한 경우가 많으므로 어떤 생물검정법(生物檢定法, bio-assay)을 선택하느냐가 연구의 성패를 좌우한다.

이 연구에서는 그림 5·2와 같이 아크릴로 만든 실험수조(길이 2m, 깊이 3cm, 폭 8cm)의 한쪽 끝에서 해수로 녹인 검체(檢體)를 흐르게 하고(200ml/min), 이것을 감지한 치어가 어떠한 유영행동을 하는지를 관찰하여 활성을 판정했다. 하류부(下流部)에(↓기호) 플라스틱망(網)을 넣어두고, 치어를 15분 동안 가두어 둔 다음에 망을 치운다. 흰동가리류는 대체로 민감하지 않은데, 망을 치운 다음 5분 안에 위로 거슬러 올라가지(溯上) 않는 고기만을 검정용 생물로 활용하였다. 공생하는 말미잘류의 점액에 대해서는 치어가 예민하게 반응하여 활발히 거슬

................................................................

그림 5·2  흰동가리류와 말미잘의 공생에 관여하는 화학물질의 생물검정을 위한 수조와 숙주 종(種)의 점액에 대해 나타내 보이는 소상행동(溯上行動). 아크릴로 만들어진 수조는 길이 2m, 깊이 3cm, 넓이 8cm이고, 25cm 간격을 두고 번호를 붙였다. 시료가 들어 있는 해수에 대응하여 어류가 어느 구분에 들어 있는지를 관찰하여 행동으로 기록한다.

a) 흰동가리류인 *Amphiprion perideraion*가 말미잘류인 *Radianthus kuekenthali*의 점액에 대해 나타내는 행동패턴
b) 합성 암피큐민($10^{-10}$M)에 대해 나타내는 흰동가리류 *A. perideraion*의 행동패턴
c) 활성이 없는 경우에 어류가 보여주는 행동패턴
d) 다른 종류의 흰동가리류인 *A. ocellaris*가 다른 해변말미잘류인 *Stoichactis kenti*의 점액에 대해 나타내는 행동패턴

러 올라가지만(그림 5·2-a), 공생종이 아닌 말미잘의 점액에는 전혀 반응치 않는다(그림 5·2-c). 위로 거슬러 올라가는 행동은 물고기가 냄새를 인식하였을 때 보이는 일반적인 행동패턴이다.

수조의 길이를 일정한 간격으로 구획하여 실험중에 치어가 어느 위치에 있는가를 15초 간격으로 관찰하여 그 위치를 기록하였을 때, 그림 5·2-a나 또는 5·2-d와 같은 행동패턴을 일으키는 검체가 활성이 있다고 판정했다. 행동패턴에 재현성(再現性)이 있어야 하는 것은 말할 것도 없다. 검체의 시료가 하류의 치어가 있는 곳에 도달하기까지 걸리는 시간을 색소(色素)를 써서 추정하였더니 약 7분이 걸렸다. 이 시간은 치어가 화학물질을 인식해서 행동하기까지의 시간과 일치한다(그림 5·2-a, -b, -d). 한편 이런 실험에서는 수조에 달라 붙는 미량의 시료 때문에 결론을 내는 데 혼란스러울 수가 있으므로 한번 실험하고는 버릴 수 있는 플라스틱 시트를 사용하는 등의 세심한 주의가 필요하다.

### 5.1.2.2 실험생물

(가) 자리돔과의 흰동가리류인 *Amphiprion perideraion* Bleeker와 말미잘류인 *Radianthus kuekenthali* Kwietniewski(=*Heteractis crispa*)의 조(組)와,

(나) 또 다른 종류의 흰동가리 *Amphiprion ocellaris*와 해변말미잘류인 *Stoichactis kenti* Haddon & Shackleton(=*Stichodactyla gigantea*) 조(組)의 편성

실험에 사용한 흰동가리 *A. ocellaris*의 치어는 수족관에서 부화 직후에 숙주나 어미 물고기로부터 격리하여 사육(체장 2~3cm, 생후 60~90일)한 것이다. 그러나 또 다른 흰동가리인 *A. perideraion*은 물고기가 허약한데다가 신경질이 많기 때문에 야외에서 채집한 유어(幼魚)를 실험하기 30분 전에 숙주로부터 격리시켜 생물검정용으로 하였다. 공생

종의 말미잘은 모두 오키나와에서 채집하여 수조에서 사육하면서 약
10일 간격으로 점액을 짜내어 해수와 같이 동결(凍結)하여 실험실로
가져와 분획하는 데 사용했다.

### 5.1.2.3  활성성분의 단리와 구조

(가) 말미잘류인 *Radianthus kuekenthali*의 점액이나 해수중의 마쇄
조직(摩碎組織) 15kg을 pH 10.5로 조정하여 초산에틸에스테르로 추
출한다. 유기층(有機層)과 수층(水層) 모두에 활성성분(상기 생물검정
에 의함)이 나뉘었는데, 수층 활성이 매우 강했다. 수층을 활성탄 칼럼
과 양이온교환수지 칼럼 등으로 반복해서 정제한 다음 HPLC(고속 액
체 크로마토그래피)로 정제하여 최종적으로 단일 활성성분을 48$\mu$g 분
리해 냈다. 이 물질은 분자식이 $C_{16}H_{26}O_3N_3$이었고, 각종 기기분석이나
화학반응의 결과로 볼 때 신규 화합물질(I)(그림 5·3)이라는 것이 밝
혀졌다. 그래서 공생생물 2종의 학명을 짜 맞추어 암피큐민(amphi-
kuemin)이라고 이름붙였다. (I)을 합성하여 구조를 확인함과 동시에
합성품이 *A. perideraion*에 대하여 천연에서 단리한 물질과 같은 농도
에서 같은 행동패턴(그림 5·2-b)을 일으킨다는 것을 확인하여, (I)은
(가)에서 공생행동(共生行動)의 초기유발인자(初期誘發因子, relea-
sor)라고 결론지었다. 치어는 $10^{-10}$M의 낮은 농도로도 이 물질을 알아
차려 활발하게 거슬러 오르는 행동을 시작한다. 이런 행동은 재현성도
좋았고 치어의 개체에 따른 차이도 없었다. 한편 활성이 약했던 유기층
도 철저히 분획하여 활성성분을 분리하여 찾아 내었다. 그 결과 활성성
분은 아플리시놉신(aplysinopsin)(II)과 디히드로아플리시놉신(dihy-
droaplysinopsin) (III) 동속체(同屬體)였고, 각각 수 mg을 얻었다. 아
플리시놉신류는 해면류에서 단리되는 수가 많기 때문에 그 기원을 밝히
기 위해 이 말미잘로부터 현미경 하에서 분리한 공생조류인 와편모조류

도 조사하였더니 같은 종류의 화합물들을 검출할 수 있었다. 이 결과는 치어가 숙주를 인식하기 위해서는 또 다른 제2의 공생생물이 보조 역할을 하는 경우가 있다는 것을 시사해 준다. 합성한 아플리시놉신류도 천연에서 얻은 물질과 똑같이 치어에게 활력을 주어 머리와 꼬리를 위아래로 움직이는 시소 행동을 일으켰다. 한편, 디히드로아플리시놉신류에 대해서는 어떤 치어는 흥미를 보였으나 또 다른 것들은 무관심하여 유인 효과에 큰 차이가 있었다. *A. perideraion*가 공생상대로서 다른 말미잘류인 *Radianthus macrodactylus*를 선택하는 경우(표 5·1)에는 전혀 다른 물질이 관여하는 것으로 생각된다. 즉, *Radianthus kuekenthali*에서 분리해 낸 공생행동의 유발물질은 *Radianthus macrodactylus*에서는 검출되지 않았다. 또 *Radianthus kuekenthali*와 공생하는 흰동가리 *Amphiprion clarkii*는 화합물 (I)에 대해서는 관심을 보이지 않는다. 이것은 종 특이적(種特異的)이라기보다는 공생하는 2종간에 존재하는 특정 화학물질과 그 수용체라는 관계로 설명할 수 있을 것이다. 어느 시기에 어느 과정에서 이들 관계가 이처럼 확립되는 지는 앞으로 더 연구를 해야겠지만, 만약 후천적인 것이라면 부화 직후에서 부유기 직전까지의 임계시기(臨界時期)에 "각인(刻印, imprinting)"[32]된다고

---

32) 동물이 태어난 지 얼마되지 않은 기간 동안에 시각, 청각 및 촉각적인 인상을 주입받는 특수한 형태의 학습 과정으로 이것은 장차의 행동, 특히 생식기능에 이르러서 일어나는 동료와의 관계, 소생활권(小生活圈)의 선택, 발성적 표현 등의 행동을 결정하게 된다. 예를 들어 새가 알에서 깨어 나왔을 때 먹이를 주러 온 사람을 이 새끼가 자란 후에도 여전히 따르는 현상은 이 새가 어렸을 당시 그 사람을 각인해 놓았기 때문이라고 한다. 일반적으로 동물의 새끼들이 어버이를 따르는 것도 이러한 각인에 의하는 것으로 생각되고 있다. 기러기나 오리류도 태어난 후 시야에 들어오는 물체(대개는 어미인 경우가 많지만 아무것이든 상관없다)를 따른다. 동물은 이때 물체를 각인(刻印, imprinting)하여 일생 동안 그것과 비슷한 것에 애착을 보이는데 이런 경우는 object imprinting이라 한다. 자연조건하에서 이것은 가족의 집합을 유지시키는 기능을 한다. 여러 종류의 포유류나 새들에서도 마찬가지로 태어난 지 얼마 안되는 기간 동안에 본 동물(대개는 어미가 되지만 인공적으로 사육한 경우에는 사람일 수도 있고 함께 자란 다른 동물일 수도 있다)에 대해 성적(性的)으로 각인된다. 그래서 성숙한 후에 이것과 같은 종류의 동물 개체를 성 행동의 대상으로 삼으려 한다. 이럴 경우는 성 행동의 releasor가 학습된 것으로 성적 각인(sexual imprinting)이라 볼 수 있다. 일반적으로 각인은

여기고 있다.

(나) 다른 종류의 말미잘인 *Stoichactis kenti*의 점액 250kg (해수 중)을 초산에틸에스테르로 추출하면 유기층은 *A. ocellaris*에게 활성이 있다(그림 5·1-d). 실리카겔 칼럼 크로마토그래피로 분획한 후 HPLC로 4성분을 단리하고 각 성분의 구조를 동정(同定)하여, 그 중에서 티라민(Ⅳ)과 트립타민(Ⅴ)에서 활성을 확인했다. 섞여 있는 미량 성분들의 간섭효과를 없애기 위해 시판되는 표준품으로 활성을 확인하였더니, (Ⅳ)는 $10^{-6}$M의 농도에서 거슬러 오르는 소상행동(溯上行動)을 일으키며, (Ⅴ)는 같은 농도에서 치어에게 활력을 주어 꼬리를 활발히 구부리는(tail wagging) 행동을 일으켰다. 그러나 숙주가 분비하는 점액 중 (Ⅳ)의 함유량은 앞서의 행동을 일으킬 수 있는 양의 1,000분의 1에 지나지 않는다는 것이 분석결과로 밝혀졌다. 따라서 치어의 소상행동을 (Ⅳ)만으로는 설명할 수 없다. 사실 (Ⅳ)가 들어 있지 않은 획분(실리카겔 크로마토그래피 획분 I)에 미량의 (Ⅴ)를 가하면 원래 있던 약한 활성이 100배나 커졌다. 이 획분을 분획하면 활성은 분산되고 다시 혼합하면 증강(增強)되는 것으로 보아 이 공생생물간에는 몇 가지 성분이 혼합되어 활성을 상승(相乘)시킨다고 결론을 내릴 수 있었다. (Ⅳ)와 (Ⅴ)는 (가)의 *Radianthus kuekenthali*의 성분으로도 검출되었다. 그러나 이들 화합물은 기숙자인 *A. perideraion*에서 볼 수 있는 어떤 행동과도 관계가 없다.

---

한정된 아주 짧은 기간에, 예컨대 object imprinting의 경우에는 수 시간에서부터 몇 일 정도 동안에만 일어날 수 있으며, 게다가 한 번 학습된 것은 일생 동안 잊어버리지 않는다는 점이 일반적인 학습과는 다르다. 일례로 넓적부리오리 새끼는 부화 후 13시간에서 40시간 사이에 일어나며, 그 후에는 점점 약화된다고 한다. 여기에서는 흰동가리의 치어가 말미잘을 보고 따르며 의지하는 행동이 각인되는 과정을 설명하고 있다.

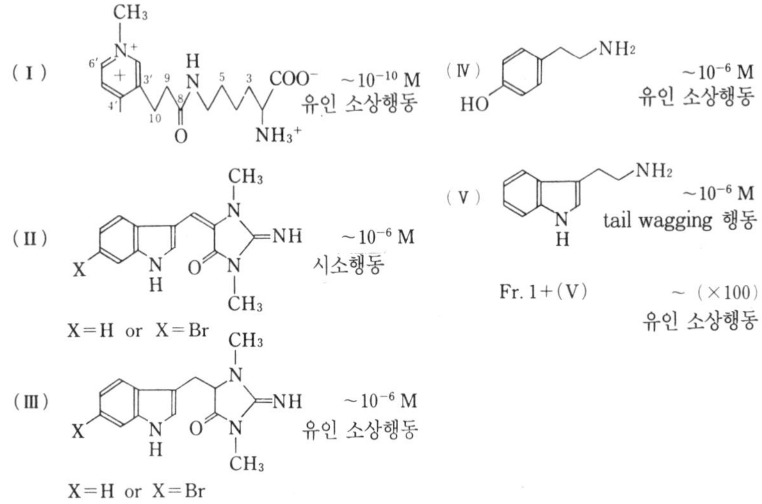

**그림 5·3** 말미잘의 점액성분과 공생하는 흰동가리류의 행동패턴 및 유효농도

### 5.1.2.4 구조와 활성과의 관계

이상과 같이 흰동가리류와 말미잘류의 공생관계는 생물 종 특이성
(種特異性)이 있는 동시에 비록 몇몇 예에서 공생종 상호간에 특이적인
경우도 있지만 분자구조의 레벨에서 해명할 수 있다. 이에 관계하는 화
학물질은 구조, 활성레벨이나 발현패턴 등 모두가 다양하다. 그림 5·3
은 두 쌍의 두 종간 공생관계를 갖게 하는 화학물질(시노몬)의 화학구
조와 행동패턴 및 활성발현의 농도를 정리한 것이다.

(가)에서 (I)은 활성이 강했는데($\sim 10^{-10}$M), 그 합성 유도체인 4-
데메틸체(L)의 활성은 (I)보다 1/100이나 낮아지고, N-데메틸체(L)
는 전혀 활성이 없었다. 활성을 갖기 위해서는 특정한 분자구조를 갖추
어야만 하는데 그 중에서도 헤테로 고리에 있는 질소가 4급화(4級化)
되어 +전하(電荷)를 띠어서 수용체의 지질 이중막(脂質二重膜)에 있

는 −전하와 강한 친화력을 갖는 듯하다. 분자구조로 보아 (I)이 메틸기를 받는 데 관여하며 트리메틸아민류와 관계 있을 가능성도 있으며, 어느 시노몬류의 구조를 보더라도 신경의 자극과 전달에 관계하는 화합물군(化合物群)인 점이 흥미롭다. 참고삼아 아플리시놉신류는 경구적(經口的)으로 투여하면 항울작용(抗鬱作用)이 있고, 마우스(mouse)의 뇌 속의 세로토닌 양을 증가시킨다는 것이 알려져 있다. 흰동가리류에게 행동을 유발시키는 이들 물질들의 작용 메커니즘을 분자레벨에서 앞으로 더욱 연구해야 할 분야이며, 합성품을 써서 활성이 나타나는 "각인(刻印)"의 크로스 반응(기억의 원형 : 5.3.4 참조)을 비롯하여 식별의 기구(수용체의 형성) 또는 운동신경에로의 전달기구(제 2메신저) 등 흥미 있는 문제가 많다. 앞으로도 여러 측면에서 연구가 이루어져야 하겠지만, 거슬러 오르는 행동(溯上行動)을 시작하기 위해서는 "신호(cue)"에 의해 생물의 내분비 상태가 변화할 것으로 추측되므로, 가령 (I)을 리-드 화합물로서 신경약제(神經藥劑) 등으로 응용개발할 수 있을 것이다. 그러나 수많은 연구가 이루어졌음에도 불구하고 생물과 화학물질과의 구체적 관계에 대해서는 아직도 잘 해명되어 있지 않다. 앞으로 생물학과 그 외의 학문(화학, 생리학, 생화학, 내분비학, 행동학 등)이 서로 학제적 연구를 통하여 생명현상을 분자화학적으로 이해할 수 있게 되면 그 응용도 가능해질 것이다.


# 5.2 이종간 생물의 공동생활

## 5.2.1  공동생활의 형태

서로 다른 생물간의 공동생활의 형태를 학술용어로 정리하면 다음과 같다.

1. 기생(寄生, parasitism) : 숙주를 죽이지 않고 영양을 섭취하는 생활.

2. 편리공생(片利共生, commensalism) : 한 쪽만이 일방적으로 이익을 얻는 생활.

① 은신(隱身) : 일시적 도피장소로 이용함.

② 입주(入住) : 일생을 보내는 주거장소로 이용함.

③ 착생(着生) : 숙주의 체표에 정주(定住)함.

④ 운반(運搬) : 다른 개체의 노동력을 일시적으로 이용함.

⑤ 내생(內生) : 외부로 통하는 체내의 빈 곳에 머묾(기관내에).

3. 상리공생(相利共生, symbiosis)

생물간(같은 종류이거나 또는 다른 종류의 동물·식물·미생물 등)과 내생(기관내·세포내) : 숙주와 기숙자의 모두에게 이익이 되는 생활.

주의 깊은 관찰을 통해 현상적으로 파악한 생활형태도 과학적으로 해명해야만 비로소 공동 형태로 정의할 수가 있다. 예를 들면 진핵세포[피핵세포 被核細胞]의 미토콘드리아라든가 플라스미드(plasmid)의 세포기관에는 DNA를 갖고 있으며, 자율성이 강한 복막구조체(複膜構造體)이며, 공생관계를 유지하는 데 꼭 필요하므로, 진핵세포는 이들 세포기관의 작용으로 호흡이나 광합성을 할 수 있다. 공생관계를 유지하고 확립하려면 ① host와 guest가 서로 상대를 식별할 수 있어야 하며, ② 증식이 조화롭게 유지되야 하며, ③ 서로를 반드시 이용해야 하며, ④ 진화의 과정상 종의 기원이 거의 같은 시기여야 하는 등의 조건을 만족시켜야만 한다. 따라서, 공생관계에 있는 경우들을 보면 종을 보존하는 데 가장 기본적이고 중요한 "영양의 공급과 방어"라는 점에 관계되는 경우가 많은 것도 오히려 당연한 일이겠다. 5·1에서 말한 말미잘과 흰동가리류의 공생관계도 역시 종을 존속시키기 위한 수단으로 성립

표 5·2  조류(藻類)와 무척추동물의 공생

| 조류 | | 숙주 | |
|---|---|---|---|
| 남 조 류 | *Aphanocapsa* | 해면 | *Ircinia* |
| | *Prochloron* | 원색 | Didemnidae(흰덩이멍게과)의 멍게류 |
| 규 조 류 | *Licmophora* | 편형 | *Convoluta convoluta* (콘볼루타납작벌레) |
| 와편모조류 | *Symbiodinium* (*Gymnodinium*) | 해면, 자포, 연체 | (*Tridacna*, *Hippopus* |
| | *microadriaticum* | *Corculum* ) | |
| | *Endodinium* | 방산충류(원생동물) | *Collosphaera* |
| | *nutricola* | | |
| | *E.* (*Amphidinium*) | 연체 | *Velella velella* |
| | *chattonii* | | |
| | *Amphidinium* | 편형 | *Amphiscolops langerhansi* |
| | *klebsii* | | |
| 녹 조 류 | *Platymonas conbolutae* | 편형 | *Convoluta roscoffensis* |
| | *Chlorella* | 원생 | (*Paramecium*), 해면 (*Spongilla*), |
| 엽록체가 공생하고 있는 것 | | 자포 | (*Hydra*) |
| 홍 조 류 | *Griffithsia flosculosa* | 연체 | 낭설목 |
| | (비단잘록이속) | | |
| 녹 조 류 | *Codium fragile* | 연체 | 〃 *Elysia viridis* |
| | (청각) | | |

[R. K. Trench, *Ann, Rev. Plant Physiol.*, **30**, 485 (1979)]

되었다. 공생관계가 물질의 레벨에서 이해되고 있는 예는 아주 드물다. 왜냐하면 복잡한 먹이연쇄 때문에 온전한 생활형태의 실제 모습을 파악 하기가 어렵기 때문일 것이다. 지금까지는 조류(藻類)와 무척추동물 사 이의 공생관계가 많이 알려지고 있다(표 5·2).

## 5.2.2  영양이나 몸을 보호하기 위해서

살고 있는 장소가 인연이 되어 먹이를 획득하는 예도 많다. 어류 사 이에는, 상어류에 흡착한 빨판상어류와 같은 수반행동(隨伴行動)의 예 (날쌔기 *Rachycentron canadusum*와 노랑가오리류의 *Taeniura mel-*

*anospila* ), 청소행동의 예(놀래기류, 망둑어류, 나비고기류, 자리돔류 등 약 30종) 등이 알려져 있고, 요구행동(要求行動)을 하는 것도 있다. 이런 행동을 일으키는 인자(因子)는 화학물질이라기보다는 오히려 생활중 접촉에 의해 생겨난 무조건 반사일 것으로 생각된다. 따라서 엄밀하게 말하면 종간(種間)에만 있는 특정한 관계는 아니다. 또 청소행동과 요구행동을 보이는 생물 중에는 서로 다른 종류끼리 맺어지는 경우도 적지 않은데, 해로새우류(해로새우과, Stenopodidae), 꼬마새우류 (꼬마새우과, Hyppolytidae), 줄새우류(징거미새우과, Palaemonidae) /돔류, 바리류, 놀래기류, 쥐치류 등의 사이에서 관찰되고 있다. 망둑어류인 *Amblyeleotris japonica*는 딱총새우류인 *Alpheus bellulus*가 사는 집 구멍을 함께 쓰면서 숙주를 안전하도록 지키는데, 이 관계에 화학물질은 관여하지 않는다.

일본에는 pearlfishes[33]가 7종이 알려져 있는데, 대부분 해삼의 몸안에 산다. 어떤 종류들은 특정의 해삼에서만 발견되며, 다른 종들은 대형 불가사리나 이매패, 우렁쉥이 등에 들어가 산다. 오키나와에 많은 *Carapus homei*는 체장이 약 10cm이며 몸집은 가늘고 긴 형태를 하고 있는데 꼬리 지느러미도 없고 비늘도 없는 이상한 물고기이다. 이 작은 물고기는 뱀눈해삼 *Bohadschia argus*의 몸안에서 산다. 이 어류는 숙주가 아주 어릴 때 강제로 들어가 자기 집처럼 산다. 예컨대 꼬리부터 자신의 온몸을 해삼의 항문으로 집어 넣어 몸을 다 숨긴다. 숙주를 찾아내는 것은 본능적이며, 몸안으로 들어가는 능력도 아마 유전에 의할 것으로 생각되고 있다. 일단 체강 내로 들어간 pearlfish는 숙주의 호흡기(呼吸器)와 생식기관(生殖器官)을 먹기 때문에 기생동물로 쳐야겠지만, 해삼은 자기 몸의 모든 부분을 재생할 수가 있기 때문에 이 물고기

---

33) pearlfishes는 일반명으로 "Carapidae"에 속하며 주로 열대해역에 서식하며 해삼이나 불가사리에 내부기생하는 종류가 많다. 아직 우리나라에서는 보고된 바 없다.

의 식성(食性)에도 전혀 손해를 입지 않아 실로 기묘한 관계를 맺고 있다.

어떻게 숙주를 인식하는지에 관해서 재미있는 실험이 있다. pearlfish가 들어 있는 수조에 해삼과 비슷하게 구멍을 뚫은 모형을 넣었으나 전혀 반응하지 않았다. 그래서 해삼이 내는 점액을 넣어주었더니 모형의 구멍을 살피는 듯하였으며, 구멍에서 물을 뿜게 했더니 구멍으로 들어 갔다고 한다. 류큐대학(琉球大學)의 히카(比嘉) 교수에 의하면 숙주를 인식하는 데는 해삼에 들어 있는 사포닌(3.2.6.A.e 참조)이 관계하는 것 같다고 한다. 그리고 pearlfish가 잘 들어가는 만두불가사리 *Culcita novaeguineae*도 사포닌을 갖고 있다.

지중해산 집게의 어떤 종은 특정의 말미잘과 공생관계를 갖는데 이들 은 상대가 없어도 살아갈 수가 있다. 이들은 먹이와 생존이라는 양 측 면에서 상부상조하는데, 집게는 말미잘의 자포(刺胞)에 약한 천적인 문 어로부터 보호를 받으며 말미잘은 이 집게 덕택에 행동반경이 크게 넓 어져 먹이를 잡을 수 있는 기회가 많아진다. 이 집게가 성장하여 껍데 기를 바꿀 때는 말미잘에게 때려 치는 신호[打擊動作]를 통하여 같이 옮기는 종도 있다. 이들의 행동은 본능적인 것이라는 것이 밝혀졌다.

자리돔과에 속하는 줄자돔속 *Abudefduf leucogaster*의 치어는 바다 맨드라미류인 *Litophyton viridis*가 분비하는 세스키터펜 혼합물을 화학 방어에 간접적으로 이용한다. 이 치어는 독성이 있는 이 물질에 대해 효과가 늦게 나타나므로 독성이 있는 바다맨드라미를 일시적인 피난처 로 이용하고는 위험이 사라지면 숨었던 집에서 나와 신선한 해수로 회 복한다.

돌산호류에는 세포 사이에 공생하는 갈충조인 *Symbiodinium* (*Gymno-dinium*) *microadriaticum*(화보 12 참조)와 골격 내에 공생하는 실모양 [絲狀]의 녹조류인 *Ostreobium reinekii* 2종이 알려지고 있는데 이들 공생조류는 산호에게 광합성 산물을 영양원으로서 공급한다. 따라서 산호는 물이 맑은 표층 부근에 가장 잘 발달하고 있고, 광원(光源)에서 떨어져 있을 경우에는 빛을 최대한으로 활용하기 위해 수평으로 넓게 퍼진다. 수면에서 멀리 떨어진 곳에서는 번식이 더디기 때문에 산호에게는 빛과 공간 확보가 아주 중요해서 몸이 서로 닿으면 서로 해치는 현상이 관찰되기도 한다. 조류(藻類)가 산호의 영양섭취에 어느 정도 공헌하는지는 종종 논의되곤 했지만 $^{14}CO_2$를 사용한 실험에서는 동화작용에 의해 공생조류가 거두어들인 $^{14}C$는 조류와 충체(蟲體) 모두에 같은 정도로 분배된다고 나타났다. 또한 공생조류는 산호가 배설하는 이산화탄소와 인산염을 제거하고, 암모니아를 이용하는데, 그 이용에는 글루타민 합성효소/글루타메이트 합성효소계(系)의 경로를 거친다는 것이 밝혀졌다. 실험적으로는 글루타민 합성효소의 저해제(沮害劑)인 메티오닌설폭시민(0.5mM)을 투여하면 암모니아를 거두어 들이는 것이 저해되었다.

여러 자포동물에서 분리한 공생조류를 $NaH^{14}CO_3$와 빛을 비추면서 30~120분간 배양하였더니 $^{14}C$-글리세롤이 주생산물로서 얻어졌으며, 알라닌, 푸마르산(fumaric acid), 숙신산(succinic acid), 글리콜산 등에도 표지(labeled)된 탄소가 들어 있었다. 공생조류가 만드는 트리글리세리드 기름방울[油滴]과 외막(外膜)에 있는 소포(小胞)는 공생관계에 있는 동물(숙주)의 세포내로 수용된다. 이러한 모습을 위상차현미경(位相差顯微鏡)으로도 관찰 할 수가 있다.

자포동물인 *Aiptasia mutabilis*를 수개월 동안 빛을 차단한 곳에서 카로테노이드가 들어 있지 않은 먹이로 사육하였더니 공생조류가 사라져 버려 투명해졌다. 이런 상태의 동물에 빛을 쪼인 상태에서 다른 종류의 조류(녹조류 Chlorophyceae, 황금색조류 Chrysophyceae)와 공존시켰더니 공생 상대를 바꿀 수가 있었지만 남조류(Cyanophyceae)와는 공

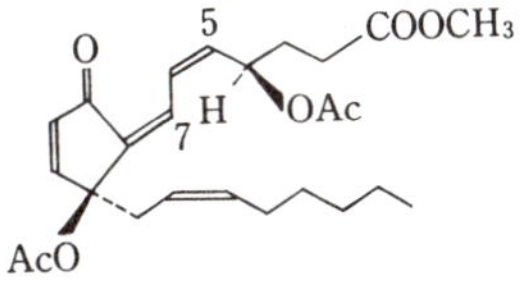

claviridenone-a

**그림 5 · 4**

생관계가 성립되지 못했다. 앞으로 내부공생(內部共生)의 인식에 대한 메커니즘을 연구하는 데 좋은 연구재료가 될 것이다.

해양에서는 남조류가 질소 고정을 하는 주역이 된다. 종속영양 질소 고정균은 대부분 식물플랑크톤 등과 공생하고 있으며, 부착균(附着菌)도 중요한 역할을 담당한다. 질소 고정량은 아세틸렌 환원반응을 이용해서 정량할 수 있다. 즉, $N_2 \rightarrow 2NH_3$에서는 6개의 전자가, 그리고 $C_2H_2 \rightarrow C_2H_4$에서는 2개의 전자가 관여하며, 이론적으로 질소 고정은 3배의 속도로 진행되기 때문에 이 값을 환산하는 데 이용하면 생성된 에틸렌을 GC(Gas Chromatography)로 정량하면 된다.

항종양 활성(抗腫瘍活性)이 있는 클라비리데논류 : claviridenone-a, -b, -c, -d(5,7 디엔의 *ZZ, ZE, EE, EZ* 이성체(異性體) : 그림 5·4) 4종은 자포동물의 팔방산호류 근생목(根生目)에 속하는 *Clavularia viridis*와 그 공생조류(산호의 촉수 부분에서 분리)의 모두에서 검출되었다. 이 때문에 클라비리데논류는 공생조류가 만든 것으로 추정되는데, 혼합물의 조성 비율은 숙주와 공생조류간에 크게 달라 숙주 중 *EZ* 이성체 농도가 훨씬 크다. 그러나 이런 차이가 물질을 이용하는 데 무슨 연관이 있는지는 아직 밝혀지지 않고 있다.

# 5.3 모천회귀

## 5.3.1 생활사

어류 중에는 번식하기 위해서나 영양원(營養源)을 구하기 위해서 더 좋은 환경을 찾아 계절적으로나 또는 계절과 관계없이 생활사(life cycle)의 한 단계로서 머나먼 바다를 회유(回遊, migration)하는 것이 많다. 회유하기 위해 일만 수천 km 이상이나 되는 거리를 이동하는 경우가 있는데, 그 중에서도 외양에서 수년 간 성장기를 보낸 다음 자기가 태어난 하천으로 돌아오는 연어나, 사르가쏘해(Sargasso Sea, 북미대륙의 동부 연안에 있는 바다) 에서 산란하기 위해 먹지도 않으면서 1년간이나 여행하는 유럽산 뱀장어나 미국산 뱀장어의 생활사는 자못 감동적이기도 하다(그림 5·5).

대다수의 연어류는 생후 1~1.5년이 되면 자기가 태어난 하천을 떠나 먼 바다의 외양으로 나갔다가 3~5년 후(대개는 4년)에는 갖가지 장해(障害)를 극복하고 시속 8km의 놀라운 속도로 고향을 향해 상류로 거슬러 올라간다(화보 13~15 참조). 담수에 들어서면 먹이도 없고 생식(生殖)한다는 흥분 때문에 몸은 수축하고 종종 경련을 일으키기 때문에 암수 모두 만신창이가 된다. 그러면서도 강바닥에 구멍을 파서 산란하는데, 수정이 끝나면 급속히 노화되기 시작하여 결국에는 죽는다. 이렇게 극적인 일생을 마치면서도 고향 하천의 영양원이 되어 수역을 비옥하게 만드는 숙명을 맞는다. 개체로 볼 때는 죽음이라는 결과로 일생을 마치는 본능적 행동이지만, 종(種)을 유지한다는 의미에서는 대성공인 셈이고 간접적으로는 "부활"이라고도 할 수 있는 불가사의한 일생의 여정을 마치게 된다. 스페인에는 연어의 모천회귀(母川回歸, homing)를 달력으로 이용했을 것으로 추측케 하는 동굴벽화가 있다고 한다. 그

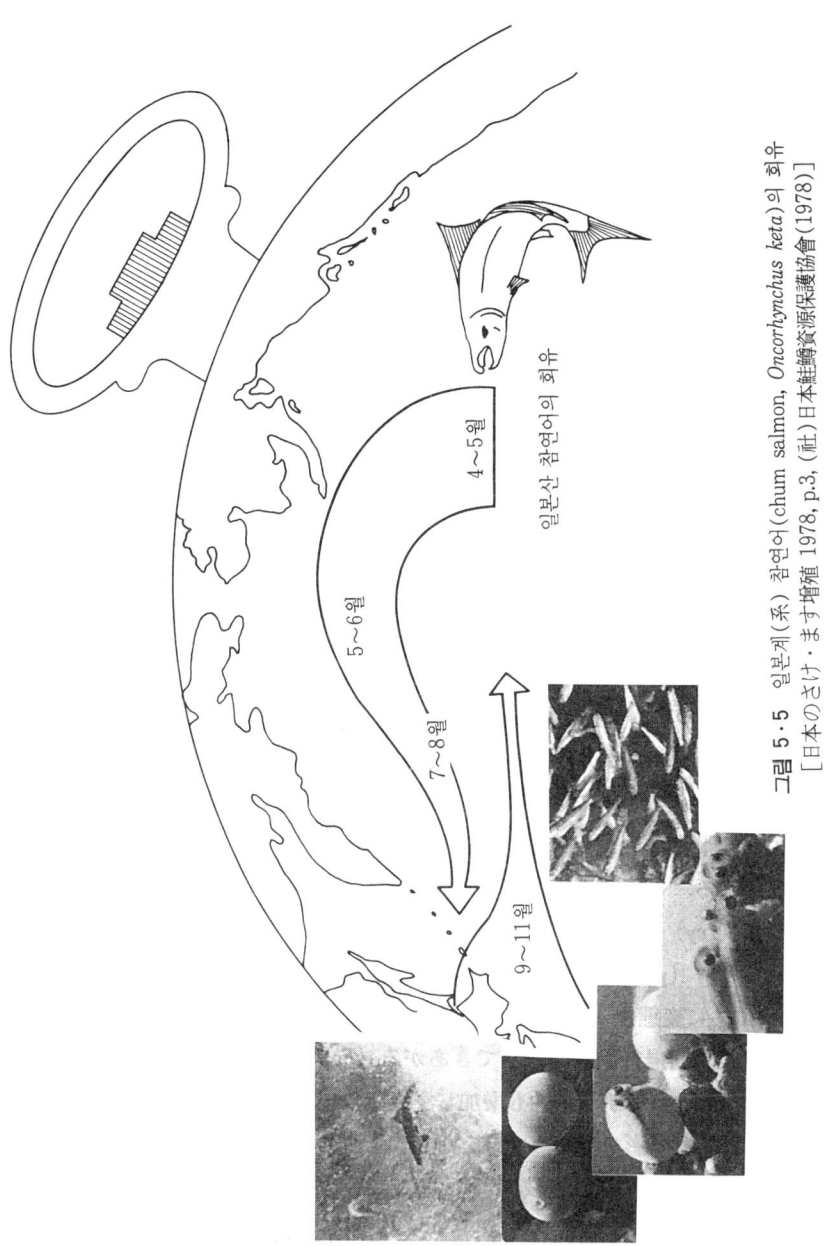

그림 5·5 일본계(系) 참연어(chum salmon, *Oncorhynchus keta*)의 회유 [日本のさけ・ますす増殖 1978, p.3, (社) 日本鮭鱒資源保護協會 (1978)]

러나 매년 거의 비슷한 시기에 시작되는 연어의 강을 거슬러 올라가기, 즉 소상(溯上)이라는 생물시계의 근간(根幹)에 어떠한 화학물질이 관여하는지는 분명치 않다.

성숙한 암컷의 알 무게는 체중의 약 10%나 되며, 수컷의 생식선(生殖腺)은 체중의 5~7% 정도이다. 수정란은 자갈 밑에서 발육하여 약 1개월 후에는 부화한다. 알 속에 축적되어 있는 난황(卵黃)이 영양공급원이 되지만, 알이 살아 남기 위해서는 물이 깨끗해서 산소가 잘 운반되어야만 하는 것이 필수적이다. 약 3,000개 가량의 알 중에서, 프라이(fry)라고 불리는 유생기(幼生期)를 거치고 약 1.5년 후에 손가락 크기의 파르(parr)가 되는 것은 약 100마리 정도이다. 이 때에는 형체, 생리, 행동에 변화가 생겨서 스몰트(smolt)로 변태한다. 이 때에는 후각(嗅覺)의 "각인(刻印)"도 끝나 모천회귀의 행동의 기초가 완성된다(5.3.2 참조). 변태로 인한 생리적 변화 때문에 염분에 대한 내성도 커지고, 삼투압을 조정할 수 있어 파르(parr) 시기에 보였던 세력권 다툼의 습성도 사라지고, 무리를 이루어 하류로 이동하여 담수성에서 해수성으로 이행(移行)한다. 표지방류(標識放流)의 방법으로 실험하였더니, 바다에서 회유하는 동안(1~4년)에 살아 남는 것은 대략 0.5~5%이고, 그 중 95%는 자신이 태어난 하천을 정확히 찾아 회귀(回歸)한다. 외양에서는 플랑크톤, 오징어, 청어 새끼 등을 먹이로 하며 몸길이는 8~9배, 무게는 16~17배로 성장하며, 대다수는 3년 후의 가을에 산란하러 돌아오는데, 이 시기에는 내분비(생식선)적인 화학물질이 지배한다. 뒤에서 다시 언급하겠지만 강 입구의 하구까지 돌아오는 여행과 강을 거슬러 오르는 여행과는 후각에 미치는 신호가 서로 다르다는 것이 실험적으로 시사되고 있다.

## 5.3.2  화학물질과 후각에 의한 "각인"

1938년 Rounsefell과 Kelez의 연구 결과가 보고된 이래 이뤄진 많은 연구결과를 정리하면 다음과 같은 결론을 얻을 수 있다. 즉, 대다수 종류의 연어·송어류는 스몰트(1.5∼2년 지난 후의 변태) 기간 중이나 또는 변태하기 직전에, 태어난 하천에서 다른 하천으로 옮기면 회귀는 옮긴 제2고향으로 한다. 실험을 해 보았더니 "각인[刻印]"은 매우 짧은 시간(약 4시간) 동안에 끝나며, 생존율(0.5∼5%)과 회귀율(95%)은 모두 자연 상태인 경우와 거의 같았다(1975). 이보다 앞서 한 실험에서는 스몰트로 변태하고 수주간이 지난 물고기를 다른 곳으로 옮겼을 경우에는 제2고향으로 회귀하는 것은 0.25%에 지나지 않아, 변태 후에는 "각인"이 끝난다는 것을 알 수 있었다(1970). 이런 결과들을 종합해 볼 때, 모천(母川)을 기억할 수 있는 것은 유전적이 아니라 어느 특정 시기, 즉 임계시기(臨界時期)에 급속하고도 비가역적으로 "각인"되는 것이며 어린 물고기가 하천을 내려가면서 체득하는 신호라는 것이 판명되었다. 그렇다고 해서 유전적 요소를 완전히 부정하는 것은 아니다(사골 篩骨에 자석이 있다). 이 후각기관에서 "각인"된다는 가설은 1951년에 Hasler와 Wisby가 제안하였다. 즉, "하천마다 여러 화학물질이 서로 다른 비율로 조합되어 있어 냄새가 특징이 있고, 연어는 고향 하천에서 바다로 떠나기 전에 그 하천의 특유한 냄새를 '각인'하였기에 훗날 알을 낳으려고 고향으로 돌아와 강을 거슬러 오를 때에 이 냄새를 지표로 한다"라는 것이다. 이 가설을 입증하기 위해서는 다음과 같은 필요 조건을 충족해야만 한다.

① 물고기가 다른 하천과 식별할 수 있는 특유한 냄새가 각 하천마다 있어야 한다.

② 냄새는 모천의 특징이며 유인이나 기피성(忌避性)이 있어서는 안

된다.

③ 물고기는 바다에서 회유기간을 마치고 모천으로 돌아올 때까지 오랫동안 냄새를 기억하고 있어야 한다.

실험 결과, ① 하천의 시료에서 유기물을 제거하면 물고기는 하천을 식별할 수 없으며, ② 계절이 달라도 물고기는 모천의 물을 식별할 수 있기 때문에 유기물질은 항상 모천에 용해되어 있으며 동시에 물고기도 오랫동안 기억한다는 것이 증명되었다. 또한 지류(支流)가 많은 하천의 하구(河口)에서 자기가 태어난 모천으로 바르게 제대로 거슬러 올라갈 수 있는지 실험하기 위해 실명(失明)시킨 물고기와 콧구멍[鼻孔]을 막은 물고기를 비교해 보았더니 후각(嗅覺)이 우선적으로 이용되고 있는 것으로 나타났다. 그러나 실험상의 문제점도 있어 완전한 결론으로는 인정되지 못했다(~1973). 연어를 가둔 수조에 모천의 물을 넣어 주면 활동이 활발해지지만, 포유동물의 피부에서 분비되는 L-세린은 기피물질(忌避物質)로 작용하여 전형적인 경보행동(警報行動)을 한다(1961). 전기생리학적 실험에서는 뇌수(腦髓)의 X선 사진(EEG : electro-encephalogram을 기록하여 후각으로 모천을 식별할 수 있다는 것을 밝혔지만(1965~1976), 더 강한 응답을 모천 이외에서 확인한 경우도 있어 기억이 장기적인 것인지 단기적인 것인지는 명확하지 않다.

약간 색다른 실험이지만 인위적으로 합성시약을 사용하여 인공적으로 모천의 냄새를 내게 해서 이것을 "각인"시키려고 한 시도도 있었다(1976). 물에 잘 녹고, 자연 조건에서 안정하며, 희귀한 물질이면서도 물고기를 유인하거나 기피를 일으키지 않으며 또 물고기가 미량이라도 감지할 수 있는 유기물질인 몰포린(그림 5·6-I)을 택했다. 은연어는 이 물질을 $5.7 \times 10^{-10}$M의 농도에서 감지할 수 있다. 몰포린으로 "각인"된 것을 EEG로 확인해서 표지(標識)하여 야외로 되돌려 보낸 연어는 일년 반이 지나 증식기가 되면 인위적으로 몰포린을 넣은 클리크로

O⟨ ⟩NH

( Ⅰ )

⟨ ⟩—CH₂CH₂OH

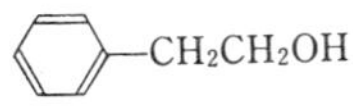

( Ⅱ )

그림 5·6

돌아왔다. 몇 년간에 걸친 실험에서 자연 회수율과 같은 정도(2.7%)로
회수되는 것을 확인하여 몰포린이 모천회귀의 신호가 될 수 있음을 증
명하였다. 더욱이 무지개송어에서도 페네틸 알콜(phenethyl alco-
hol ; 그림 5·6-Ⅱ)(감지농도는 $4.1 \times 10^{-8}$M)을 또 다른 인공 표지물
질을 사용하여 회귀 회수율을 확인하였다(Ⅰ : 95%, Ⅱ : 92.5%). 이
상의 결과들을 통해 후각의 "각인"은 변태기(變態期)인 스몰트에서 완
료 되며, 일년 반이 지난 회유기간 후에도 기억하고 있어서 모천회귀의
작용 메커니즘으로 작용한다는 것은 분명하다. 그리고 어류의 화학물질
에 대한 유영행동을 초음파 탐지기로 추적하여 확인하였다. EEG니 또
는 심장의 박동수를 조사해도 물고기의 후각이 단순하게 화학 물질을
감지하는 것이 아니라 식별할 수도 있으며, 기억은 오랫동안 보존되며
혼합 냄새도 식별할 수 있음이 확인되었다. 자연 조건에서도, 물고기가
변태기 이전에 살았던 모천에다 다른 하천의 물을 집어 넣었을 경우에
회귀하는 물고기는 없지만 모천의 물만으로는 회귀하는 개체가 많았다.
"각인"은 변태(스몰트)하기 직전의 이틀 동안에 마쳐지며 자라던 곳의
물의 특징은 오랫동안 기억되기 때문에(1971), 인위적으로 바꾸어 만
든 운하(運河)에서도 모천과 수질이 같은 운하로 되돌아온다. 물고기는
고향의 물로 되돌아오는 것이지 지리적 환경에 좌우되지는 않는다
(1978). 이렇듯이 하천마다의 특징적인 냄새가 연어과 어류가 모천회귀

를 할 수 있게 하는 신호로 결론지을 수 있겠다.

### 5.3.3  소상(遡上)을 위한 후각 정위기구(定位機構)

일반적으로 하천의 흐름은 상하좌우로 섞이지 않을 만큼 빠르며 지류 (支流)에서 본류(本流)로 유입되는 것도 일정한 흐름이 유지되어 불연 속적인 양상을 띤다. 이런 하천을 후각에 의지해서 거슬러 소상하려면 어떤 메커니즘이 작용하고 있을까? 초음파 탐지기로 추적해 보면 물고 기는 분기점(分岐點)에서 종종 잘못 거슬러 오르지만 냄새를 찾지 못 하면 오던 길로 다시 하류로 되돌아가 분기점에서 새로운 방향을 찾아 나선다(1970). 즉, 모천의 냄새는 '+'의 주류성(走流性)을 갖지만 다 른 냄새는 '−'의 주류성을 갖는다. 후각을 없앤 물고기를 방류하면 방 류한 곳에서 하류로 헤엄쳐 내려가는 습성도 모천의 냄새를 찾지 못했 을 때에 하류로 헤엄쳐 내려가는 습성이 있음과 마찬가지이다. 썰물과 밀물이 있는 하구 부근에서는 모천의 냄새를 포함하는 썰물을 따라 거 슬러 올라간다. 실험에 의하면, 물고기는 썰물일 때만 모천을 향해 만내 (灣內)로 들어 오지만 밀물일 때는 앞으로 나아가지 않는다. 그들은 만 의 입구에서 모천에 이르는 루-트(색소로 확인)를 따라 수심이 얕은 곳을 헤엄쳐 나가 하구를 찾아 낸다. 이러한 행동은 눈을 가려도 흐트 러지지 아니하고 질서있게 나타나지만 후각을 없애 버리면 무질서해 진 다. 인위적으로 합성 화학물질을 "각인"시킨 물고기도 냄새를 느끼면 거슬러 오르지만 느끼지 못하게 되면 하류로 되돌아가서 지그재그 행동 을 해서 후각의 포화(飽和)를 방지한다(감도의 향상에 대해서는 5.3.4 참조). 치어(稚魚)가 분비하는 페로몬(pheromone)이 회귀의 신호일 것이라는 학설(1982)도 있으나, 그럴 경우 앞서 말한 신호물질의 흐름 과 거슬러 올라가는 행동을 설명할 수가 없다. 그러나 방향을 잃은 물고기가 동료들의 냄새를 일종의 신호로 이용한다는 것도 현실적으로 가능하며, 또한 동료들이 많아지면 유전적으로 보존되어 있는 기억을 자극하는 것 같다는 것이 물고기의 종류를 식별하는 데 냄새를 이용하는 것으로도 추정할 수 있다(1980). 이럴 경우, 후각의 신호물질은 물고기가 분비하는 물질이며 식물이나 광물과는 관계가 없다. 게다가 이것이 "각인"과는 다른 작용을 한다는 것은 페로몬이 없어도 모천회귀를 할 수 있다는 사실로서도 분명해진다. 결론적으로 말하자면 '유전적인 것과 각인'이라는 두 가지 요소가 회유와 회귀에 관계되는 중복기구(重複機構)라고 생각되고 있다.

### 5.3.4  변태 – "각인"과 관계하는 인자

해산어류는 보라색의 시각물질(視覺物質)인 rhodopsin을 갖고 있지만, 담수어는 장미빛 색소인 porphyropsin을 갖고 있다. 연어나 송어류는 이들 두 종류의 시각물질을 모두 갖고 있어 해수나 담수에서 살 때 이들을 조절하여 사용한다. 종에 따라 다소 차이가 있으나 하천에서 바다로 이동하는 시기는 변태기인(2령 직전) 4월 하순~5월 상순까지의 두 주간에 마치며(90%), 스몰트로 변태할 때에는 해수에 대한 내성, 삼투압 조절, 아가미의 $Na^+/K^+$ ATPase 활성 증가(나트륨 이온 펌프) 및 색소의 변화 등이 생긴다. 하류로 이동하는 물고기의 활성과 변태는 서로 완전히 동조(同調)되지는 않았어도 오래 여행하는 사이에 조절되지만, 변태하기 전의 개체(presmolt)는 생리조건이 다 갖추어지지 않아 해수중에서 살아 남을 수가 없다. 변태하기 직전(4월 상순)에는 갑상선 호르몬이 매우 증가하지만 변태를 마친 직후에는 떨어진다.

갑상선 자극 호르몬(Thyroid-Stimulating Hormone, TSH)이나 갑상선 추출물을 주사하면 변태할 때 나타나는 색깔 변화나 하류로 이동하려는 행동은 촉진되지만, 갑상선분비 억제제(抑制劑)로는 변태가 억제된다.

뇌하수체(腦下垂體, pituitary)를 잘라낸 물고기에게 프로락틴(Prolactin, PRL)을 주사하면 담수에 적응하지만 다른 종류의 뇌하수체 호르몬을 주사해서는 효과가 없는 것으로 보아 PRL은 삼투압 제어 호르몬일 것으로 추정된다. 변태기에는 PRL 분비세포가 불활성화되고 그 함량도 감소한다. PRL을 주사하면 아가미의 $Na^+/K^+$ ATPase 활성이 떨어져 염수(鹽水)에 대한 내성이 발달하는 데 저해를 받는다.

부신피질(副腎皮質) 자극 호르몬(Adrenocorticotrophic Hormone, ACTH) 분비세포는 변태할 때에 활성화되어 호르몬 분비량은 증가하지만, 이것을 주사하면 염수에 대한 내성과 삼투압 조정기능 및 아가미의 $Na^+/K^+$ ATPase 활성이 커진다. 그 기능은 PRL과 길항적(拮抗的)이다. 스몰트로 변태할 때에는 성장호르몬(growth hormone, GH)이 많이 분비되므로, GH를 변태 직전의 물고기에 주사하면 염수에 대한 내성이 커져 아가미의 염소조절 기능세포가 분화되는 것을 관찰할 수 있다.

이상과 같은 호르몬의 레벨은 당연한 이야기가 되지만 계절, 특히 일조시간(日照時間)과 수온 등의 자연조건에 따라서도 달라진다. 그러나 변태와 "각인"과의 관계는 이들 호르몬의 변동, 특히 TSH 활성과 함께 후각 활성과 기억 기능에 영향을 미친다는 것은 행동학(行動學)과 전기생리학적으로 확인되었다(1980). 성 호르몬의 활성화는 일장변화(日長變化), 즉 광량(光量)에 크게 의존하기 때문에, 일장(日長)을 짧게 하면(광량을 적게 하면) 성어(成魚)의 생식선(生殖腺)은 자극을 받아 성 호르몬의 분비가 많아져 회귀를 촉진한다. 성 호르몬(에스트라디올 또는 테스토스테론)을 주사하면 혼인색(婚姻色)이 늘고 거슬러 올라 갈 때와 똑같은 행동을 보인다. 성 호르몬은 후각의 감도(感度)를 높여 모천이나 인공 냄새를 식별할 수 있게 하는데, 산란을 마쳐 성 호르몬이 적어지면 더 이상 모천의 냄새에도 응답하지 않는다. 덧붙여 말하자면 은연어의 경우, 산란기에 접어들면 1개월간 혈액중의 $17-\beta$-에스트라디올은 500pg/m$l$에서 18,000pg/m$l$로 되어 1일당 600pg이 증가하는데 이런 변동은 포유류의 경우와 거의 같다.

## 5.3.5  앞으로의 응용 전망

연어나 송어류의 자원을 효과적으로 이용하기 위해서는 그들의 행동과 생리를 기본적으로 이해하는 것이 중요하다. 앞서 언급했던 연구 결과로 얻은 이해와 지식으로는 다음과 같은 사항이 실용 가능성이 있다.

① 연어 부화장에서 필요한 시기에 대량으로 부화시킨 연어들을 인위적으로 "각인"시켜 수온이나 수질을 쉽게 제어할 수 있으므로 생존율이 향상되어 경제적인 재배어업(栽培漁業)이 가능해진다.

② 인위적으로 "각인"을 조절하면 포획장소를 자유롭게 정할 수 있어 계획적으로 취미를 위한 낚시터로도 조성할 수가 있다.

③ 회수율(回收率)이 높아져 효과적인 재배어업이 가능해지며 동시에 가장 좋은 상품가치가 있는 개체들을 포획할 수 있도록 정할 수 있어 해양목장(海洋牧場)을 현실화할 수 있다.[34]

그리고 산란을 마친 연어가 급속하게 노화하는 현상을 화학적으로 규

---

34) 특히 최근 일본에서는 국가 차원의 해양목장사업(海洋牧場事業)의 하나로 대규모 재배어업(栽培漁業)의 진흥을 꾀하기 위하여 그 기반 기술의 개발 중 어군행동(魚群行動)의 제어기술 개발을 적극적으로 추진하고 있다. 특히 어패류의 행동을 지배하는 각종 자극(刺戟)에 대한 규명, 해당 자극의 발생장치에 대한 기술 개발, 방류된 어패류의 유도 및 보호 시스템의 개발에 많은 투자를 아끼지 않고 있다. 이는 인공적으로 대량 생산된 유용 수산종묘를 중간 육성을 거쳐 방류한 후의 효과적 자원회수를 위해 필수적으로 요구되는 연구 분야이다. 그 중에서도 음향을 이용한 '음향급이(音響給餌)'는 '음향순치(音響馴致)'를 통해서 이루어지며 이는 곧 '음향각인(音響刻印)'에 의해 개개의 생물들에 새겨지게 되는 것으로 이미 실용화 단계에 있는 기술이다.

명할 수 있다면 노화 문제(老化問題)에 관해서도 많은 자료를 얻을 수 있을 것이다. 동시에 "각인"과 수용기 형성(受容器形成, 즉 기억), 면역기구(免疫機構)와의 관계 등 많은 연구 과제를 제기하고 있음은 두 말 할 필요도 없다.

# 참고문헌

⟨1. 일반⟩

1) 橋本芳郎, 魚貝類の毒, 學會出版センター (1977)

2) 山崎幹夫, 中嶋暉躬, 伏谷伸宏, 天然の毒, 講談社 (1985)

3) 柴田承二編, 新編生物活性天然物質, 醫歯藥出版 (1988)

4) 日本化學會編, 海洋天然物化學, 學會出版センター (1979)

5) 北川　勳編,　海洋天然物化學——新しい生物活性物質をもとめて——,　化學同人 (1987)

6) P. J. Scheuer (ed.), *Marine Natural Products-Biological and Chemical Perspectives*, vol. I ~ V, Academic Press (1978~1983)

7) D. J. Faulkner, W. H. Fenical (ed.), *Marine Natural Products Chemistry*, Plenum Press (1977)

8) M. H. Baslow, *Marine Pharmacology*, Williams & Wilkins (1969)

9) P. T. Grant and A. M. Mackie (ed.), *Chemoreception in Marine Organisms*, Academic Press (1974)

10) H. C. Krebs, *Forschr. Chem. Org. Naturst.*, **49**, 151 (1986)

11) D. J. Faulkner, *Tetrahedron*, **33**, 1421 (1977)

12) D. J. Faulkner, *Nat. Prod. Rep.*, **1**, 251, 551 (1984)

13) D. J. Faulkner, *ibid.*, **3**, 1 (1986)

14) D. J. Faulkner, *ibid.*, **4**, 539 (1987)

15) O. A. Jones and R. Endean (ed.), *Biology and Geology of Coral Reefs* vol. II, III,: *Biology* 1, 2, Academic Press (1969, 1976)

16) G. J. Bakus, N. M. Targett and B. Schulte, *J. Chem. Ecol.*, **12**, 951 (1986)

17) P. J. Scheuer, *Naturwissenschaften*, **69**, 528 (1982)

18) W. Fenical, *Science*, **215**, 923 (1982)

19) N. R. Liley, *Can. J. Fish Aquat. Sci.*, **39**, 22 (1982)

20) D. J. Solomon, *J. Fish Biol.*, **11**, 363 (1977)

21) J. E. McCauley, *Lloydia*, **32**, 425 (1969)

22) P. S. Meadows and J. I. Campbell, *Adv. Mar. Biol.*, **10**, 271 (1972)

23) J. S. Kittredge, F. T. Takahashi, J. Lindsey and R. Lasker, *Fish. Bull.*, **72**, 1 (1974)

24) D. Rittschof and J. Bonaventura, *J. Chem. Ecol.*, **12**, 1013 (1986)

25) A. M. Mackie, *Biochemical and Biophysical Perspectives in Marine Biology*(D. C. Malins & J. R. Sargent (ed.)), vol. 2, p.69, Academic Press (1975)

26) 內田 亨監修, 動物系統分類學 1~10, 中山書店 (1962-1974)

27) 岡田 要, 內田淸之助, 內田 亨監修, 新日本動物圖鑑 上·中·下, 北隆館 (1965)

28) 內海富士男監修, 學硏生物圖鑑 水生動物, 學習硏究社 (1983)

29) 波部忠重, 奧谷喬司監修, 學硏生物圖鑑 貝 I·II, 學習硏究社 (1983)

30) 千原光雄監修, 學硏生物圖鑑 海藻, 學習硏究社 (1983)

31) R. T. アボット, S. P. ダンス, 世界海産貝類大圖鑑, 平凡社 (1985)

32) 阿部宗明監修, 原色魚類大圖鑑, 北隆館 (1987)

〈2.1.1. 연체동물의 섭이행동 자극물질에 관한 것〉

1) A. J. Kohn, *Am. Zool.*, **1**, 291-308 (1961)

2) R. P. Croll, *Biol. Rev.*, **58**, 293-319 (1983)

3) 浮永久, 水産における技術開發と展望(白井裕雄監修), p.92-108, 技術情報センター (1984)

4) 坂田完三, 化學と生物, **23**, 557-559 (1985)

5) 浮永久, 化學と生物, **24**, 495-497 (1986)

〈2.1.2. 갑각류에 관한 것〉

6) J. M. Heinen, *Proc. World Maricul. Soc.*, **11**, 319-334 (1980)

7) W. E. S. Carr and C. D. Derby, *J. Chem. Ecol.*, **12**, 989 (1986)

8) W. E. S. Carr and C. D. Derby, *Chem. Senses*, **11**, 49-64 (1986)

### 〈2.1.3. 기타 무척추동물에 관한 것〉

9) 小泉 修, 攝食行動のメカニズム(現代の行動生物學 2, 森田弘道ほか編), p.147-165, 産業圖書 (1982)

### 〈2.1.4. 어류에 관한 것〉

10) 田村 保, 淸原貞夫, 化學と生物, **14**, 400-405 (1976)

11) 伊奈和夫, 生物の制御機構(化學增刊 75號, 中島稔ほか編), p.167-183, 化學同人 (1978)

12) 竹田正彦, 遺傳, **34**, 45-51 (1980)

13) 日本水産學會編, 魚類の化學感覺と攝餌促進物質(水産學シリーズ 37), 恒星社厚生閣 (1981)

14) 日高磐夫, 味覺の科學(佐藤昌康編), p.103-119, 朝倉書店 (1981)

15) T. J. Hara (ed.), *Chemoreception in Fishes*, Elsevier (1982)

### 〈2.2 포식행동에 관련된 물질에 관한 것〉

16) 塩見一雄, 生物活性天然物質(柴田承二編), p.305-307, 醫齒藥出版 (1978)

17) F. E. Russell, *Advances in Marine Biology*, 21(F. S. Russell *et al.* (ed.)). p.104-128, 170-188, *Academic Press* (1984)

18) L. J. Cruz, W. R. Gray, D. Yoshikami and B. M. Olivera, *J. Toxicol.-Toxin Rev.*, **4**, 107-132 (1985)

19) 小林淳一, 大泉 康, 化學と生物, **25**, 726-733 (1987)

20) 大泉 康, 藥學雜誌, **107**, 471-484 (1987)

### 〈기타〉

21) 高橋英一, 深海 浩譯, ハルボーン 化學生態學, 文永堂 (1981)

### 〈제3장〉

1) G. J. Bakus, *J. Chem. Ecol.*, **12**, 951 (1986)

2) 村上昌弘, 化學と生物, **26**, 414 (1988)

3) 田中信彦, 淺川明彦, 化學と生物, **26**, 71 (1988)

4) V. J. Paul and W. Fenical, *Bioorganic Marine Chemistry*, **1**(P. J. Scheuer (ed.)), p.1, Springer-Verlag (1987)

5) V. J. Paul, *Bull. Mar. Sci.* (印刷中)

6) R. L. Vadas, *Experientia*, **35**, 429 (1979)

7) R. H. Whittaker and P. P. Feeny, *Science*, **171**, 757 (1971)

8) G. J. Bakus, *Science*, **211**, 497 (1981)

9) G. Green, *Mar. Biol.*, **40**, 207 (1977)

10) E. J. McCaffrey and R. Endean, *Mar. Biol.*, **89**, 1 (1985)

11) J. C. Braekman and D. Daloze, *Pure Appl. Chem.*, **58**, 357 (1986)

12) R. P. M. Bak and J. L. A. Borsboom, *Oecologia*, **63**, 194 (1984)

13) J. C. Coll, S. La Barre, P. W. Sammarco, W. T. Williams and G. J. Bakus, *Mar. Ecol. Prog. Ser.*, **8**, 271 (1982)

14) S. C. La Barre, J. C. Coll, P. W. Sammarco, *Biol. Bull.*, **171**, 565 (1986)

15) J. C. Coll, B. F. Bowden, D. M. Tapiolas, R. H. Willis, P. Djura, M. Streamer and L. Trott, *Tetrahedron*, **41**, 1085 (1985)

16) J. R. Pawlik, M. T. Burch and W. Fenical, *J. Exp. Mar. Biol. Ecol.*, **108**, 55 (1987)

17) D. J. Faulkner and M. T. Ghiselin, *Mar. Ecol. Prog. Ser.*, **13**, 295 (1983)

18) P. Karuso, *Bioorganic Marine Chemistry*, **1** (P. J. Scheuer (ed.)), p. 31, Springer -Verlag (1987)

19) G. Cimino, S. De Rosa, S. Stefano and G. Sodano, *Pure Appl. Chem.*, **58**, 375 (1986)

20) R. K. Okuda, N. K. Gulavita, P. J. Scheuer, G. K. Matsumoto, S. Raffi and J. Clardy, *Studies Org. Chem.*, **26**, 417 (1986)

21) D. Stoecker, *Mar. Ecol. Prog. Ser.*, **3**, 257 (1980)

22) 橘 和夫, 化學, **42**, 504 (1987)

23) 橘 和夫, 化學と生物, **25**, 439 (1987)

24) W. Pfeiffer, *Copeia*, 653 (1977)

25) L. Muscafine and H. M. Lenhoff (ed.), *Coelenterate Biology-Reviews & New Perspectives*, Academic Press (1974)

〈제4장〉

1) F. -S. Chia & M. E. Rice (ed.), *Settlement and Metamorphosis of Marine Invertebrate Larvae, Elsevier* (1978)

2) M. G. Hadfield, *Aquaculture,* **39**, 283 (1983)

3) R. D. Burke, *Can. J. Zool.,* **61**, 1701 (1983)

4) J. R. Pawlik, *Mar. Biol.,* **91**, 59 (1986)

5) I. Maier and D. G. Müller, *Biol. Bull.,* **170**, 145 (1986)

6) L. Jaenicke and D. G. Müller, *Fortsch. Chem. Org. Naturst.,* **30**, 61 (1973)

7) L. Jaenicke, *Naturwissenschaften,* **64**, 69 (1977)

8) L. Jaenicke and W. Boland, *Angew. Chem. Int. Ed. Engl.,* **21**, 643 (1982)

9) R. E. Moore, *Lloydia,* **39**, 181 (1976)

10) N. Stacey, *Bio Science,* **33**, 552 (1983)

11) J. Atema, *Can, J. Fish Aquat. Sci.,* **43**, 2283 (1986)

12) P. J. Dunham, *Biol. Rev.,* **53**, 555 (1978)

13) P. J. Dunham, *Invertebrate Endocrinology*(H. Laufer and G. H. Downer (ed.)), vol. 2, p.375, Alan. R. Liss (1988)

〈제5장〉

1) M. Murata, K. Miyagawa-Kuhshima, K. Nakanishi and Y. Naya, *Science,* **234**, 585 (1986)

2) D. F. Dunn, *Trans. Am. Philos. Soc.,* **71**, part 1 (1981)

3) 山本護太郎編, 海洋學講座 9 海洋生態學, 東京大學出版會 (1977)

4) 多賀信夫編, 海洋學講座 11 海洋微生物, 東京大學出版會 (1978)

5) A. D. Hasler, A. T. Scholz, *Olfactory Imprinting and Homing in Salmon* (Zoophysiology vol. 14), p.134, Springer-Verlag (1983)

6) R. M. Horrall, *Can. J. Fish Aquat Sci.,* **38**, 1481 (1981)

7) N. R. Liley, *Can. J. Fish Aquat Sci.,* **39**, 22 (1982)

8) P. J. Bently, *Endocrines and Osmoregulation, Springer* (1971)

9) D. W. Johnson, *Am. Zool.,* **13**, 799 (1973)

10) H. A. Bern, *Am. Zool.,* **15**, 937 (1975)

11) L. J. Goff (ed.), *Algal Symbiosis*, Cambridge Univ. Press, Cambridge (1983)

# 사항 색인

〈인명 색인〉

# 화합물명 색인

# 생물명 색인

## 해양생물의 화학적 신호

찍은날  1995년  4월 20일
펴낸날  1995년  4월 30일

엮은이 기타가와 이사오·후세타니 노부히로
옮긴이 홍재상·전중균

펴낸곳 전파과학사
펴낸이 손영일
등록일자  1956. 7. 23   등록번호   제10-89호
서울·서대문구 연희 2동 92-18
전화 333-8877·8855   팩시밀리 334-8092

**공급처    한국출판협동조합**
서울·마포구 신수동 448-6
전화 716-5619~9  팩시밀리 716-2995

＊ 파본은 구입처에서 교환해 드립니다.

ISBN  89-7044-588-7  03490